普通高等教育“十三五”规划教材

环境污染生态毒理与创新型综合设计实验教程

主　编　付保荣

中国环境出版社·北京

图书在版编目（CIP）数据

环境污染生态毒理与创新型综合设计实验教程/付保荣主编. —北京：中国环境出版社，2016.11

ISBN 978-7-5111-2835-5

Ⅰ. ①环… Ⅱ. ①付… Ⅲ. ①环境毒理学—实验—教材 Ⅳ. ①R994.6-33

中国版本图书馆 CIP 数据核字（2016）第 127573 号

出 版 人 王新程
责任编辑 刘 杨 董蓓蓓
责任校对 尹 芳
封面设计 岳 帅

出版发行 中国环境出版社
（100062 北京市东城区广渠门内大街 16 号）
网 址：http://www.cesp.com.cn
电子邮箱：bjgl@cesp.com.cn
联系电话：010-67112765（编辑管理部）
010-67113412（第二分社）
发行热线：010-67125803，010-67113405（传真）
印 刷 北京市联华印刷厂
经 销 各地新华书店
版 次 2016 年 11 月第 1 版
印 次 2016 年 11 月第 1 次印刷
开 本 787×1092 1/16
印 张 14.75
字 数 310 千字
定 价 46.00 元

前 言

环境污染生态毒理是一门实践性很强的学科。传统的验证性实验，比如急性毒性试验 LE_{50} 的测定、微核检测实验等，可以使学生了解生态毒理学经典实验的内容和方法。随着新型环境物质的不断增加，生态毒理学发展迅速，并形成了一些新的理论，新的检测技术和方法也不断出现，一些相应的法规标准被制定或修订。因此，有必要及时更新实验教学内容，将新的方法和技术传授给学生。

本书在常规的环境激素、抗生素类药物、环境胁迫（重金属、温度胁迫、环境污染）下的生物毒性效应实验或（残留）检测实验基础上，重点介绍了包括纳米材料和离子液体等新型材料的生物毒性效应实验。综合设计性实验是将基础理论知识结合多种实验技能和方法进行综合分析、归纳并相互渗透的实验形式。综合性、设计性实验是实验教学内容、教学方法和手段改革的重要内容之一。为了全面提高学生的综合素质，在加强学生基本操作技能训练的基础上，本书还增设了综合设计性实验案例一章。综合设计性实验的实践，不仅能充分调动学生的主观能动性，培养学生的创造性思维和创新能力，还能促进学生拓展思路并独立思考，全面提高学生的综合素质，有利于高级应用型人才的培养。

本书在多年环境生物学、环境毒理学等相关课程的理论与实验教学基础上，查阅了许多相关领域的科研项目与研究成果，加以整理和修改完善的。第 1 章由付保荣、张润洁、李楠完成；第 2 章由付保荣、付豪、何哲完成；第 3 章由张润洁、何哲、郭鑫完成；第 4 章由付保荣、张楠、鲁男完成；第 5 章由付保荣、惠秀娟、徐苏南完成；第 6 章由付保荣、张润洁完成；全书由付保荣统稿。辽宁大学环境学院关伟教授、纪庆副教授等在多年的理论、实验教学与科研实践中提供了大量的技术指导，另有许多师生为本书的成稿贡献了智慧。在此不一一列举，一并感谢！

由于编者水平有限，书中难免有不足或错误之处，敬请专家和广大读者批评指正。

编 者

2016 年 3 月

目　录

实验目录

第 1 章　环境激素的生物毒性效应实验及检测

1.1　环境激素概述

1.1.1　环境激素的定义

环境激素（environmental hormone）是一类外源性化合物，它干扰生物为保持体内平衡和调节发育过程的正常激素的产生、释放、转移、代谢、结合、反应和消除，或在未受损伤的生物或其后代中产生不良的健康影响和内分泌功能的改变[1]。

目前，不仅还没有一个让大家能接受的环境激素定义，甚至在国际组织或杂志上的使用名称也多种多样，如 synthetic hormones（合成荷尔蒙）、environmental hormones（环境荷尔蒙）、environmental estrogens（环境雌激素）、endocrine modulators（内分泌调节）、xenoestrogens（外源性雌激素）、environmental endocrine disrupting chemicals（环境内分泌干扰化学物质或环境内分泌干扰化学剂，简称 EDCs）、environmental endocrine disruptions（环境内分泌干扰物质，简称 EEDs）等。根据目前的研究概况，环境激素应是指环境中存在的能干扰人类或动物内分泌系统诸环节并导致异常效应的物质[2]。

1.1.2　环境激素的种类[3]

环境激素样活性物质种类繁多，结构迥异。一般来说，影响内分泌系统的物质有以下 4 类：

（1）天然雌激素（natural estrogen）。动物和人体内天然存在的雌激素，一般指雌二醇（estradiol）、雌酮（estrone）和雌三醇（estriol），其中以雌二醇作用最强。

（2）植物性雌激素（phytoestrogens）和真菌性雌激素（mycoestrogens）。植物性雌激素是一组在植物中天然存在、本身或其代谢产物具有与雌激素受体结合诱导产生弱雌激素作用的非甾体结构为主的植物化学物。目前已知至少有 400 多种植物含有具有生物活性的雌激素样物质——异黄酮（黄豆苷原、染料木黄酮）和香豆雌酚。适量的植物性雌激素有利于人体的健康，但对于孕妇和婴幼儿，若大量食用，其安全性值得深入研究。真菌性雌激素由环境中的霉菌毒素产生，如玉米赤霉烯酮，其合成的衍生物——玉米赤霉醇常被用作家畜促进生长激素。它进入体内，与雌激素受体结合，使雌激素依赖的基因活化发生转录，从而产生雌激素效应。

（3）人工合成的雌激素。这类物质常被作为药物使用，如己烯雌酚（diethystilbestrol，DES）、己烷雌酚（hexestrol）、炔雌醇（ethinylestradiol）、炔雌醚（quinestrol）等口服避孕药和一些用于促进家畜生长的同化激素。这类雌激素对雄性生殖系统不良影响的报道最多，其中有些是与雌二醇结构相似的类固醇衍生物，有些是结构简单的同型物（非甾体雌激素）。

（4）环境化学污染物。目前在美国《化学文摘》中登记的化学物质已超过 2 000 万种，进入环境的就有数万种。此外，每年全球市场还要增加 1 500～2 000 种新的化学物质。美国国家环境保护局（EPA）、世界自然基金会（WWF）、疾病管制及预防中心（CDC）等确认的环境激素共 103 种，其中 EPA 认定 60 种，WWF 认定 68 种，CDC 认定 48 种，日本环境厅认定 70 种。目前世界上大多数文献都以 WWF 的研究结果为基础。表 1-1 为 WWF 认定的 68 种环境激素及其分类。在我国原国家环保总局“七五”科研项目“中国环境优先监测研究”的研究成果《水中优先控制污染物名单》中的 68 种污染物有 11 种属于环境激素。

表 1-1　世界自然基金会（WWF）提出的环境内分泌干扰物分类

类别	环境内分泌干扰物
工业有机化合物	苯并[*a*]芘，二苯酮，双酚 A（2,2-双酚基丙烷），正丁苯，酞酸丁苄酯（邻苯二甲酸丁苄酯），2,4-二氯苯酚，酞酸二环己酯（邻苯二甲酸二环己酯），酞酸二乙酯（邻苯二甲酸二乙酯），己二酸二（2-乙基己基）酯，酞酸二（2-乙基己基）酯[邻苯二甲酸二（2-乙基己基）酯]，酞酸二己酯（邻苯二甲酸二己酯），酞酸二正丁酯（邻苯二甲酸二正丁酯），酞酸二正戊酯（邻苯二甲酸二正戊酯），酞酸二丙酯（邻苯二甲酸二丙酯），八氯苯乙烯，对硝基甲苯，多氯联苯类，五氯苯酚，三丁基氧化锡，2,3,7,8-四氯二噁英
杀真菌剂	苯菌灵（苯来特），六氯（代）苯，代森锰锌，代森锰，代森联，代森锌，福美锌（锌莱特、什米特）
除草剂	甲草胺（杂草索、澳特拉索），杀草强（氨三唑），阿特拉津（莠去津），2,4-滴（2,4-二氯苯氧乙酸），嗪草酮（赛克津、赛克嗪），除草醚，2,4,5-涕（2,4,5-三氯苯氧乙酸），氟乐灵（茄科宁）
杀虫剂	β-六氯化苯（β-六六六），西维因（胺甲萘），氯氰菊酯（灭百可、兴棉宝），氯丹（八氯），三氯杀螨剂，硫丹，高氰戊菊酯，氰戊菊酯，七氯，七氯环氧化物，开乐散，开篷，林丹（γ-六六六），马拉硫磷（马拉松、马拉赛昂、四零四九），灭多虫（乙肟威），甲氧滴滴涕，灭蚁灵，对,对-滴滴滴（对,对-二氯二苯基-二氯乙烷），对,对-滴滴伊（对,对-二氯二苯基-二氯乙烯），对,对-滴滴涕（对,对-二氯二苯基-三氯乙烷），乙基对硫磷（一六零五），苄氯菊酯，拟除虫菊酯类，毒杀酚（氯化莰），反式九氯，乙烯菌核利
金属	镉，铅，汞
杀线虫剂	1,2-二溴-3-氯丙烷，涕灭威（丁醛肪威）

1.1.3　环境激素的来源[4]

环境激素污染物广泛地存在于空气、水以及土壤等环境介质中，主要来源于：

（1）农药：某些杀虫剂，除草剂，以滴滴涕（DDT）、六六六（BHC）为代表的有机氯、有机磷农药。目前在环境中已被证实的环境激素 70 余种，其中农药及其代谢物占 60% 以上。

（2）化学物品和塑料制品：以甲基苯、苯胺、酚、烷基类、硝基类化合物为基础的化工产品，如合成洗涤剂、消毒剂、防腐剂、涂料、塑料制品和石油制品及衍生物。

（3）垃圾焚烧：含有氯化物的废物燃烧时产生大量的二氯化物，可产生数十种有毒化合物。

（4）工农业用原料、产品及排放的废弃物：某些溶剂（如壬基酚）、增塑剂、洗净剂、稀释剂及化工产品在生产过程中的副产品、机动车废气等。

（5）药物：如类固醇类、己烯雌酚、避孕药等。

（6）植物激素：自然界中许多植物含有“植物雌激素”，如豆科植物（大豆异黄酮）、白菜、卷心菜、芹菜等。

（7）重金属类：Hg、Pb、Cd 等的化合物。

1.1.4　环境激素的作用方式

环境激素作用的靶系统主要有：生殖、内分泌、免疫、神经、行为、新陈代谢、骨骼等。

环境激素的作用可分为直接作用和间接作用两种方式：

（1）直接作用。环境激素通过作用于下丘脑—垂体—靶腺轴的任一环节，阻碍天然激素与受体的结合进而影响激素的合成、分泌及反馈调节，影响激素信号在细胞、组织、器官的传递，影响内分泌系统，之后导致其他器官、系统的毒性。

（2）间接作用。环境激素首先影响一个系统的靶器官，然后这些效应将影响内分泌系统，通过影响内分泌系统与其他系统的互动作用，使其他系统受到伤害，从而引发致癌性、免疫毒性、神经毒性等。

然而，在有些方面无法将内分泌系统与系统靶器官区分开来时，很难区分直接作用和间接作用。

1.1.5　环境激素的生物学效应

环境激素的生物学效应包括对内分泌系统的影响、对生殖与发育的影响、致癌作用、神经系统毒性效应和对免疫系统的影响等[3]。

（1）对内分泌系统的影响。环境激素是激素类物质，首先影响生物体的内分泌系统，主要有以下作用：①与受体结合；②与血浆性激素结合蛋白结合；③影响受体的表达。

（2）对生殖与发育的影响。环境激素对野生生物造成的影响主要表现为生殖器官、生殖能力和生殖行为的异常，包括性腺发育不良、睾丸萎缩、睾丸和附睾重量减轻，生精细胞、支持细胞和间质细胞数目减少，精液质量下降、精子数减少甚至无精子、睾丸肿瘤、隐睾、性欲降低和不育。环境雌激素不仅使许多野生动物的繁殖能力显著下降，而且对人类的生殖健康也产生了潜在的威胁。据统计，20 世纪 60 年代每毫升精液中精子少于 2 000 万个的男性占 5%；70—80 年代，这个比率逐渐增多；到了 90 年代，世界环境污染日趋严重，这个比率增加到 15%。与此同时，人类精子的质量也在悄然衰退，畸形、劣质精子的比例在增多，其活力、穿透力、致孕率在下降。

（3）致癌作用。己烯雌酚（DES）、多氯联苯（PCBs）、滴滴涕（DDT）等合成雌激素致癌已有明确证据，许多其他可能具有雌激素样作用的化学物与肿瘤尤其是生殖系统肿瘤的关系正在研究。环境激素的致癌机制可能在于：①对细胞核及 DNA 的影响；②抑制微管聚合；③干扰细胞周期。

（4）神经系统毒性效应。环境雌激素可引起人或动物出现行为、学习、记忆障碍，也可出现注意力、感觉功能和精神发育的改变。环境雌激素对神经系统的影响可通过两个途径实现：①先作用于神经内分泌系统，影响激素的释放及其在靶器官的效应，再通过反馈作用影响到神经系统；②直接作用于神经系统，引起行为、精神等的改变。

（5）对免疫系统的影响。大量的免疫测定方法被用来证明实验动物、人类、鱼和野外生物受环境激素暴露的免疫毒性效应。机制可能为：①改变自身某些分子，使免疫系统将其判定为异物；②改变参与免疫反应的细胞的基因表达；③妨碍胸腺素的分泌，从而抑制 T 细胞的成熟，未成熟的 T 细胞可能攻击自身细胞而引发自身免疫性疾病；④促使向外周释放自身免疫性细胞。免疫系统作为靶位点评价环境激素是一个崭新的领域，EPA 将其列为环境激素生态和健康风险的高度优先研究领域之一。

（6）蓄积和生物放大效应。蓄积作用是指环境污染物进入机体的速度和数量超过机体消除的速度或数量，造成环境污染物在体内不断积累的作用。生物放大作用是指在生态系统的同一食物链上，由于高营养级生物以低营养级生物为食，一些难分解化合物在机体内的浓度会随着营养级的提高而逐步增大，这种生物放大作用，使进入环境中的毒物即使极微量，也会使生物尤其是处于高位营养级的生物受到毒害，直至威胁人类的健康。

多数的环境激素均不易在环境中降解，如：多氯联苯（PCBs）的平均半衰期可达 142 年，多溴化联苯（PBBs）为 135 年，二氯二苯二氯乙烯（DDE）为 100 年，并且在人体内也没有特定的代谢系统，进入机体后生物半衰期长，可在体内长期蓄积，难以生物降解，不易排出，甚至不排出。环境中不易测出的微量或痕量雌激素经过 3～4 个营养级的富集即可达到惊人的浓度。

1.1.6　环境激素的研究进展

目前，国内外有关环境激素的研究主要集中在以下几个方面：

（1）环境样品和生物样品中环境激素的分析和检测。国内已有文献（应桂双，1995；杨建军、印木泉，1998；等）介绍环境激素的检测方法。环境激素测定主要用气相色谱（GC）和高效液相色谱（HPLC）分析法，电化学法（修饰电极等方法）和多种生物分析法（如采用生物传感器检测法，也有人用免疫分析和细胞分析等生物学方法）。金属元素分析可用高效液相色谱电感耦合等离子体质谱联用（HPLC-ICP-MS）和毛细管电泳-电感耦合等离子体质谱法联用（CE-ICP-MS）。

要从复杂基质的样品中将 1×10^{-9} g/L 甚至更低浓度的目标化合物高效提取、纯化和浓缩，对样品的前处理过程要求非常高。对固体基质样品的处理方法主要有索氏提取、超声提取以及近年发展起来的超临界萃取（SFE）和微波辅助提取（MAE）等。液体基质的样品前处理方法主要有液液萃取、提纯和富集。近年新发展起来的方法有固相萃取（SPE）和固相微萃取（SPME）。

（2）环境激素的筛选与确定的方法研究。进入环境的化学品数量众多，其中包含很多可疑环境激素，有关这些化合物的筛选和确定是控制环境激素污染、保障人类健康的前提，也是该研究领域的当务之急。

目前，报道环境雌激素活性的鉴别方法较多，涉及生物不同组建水平，细胞、器官、个体乃至世代的反应，大致包括：整体生物实验法（in vivo）和体外生物实验法（in vitro）。整体生物实验法主要有：鱼类幼体血液中卵黄素的生成测定法，小鼠子宫增重法等；体外生物实验法主要有：与雌激素受体（ER）竞争结合法（competitive ER binding），细胞增生法（cell proliferation），蛋白质表达/酶活性法（protein expression/enzyme activity），激素响应元素调整报告基因法（ERE-regulated reporter genes），酵母系统评估法（yeast based assays）。其中，细胞增生法（cell proliferation）和酵母系统评价法（yeast based assays）是目前应用较多的方法[5, 6]。另外，在已有实验数据基础上的相关内分泌干扰物和受体结构-活性相关（Structure activity relationships，SARs）的研究，从理论上探索可疑内分泌干扰物的筛选和确定，并可作为实验数据的参考和补充，为以后的实验方向提供建议，已成为一个研究方法，并在未来的内分泌干扰物作用机制的研究中发挥重要作用。

建立多种快速、实用的鉴别和筛选环境激素（环境内分泌干扰物）的方法，仍是目前环境激素研究领域亟待解决的问题。Bolger 等（1998）报道了一种快速筛检环境化学物与雌激素受体结合能力的荧光偏振化方法。

（3）环境激素剂量-效应关系研究[7]。环境激素是利用多重机制产生有害的细胞反应，这些机制在高剂量和低剂量暴露下会有差别。经典毒理学理论认为，“剂量决定毒物”（the dose makes the poison），当毒物到达一定剂量时即可引发效应，高剂量的危害要比低剂量大。有毒化合物浓度低于其无可见不良效应浓度（non observed adverse effect level，NOAEL）或由线性推导得出的安全浓度以下时不会对机体健康构成风险。这种线性的剂量-效应关系理论是当前生态风险评价的核心理论。然而，最新的一些研究发现，环境内分泌干扰物（endocrine disrupting chemicals，EDCs）在低于其有毒化合物浓度，或低于其无可见不良效应浓度（NOAEL）或对应的安全剂量时仍会诱发生物学效应，且呈现非单调剂量-效应关系（non-monotonic dose-response relationship），这些研究对传统毒理学理论和环境激素的风险评价提出了挑战。

美国国家环保局（EPA）认为内分泌干扰物的低剂量-效应是指在低于常规毒理学检测所用剂量时产生的生物学效应。此外，低于 NOAEL 或低于人体暴露剂量的也被视为低剂量。环境内分泌干扰物（EDCs）的低剂量-效应已成为生态毒理学界的研究热点。此外，由于环境中内分泌干扰物呈低剂量长期暴露的特征，研究低剂量-效应对正确进行生态风险评价具有重大的科学意义。

（4）环境激素内分泌干扰效应的生物差异性研究[8]。环境内分泌干扰物对生物体产生内分泌干扰效应十分复杂，涉及相关化合物在生物体内的吸收（absorb）、分布（distribution）、代谢（metabolism）与排泄（excretion）等一系列过程，其中多种受体参与内分泌干扰物产生生物效应的过程。受体结构对内分泌干扰物的活性具有重要影响，而许多受体存在着亚型的分化，不同物种间受体的功能区结构也有差异，导致内分泌干扰物的作用存在着受体亚型选择性和种间选择性。环境激素不仅在各级生物学水平上表现出特异性，许多酶活性实验和毒理实验数据表明不同生物体对内分泌干扰物的敏感性各异，表现出明显的种间、组织间选择性和非单调的剂量响应关系。加强受体功能区结构与内分泌干扰物生物效应的研究有助于深入了解内分泌干扰物发挥生物效应的过程，提高风险评估的准确性，并可以为内分泌干扰物造成的环境影响的控制和消除提供建议。

（5）环境激素风险评估体系的研究。目前主要通过实验室动物暴露于相关化合物后检测内分泌干扰活性来筛选和确定内分泌干扰物，再将结果外推到其他物种，确定其内分泌干扰活性指标，并据此制定相关的环境标准。如目前很多关于二噁英的风险评价是基于大鼠肝癌细胞的诱导结果，而不同物种对二噁英类化合物敏感性存在着巨大差异，实验室动物和人类对某些内分泌干扰物的响应存在定性和定量差异已被很好地证明，仅仅依靠简单的种间外推方法来进行风险评估的准确性有待商榷。由于环境激素低剂量-效应、非单调剂量-效应关系以及联合作用效应的存在，由传统的高剂量检测线性推导出的安全剂量并非安全，被认为是安全的低剂量环境暴露也并非安全。需要对现行风险评价模式在研究剂量和安全剂量外推方面进行改进，应结合人体实际暴露情况、体内激素水平等因素开展研究。在科学认识其剂量-效应关系以及作用机理的基础上开发更加科学合理的风险评价机制。

（6）环境激素迁移转化与降解研究。环境激素可以通过吸附作用、挥发作用、水解作用、光解作用、生物富集和生物降解作用等过程进行迁移转化，在环境中的迁移转化主要取决于其本身的性质以及环境的条件。研究环境激素在这些方面的迁移转化过程，有助于阐明环境激素的归趋和可能产生的危害。

目前采取的环境雌激素对策是除了停止生产或减小使用含有扰乱内分泌作用的化学物质外，还需要采用各种方法来分解和消除环境激素。普通的水处理方法不能很有效地去除水中的雌激素。目前各国正在研究开发的方法主要有：高温溶解、光催化、光化学分解法、超临界流体法、微生物分解法、机械化学法、电解法等。这些方法各有优缺点，尚待完善。催化降解环境激素已成为当今一重要的研究课题，也是现在和未来研究的方向。

1.2　工业化合物类环境激素毒性效应实验

实验 1　二噁英对斑马鱼肝脏的毒性效应实验[9]

1. 实验目的与意义

二噁英（dioxin）是指含有 2 个或 1 个氧键连结 2 个苯环的含氯有机化合物。由于 Cl 原子在 1～9 的取代位置不同，构成多氯二苯并-对-二噁英 75 种异构体（polychlorinated dibenzo-*p*-dioxin，PCDDs）和多氯二苯并呋喃 135 种异构体（polychlorinated dibenzofuran，PCDFs），总称为二噁英，其分子量 321.96，为白色结晶体，其结构如图 1-1 所示。

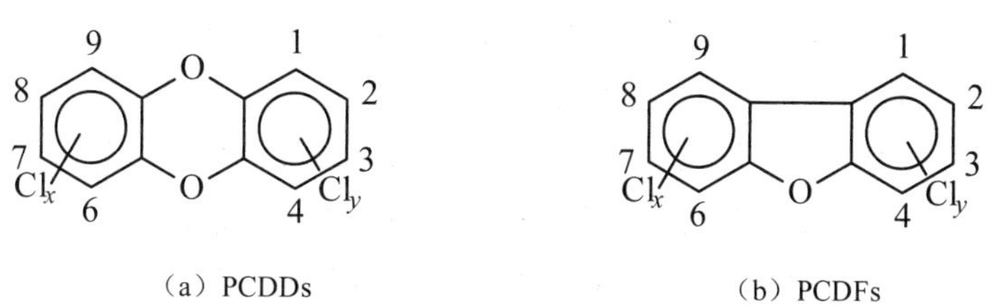

（a）PCDDs　　（b）PCDFs

图 1-1　二噁英分子结构

二噁英非常稳定，熔点较高，为 302～305℃，500℃开始分解，800℃时 21s 完全分解；极难溶于水，可以溶于大部分有机溶剂，是无色无味的脂溶性物质；非常容易在生物体内积累，对人体危害严重。二噁英的毒性因氯原子的取代数量和取代位置不同而有差异，含有 1～3 个氯原子的被认为无明显毒性；含 4～8 个氯原子的有毒，其中有 17 种（2，3，7，8 位被 Cl 取代的）。2,3,7,8-四氯代二苯并-对二噁英（2,3,7,8-TCDD）是迄今为止人类已知的毒性最强的污染物，国际癌症研究中心已将其列为人类一级致癌物。

二噁英在自然界中几乎不存在，只有通过化学合成才能产生，土壤中的半衰期为 12 a，气态二噁英在空气中光化学分解的半衰期为 8.3 d。

鲤科短担尼鱼属的斑马鱼（*Danio rerio*）是国际标准化组织推荐的五大实验鱼种之一，其许多调控蛋白质的表现位置与时间都与哺乳动物相似，是毒理学和癌症研究中非常有价值的模式动物。丙二醛（MDA）是机体脂质过氧化作用的产物，其含量增加，间接反映了机体细胞受到了自由基的攻击；超氧化物歧化酶（SOD）和谷胱甘肽-S-转移酶（GST）是反映机体清除自由基能力的重要标志性抗氧化酶。利用斑马鱼研究供试化学物（如 TCDD）对斑马鱼肝脏丙二醛（MDA）含量及超氧化物歧化酶（SOD）和谷胱甘肽-S-转移酶（GST）活力的影响，探讨供试化学物是否通过引起斑马鱼的脂质过氧化作用，使机体产生过多自由基，导致氧化应激而发挥其毒性作用，为弄清供试化学物的毒性机理提供依据。

2. 实验材料

（1）实验动物：成年斑马鱼，150 条，体长（4.0 ± 0.5）cm。

（2）环境激素。四氯代二苯并-对-二噁英（TCDD）：纯度 99%，称取 8 μg TCDD 溶解于 2 mL 二甲基亚砜中，充分溶解后用蒸馏水定容至 1 L，配成质量浓度为 8 μg/L 的母液。

3. 主要药品与仪器

（1）主要药品。分析纯二甲基亚砜（DMSO）；超氧化物歧化酶（SOD）测定试剂盒；丙二醛（MDA）测定试剂盒；谷胱甘肽-S-转移酶（GST）测定试剂盒；考马斯亮蓝蛋白测定试剂盒。

（2）主要仪器。722N 型分光光度计。

4. 实验方法与步骤

（1）随机等分为 5 组，每组 30 条斑马鱼：四氯代二苯并-对-二噁英（TCDD）4 个染毒组（染毒剂量分别为 0.1 μg/L、0.2 μg/L、0.4 μg/L 和 0.8 μg/L）和空白对照组，用终质量分数小于 0.1%的二甲基亚砜（DMSO）分别将四氯代二苯并-对-二噁英（TCDD）助溶后，再分别按不同剂量分组进行水浴染毒。

（2）丙二醛（MDA）、超氧化物歧化酶（SOD）和谷胱甘肽-S-转移酶（GST）的测定。染毒 5 d 后，解剖斑马鱼采集肝脏，制备质量分数 1%的肝匀浆，肝匀浆中蛋白质含量用考马斯亮蓝蛋白测定试剂盒测定。取适量的肝匀浆，按试剂盒所述方法，分别用分光光度法测定吸光度，波长分别为 546 nm、546 nm 和 405 nm，然后分别用下述公式计算肝脏总丙二醛（MDA）含量、超氧化物歧化酶（SOD）和谷胱甘肽-S-转移酶（GST）活力。

肝脏总丙二醛（MDA）含量计算公式：

$$b_{\mathrm{M}} = \frac{C(A_{测} - A_{测空})}{\rho(A_{标} - A_{标空})} \tag{1-1}$$

式中：A —— 吸光值；

C —— 标准品浓度，nmol/L；

ρ —— 蛋白质质量浓度，mg/L；

b_{M} —— MDA 的质量摩尔浓度，nmol/mg。

肝脏超氧化物歧化酶（SOD）活力计算公式：

$$\mathrm{SOD}_{活力} = \frac{2V(A_{对} - A_{测})}{\rho A_{对}} \tag{1-2}$$

式中：V —— 反应液总体积，L；

$\mathrm{SOD}_{活动}$ —— 肝脏超氧化物歧化酶活力。

肝脏谷胱甘肽-S-转移酶（GST）活力计算公式：

$$\mathrm{GST}_{活力} = \frac{CB(A_{非} - A_{酶})}{tV\rho(A_{标} - A_{测})} \tag{1-3}$$

式中：C —— 标准品浓度，mmol/L;

B —— 反应稀释倍数;

t —— 反应时间，min;

V —— 取标品体积，L;

$GST_{活力}$ —— 肝脏谷胱甘肽-S-转移酶活力，u/（min · mg）。

5. 结果与分析

数据用"统计产品与服务解决方案"（SPSS）软件进行统计分析，结果以 $x \pm S_D$ 表示，采用单因素方差分析进行组间差异显著性比较。

实验 2　多溴联苯类（多溴联苯醚）对鲫鱼肝脏组织超氧化物歧化酶（SOD）的影响实验[10, 11]

1. 实验目的与意义

多溴联苯醚（polybrominated diphenyl ethers，PBDEs）属于溴系阻燃剂（brominated flame retardants，BFRs）的一种，化学通式为 $C_{12}H_{(0\sim9)}Br_{(1\sim10)}O$，依溴原子数量不同分为 10 个同系组，共有 209 种同系物。PBDEs 在高温分解时产生溴原子，溴原子可以捕获羟基自由基、氧自由基等燃烧反应的核心游离基，并且，PBDEs 在高温下分解出密度较大的不燃性气体产生覆盖作用，隔绝或稀释空气，从而达到阻燃灭火的目的。由于其阻燃效率高，热稳定性好，添加量少，对材料性能影响小，价格便宜，因而作为一种添加型阻燃剂被广泛地应用在电子、电器、化工、交通、建材、纺织、石油、采矿等领域中。PBDEs 具有一定的挥发性，可以散逸到空气中，随大气长距离迁移。同时 PBDEs 亲脂性强，化学性质稳定，可以随着食物链生物富集和放大。

作为一种新型的全球性持久性有机污染物，PBDEs 对环境、生物以及人体健康的危害已经引起广泛的关注。2009 年 5 月 4 日—8 日，在瑞士日内瓦举办了《关于持久性有机污染物的斯德哥尔摩公约》（POPs 公约）第四次缔约方大会，与会代表达成共识，同意减少并最终禁用 9 种严重危害人类健康与自然环境的有毒化学物质，其中禁用的 PBDEs 同系物包括：六溴联苯醚、七溴联苯醚、四溴联苯醚、五溴联苯醚，并且要求这 4 种 PBDEs 同系物必须在 1 年之内彻底停产、停用。以鲫鱼为模式生物，选择 2,2,4,4-四溴联苯醚（PBDE-47）、十溴联苯醚（PBDE-209）为供试化学物，探讨它们对鲫鱼肝脏组织超氧化物歧化酶（SOD）的影响，可为这类物质风险管理提供有效的毒理学依据。

2. 实验材料

（1）实验动物：鲫鱼（*Carassius auratus*）。实验鱼类实验前经筛选并在水族箱中驯养 10 d 以上，自然死亡率低于 5%，驯养期间每天定时投鱼食。实验用水为曝气 3 d 后除氯的自来水，pH 为 7.1 ~ 7.15，水温为（22 ± 1）℃。实验前 1 d 开始禁食，选择活动性强的健康鲫鱼作为实验用鱼。

（2）环境激素：2,2,4,4-四溴联苯醚（PBDE-47）和十溴联苯醚（PBDE-209）。2,2,4,4-四溴联苯醚（PBDE-47）：采用 *W*（二甲基亚砜）：*W*（丙三醇）=70∶30 的有机溶液作为助溶剂，配制成 50 g/L 的标准储备液。十溴联苯醚（PBDE-209）：采用 *W*（二甲基亚砜）：*W*（丙三醇）=70∶30 的有机溶液作为助溶剂，配制成 500 g/L 的标准储备液。

3. 主要药品与仪器

（1）主要药品。匀浆介质：内含 0.01 mol/L 蔗糖、0.01 mol/L 三（羟甲基）氨基甲烷（Tris-HCl）、0.000 1 mol/L 乙二胺四乙酸二钠（Na_2EDTA）、0.14 mo1/L 氯化钠（NaCl），pH=7.4，匀浆介质的质量为 27 g 左右。0.1 mol/L 磷酸缓冲液（pH=7.8）：称取氯化钠 8 g，氯化钾 0.2 g，磷酸氢二钠 1.44 g，磷酸二氢钾 0.24 g，双蒸水 800 mL，用盐酸调节 pH 为 7.8，定容至 1 000 mL。测定超氧化物歧化酶的反应液：量取 1.452 5 g 甲硫氨酸，用 0.1 mol/L，pH=7.8 的磷酸缓冲液定容至 250 mL；0.092 g 氯化硝基四氮唑蓝（NBT）用磷酸盐缓冲溶液（PBS）7.8 定容至 100 mL；0.01 g 核黄素（维生素 B_2）用蒸馏水定容至 500 mL。

（2）主要仪器。低温冷冻离心机、721 分光光度计、电热恒温水温箱、离心沉淀器、玻璃组织匀浆器、鱼缸等。

4. 实验方法与步骤

（1）供试化合物质量浓度梯度设定。2,2,4,4-四溴联苯醚（PBDE-47）实验质量浓度分别为 0.10 mg/L、1.00 mg/L、2.50 mg/L、5.00 mg/L；十溴联苯醚（PBDE-209）实验质量浓度分别为 10.0 mg/L、20.0 mg/L、30.0 mg/L、50.0 mg/L。

（2）鱼类的染毒方式。采用静态水质接触染毒。具体方法是：每个水族箱中加入 25 L 实验液，投放 20 尾体质健壮的受试鱼。

（3）实验处理：实验分设空白对照组 1 个、实验浓度组 4 个，因为 2,2,4,4-四溴联苯醚（PBDE-47）和十溴联苯醚（PBDE-209）为疏水性物质，所以采用 *W*（二甲基亚砜）：*W*（丙三醇）=70∶30 的有机溶液作为溶剂，实验同时设 1 个溶剂对照组。每组设两个平行。分别在染毒后的 0 d、2 d、4 d、6 d、10 d 取样，分析鱼体肝脏组织中的超氧化物歧化酶（SOD）活性的变化。

（4）鱼类肝脏组织样的采集与前处理。随机抽取外观正常的实验鱼 3 条，用纱布擦干其表面后，解剖取鱼类的肝脏并混合。取肝组织样（约 3 g）在 4℃的生理盐水中漂洗。除去血液，滤纸拭干后称重，放到 5～10 mL 的烧杯中。先用移液管取总量 2/3、4℃下预冷的匀浆介质于烧杯中，用眼科剪刀尽快剪碎组织，倒入匀浆器中，再将剩余的 1/3 匀浆介质冲洗残留在烧杯中的组织，一并倒入匀浆器。在冰水浴中充分转动研磨。制成 10%的组织匀浆液。匀浆悬液用 3 000 r/min 离心 10～15 min，取上清液测定超氧化物歧化酶（SOD）活性。

（5）超氧化物歧化酶（SOD）活性。准备 12 个微烧杯（两个空白对照，其余 10 个加样品酶液），向微烧杯中按先后顺序加入反应液 1.5 mL 甲硫氨酸、0.9 mL（空白）或 0.88 mL（样品）蒸馏水、0.3 mL 氯化硝基四氮唑蓝（NBT）、20 μL 酶（对照不加）和 0.3 mL 核黄素，加药品要迅速。加完药品后，将 1 个对照放在暗处，作空白对照，用于调零，其余在光强为 4 500 lx 的光下光照 15 min，另一对照用于测最大值，分光光度计 560 nm 下测定各样品的 OD 值。

$$SOD_{活性} = (OD_{max} - OD_{样}) \times 400/OD_{max} \quad (1\text{-}4)$$

5. 结果与分析

（略）。

实验 3　增塑剂（邻苯二甲酸酯）对斑马鱼胚胎毒性实验[12]

1. 实验目的与意义

增塑剂是用来提高塑料的可塑性能的添加剂。目前使用的增塑剂主要是酞酸酯类化合物。工业上大量生产和生活中广泛使用塑料制品引起环境污染的则主要是邻苯二甲酸酯（phthalic acid esters，PAEs）。由于 PAEs 极易迁移进入环境，且难以降解，随着塑料橡胶制品的广泛应用，在大气、水体、土壤、生物体乃至人体都发现 PAEs 的存在。美国国家环保局（EPA）将邻苯二甲酸二甲酯（Dimethyl phthalate，DMP）、邻苯二甲酸二乙酯（Diethyl phthalate，DEP）、邻苯二甲酸二正丁酯（Dibutyl phthalate，DBP）、邻苯二甲酸丁基苄基酯（Butylbenzyl phthalate，BBP）、邻苯二甲酸二正辛酯（Dinoctyl phthalate，DOP）、邻苯二甲酸二异辛酯（Di-（2-etylhexyl）phthalate，DEHP）6 种 PAEs 化合物列为优先控制的有毒污染物，我国也将 DEP、DMP 和 DOP 3 种 PAEs 化合物确定为环境优先控制污染物。以斑马鱼为模式生物，选择 4 种在养殖鱼体内被普遍检出的邻苯二甲酸酯类化合物，即 DMP、DEP、DBP 和 DEHP 为供试化学物，探讨它们在斑马鱼胚胎发育过程的单一毒性和联合毒性效应，为这类物质风险管理提供有效的毒理学依据。

2. 实验材料

（1）实验材料：斑马鱼（*Danio rerio*）。

斑马鱼驯养：将斑马鱼（雌雄鱼数量比约为 2∶1）饲养在经活性炭过滤并充分曝气的水体内，水体 pH 为 8.34，总硬度为 28～32°dH①，保持（26±1）℃，光照，黑暗周期 14 h/10 h，进行驯养。每日喂食两次经紫外消毒处理过的冷冻鱼食摇蚊幼虫（来自非污染环境，经检测 4 种受试化合物的含量低于检测限）。

受精卵收集：根据 Nagel 法收集受精卵。鱼卵收集后，用水迅速清洗除去残留物，在倒置显微镜下挑选出分裂正常的受精卵，进行毒性实验，实验用水是曝气 24 h 以上的自来水。

（2）环境激素：选用的 4 种邻苯二甲酸酯类均为分析纯。邻苯二甲酸二甲酯（DMP）：称取 0.1 g DMP 溶解于 2 mL 的丙酮溶液中，待完全溶解后，用蒸馏水定容至 1 L，配制成浓度为 0.1 g/L 的母液。邻苯二甲酸二乙酯（DEP）：称取 0.06 g DEP 溶解于 2 mL 的丙酮溶液中，待完全溶解后，用蒸馏水定容至 1 L，配制成浓度为 0.06 g/L 的母液。邻苯二甲

① 1°dH 为 1 德国度，表示 1 L 水中含有相当于 10 mg CaO。

酸二正丁酯（DBP）：称取 0.006 g DBP 溶解于 2 mL 的丙酮溶液中，待完全溶解后，用蒸馏水定容至 1 L，配制成浓度为 0.006 g/L 的母液。邻苯二甲酸二异辛酯（DEHP）：称取 0.01 g DEHP 溶解于 2 mL 的丙酮溶液中，待完全溶解后，用蒸馏水定容至 1 L，配制成浓度为 0.01 g/L 的母液。

3. 主要药品与仪器

（1）主要药品。助溶剂：分析纯丙酮。

（2）主要仪器。倒置光学显微镜，可控光、控温循环水族箱，光照恒温培养箱和 24 孔细胞培养板。

4. 实验方法与步骤

（1）单一毒性实验。按照经济合作与发展组织（OECD）指南设计胚胎毒性实验。开始实验前，分别用 4 种 PAEs 的母液配制成 5 组质量浓度。DMP：2.50 mg/L，5.00 mg/L，10.0 mg/L，20.0 mg/L，40.0 mg/L；DEP：0.75 mg/L，1.50 mg/L，3.00 mg/L，6.00 mg/L，12.0 mg/L；DBP：0.075 mg/L，0.15 mg/L，0.30 mg/L，0.60 mg/L，1.20 mg/L；DEHP：0.25 mg/L，0.50 mg/L，1.00 mg/L，2.00 mg/L，4.00 mg/L 备用。选用 24 孔多孔板，每孔的容积为 3 mL，实验时每孔加入 2 mL 试液，放一枚受精卵。每张多孔板为一个实验浓度组，同时进行空白对照组和溶剂对照组（Φ=0.1%丙酮），各设置 3 个平行。铝箔封面以避免蒸发改变实验浓度。将密封好的多孔板放在温度恒定为（26±1）℃的光照培养箱中孵化。在倒置显微镜下观察胚胎发育，记录发育过程中一些具有代表性的毒理学终点，并记录 48 h 胚胎死亡数，用概率单位法计算 48 h LC_{50} 值。

（2）联合毒性实验。在已测得 48 h 半数死亡质量浓度（LC_{50}）的基础上，每种化合物设定高、中、低 3 个实验质量浓度（表 1-2）。

表 1-2 4 种邻苯二甲酸酯混合暴露对斑马鱼胚胎发育影响的正交实验因素水平表 单位：mg/L

因素	ρ（DMP）	ρ（DEP）	ρ（DBP）	ρ（DEHP）
水平 1	1.00	0.10	0.01	0.20
水平 2	2.50	0.30	0.05	0.40
水平 3	5.00	0.90	0.20	0.80

考虑到各因素之间可能存在的联合交互作用，采用四因素三水平 L_9（3^4）正交表（表 1-3）把实验分为 27 组，每组设 3 个平行，测试各混合物对斑马鱼胚胎的毒性效应，并记录各实验组 48 h 的胚胎死亡数、孵化数和畸形数。

5. 结果与分析

单一毒性实验根据胚胎 48 h 的死亡数，用概率单位法计算 48 h 半数死亡质量浓度。联合毒性实验中考虑 4 种 PAEs 化合物混合暴露中单因素和两两交互作用对斑马鱼胚胎的毒性效应大小的影响，结果以平均死亡率、平均孵化率和平均致畸率表示。数据采用极差分析法筛选出对斑马鱼胚胎致死毒性、发育毒性和致畸毒性影响最大的水平组合。极差越大，代表 4 种 PAEs 的联合作用时该因素对斑马鱼胚胎毒性的影响越大；极差越小，代表 4 种 PAEs 的联合作用时该因素对斑马鱼胚胎的毒性的影响越小。

表 1-3　四因素三水平正交表

$L_9(3^4)$

实验号＼因素	ρ（DMP）	ρ（DEP）	ρ（DBP）	ρ（DEHP）
1	1	0.1	0.01	0.20
2	1	0.3	0.05	0.40
3	1	0.9	0.20	0.80
4	2.5	0.1	0.05	0.80
5	2.5	0.3	0.20	0.20
6	2.5	0.9	0.01	0.40
7	5	0.1	0.20	0.40
8	5	0.3	0.01	0.80
9	5	0.9	0.05	0.20

实验 4　双酚 A 对斑马鱼外周血细胞 DNA 的影响实验[13, 14]

1. 实验目的与意义

双酚 A（bisphenol A，缩写 BPA）由刚性平面芳环和可塑非线性脂肪侧链组成，有显著的亲脂性，是聚碳酸酯、环氧树脂和酚醛树脂的原材料，也是外科修补术中抗氧化和稳定化处理的重要材料，在食品包装和容器内壁涂装中广泛使用。随着工业和经济的发展，双酚 A 的生产和使用大量增加，其中只有少量能够被回收利用，大部分在生产过程中以及产品的使用过程中释放后进入水体、空气等环境介质中而造成污染。近年研究发现，双酚 A 对多种生物具有毒性作用，并能干扰多种生物的内分泌功能，影响野生生物安全，甚至威胁人类生命健康。

单细胞凝胶电泳技术（single cell gel electrophoresis，SCGE）又名彗星实验，是一种在单细胞水平上检测 DNA 损伤与修复的方法。彗星实验的原理：有核细胞的 DNA 相对分子质量很大，DNA 超螺旋结构附着在核基质中，用琼脂糖凝胶将细胞包埋在载玻片上，在细胞裂解液的作用下细胞膜、核膜及其他生物膜被破坏，使细胞内的 RNA、蛋白质及其他成分进入凝胶，继而扩散到裂解液中，唯独核 DNA 仍保持缠绕环区附着在剩余的核骨架上，并留在原位。如果细胞未受损伤，电泳中核 DNA 因其相对分子质量大而停留在核基质中，经荧光染色后呈现圆形的荧光团，无拖尾现象。若细胞受损，在碱性电泳液中，先是 DNA 双链解旋且碱变性为单链，单链断裂的碎片相对分子质量小即可进入凝胶中，在电泳时断裂或碎片即离开核 DNA 向阳极迁移，形成拖尾。彗星实验具有简便、快速、经济、灵敏，并无须放射性标记、所需细胞少等优点，适合用于体内、体外各种类型细胞DNA损伤的研究。

采用彗星实验评价双酚A对斑马鱼暴露后的DNA损伤，了解双酚A对水生生物的遗传毒害和变异影响，掌握彗星（SCGE）实验中的基本操作步骤，如单细胞悬浮液的制备、染毒、制片、电泳、镜检等。

2. 实验材料

（1）实验动物：鲤科短担尼鱼属的斑马鱼（*Danio rerio*）。

斑马鱼在实验室驯养半个月，用水为曝气2 d的去氯自来水，水温保持在25℃左右，自然光照，不间断供氧，每天上午定时投饵一次。

（2）环境激素：化学纯双酚A。

称取0.09 g双酚A，溶于3 mL的乙醇溶液中，待完全溶解后，用蒸馏水定容至1 L，配制成质量浓度为90 mg/L的母液。

3. 主要药品与仪器

（1）主要药品：三（羟甲基）氨基甲烷（Tris），琼脂糖，聚乙二醇辛基苯基醚（TritonX-100），二甲基亚砜（DMSO），溴化乙锭（EB）。

（2）主要仪器与实验用品：全磨砂载玻片，1号盖玻片（24 mm×50 mm），玻片托盘，移液枪，电泳仪，荧光显微镜，电子天平，冰箱等。

4. 实验方法与步骤

（1）试剂配制。

0.1 mol/L磷酸盐缓冲溶液（PBS）：称取 NaCl 8 g，KCl 0.2 g，Na_2HPO_4 1.44 g，KH_2PO_4 0.24 g，双蒸水 800 mL，盐酸调节 pH 为 7.4，定容至 1 000 mL。

0.4 mol/L 三（羟甲基）氨基甲烷（Tris-HCl）缓冲液：称取4.84 g三（羟甲基）氨基甲烷（Tris）蒸馏水定容至100 mL，用作储备液；实验当天取100 mL储备液加入82.8 mL 0.4 mol/L的HCl，蒸馏水定容至200 mL，用HCl或NaOH调pH至7.4。

0.8%的正常熔点琼脂糖[磷酸盐缓冲溶液（PBS）配制]：称取40 mg正常熔点琼脂糖，用5 mL磷酸盐缓冲溶液（PBS）加热溶解。

0.7%的低熔点琼脂糖凝胶[磷酸盐缓冲溶液（PBS）配制]：称取 35 mg低熔点琼脂糖，用5 mL磷酸盐缓冲溶液（PBS）加热溶解。

细胞裂解液：在烧杯中加140 mL蒸馏水，依次加入NaCl 36.525 g，Na_2EDTA 0.3 g，三（羟甲基）氨基甲烷（Tris）0.3 g，NaOH 2.5 g，搅拌直至完全溶解，调节pH至10，然后用蒸馏水将溶液体积调至222.5 mL，置4℃冰箱储存备用。使用前至少1 h以上加入1%聚乙二醇辛基苯基醚（TritonX-100）和10%二甲基亚砜（DMSO）。

200 mmol/L Na_2EDTA 溶液：称取Na_2EDTA 7.44 g，先加入90 mL蒸馏水溶解，用NaOH溶液调节pH至10.0，然后定容至100 mL。

电泳缓冲液：称取12 g NaOH溶于少量蒸馏水中，加200 mmol/L Na_2EDTA 5 mL，定

容至 1 L，放于 4℃冰箱中备用。

（2）受试生物染毒。将双酚 A（BPA）储备液稀释成 1.5 mg/L，2.25 mg/L，3 mg/L，4.5 mg/L 4 个质量浓度的实验液，各质量浓度设三个平行，同时设置对照实验，每一质量浓度组投放 10 尾驯养好的斑马鱼。染毒 48 h 后直接检测 DNA 损伤，实验染毒前 24 h 和染毒期间斑马鱼停止进食。

（3）斑马鱼外周血细胞悬浮液的制备。断尾法取斑马鱼的外周血细胞于 EP 管中，迅速加入适量的磷酸盐缓冲溶液（PBS），制成血细胞悬液，调节血细胞质量浓度到 $10^6 \sim 10^8$ 个/mL。

（4）单细胞凝胶电泳。

电泳胶板的制作

预铺底层：移液枪吸取 35 μL 质量浓度为 0.8%的正常熔点琼脂糖滴加在磨砂的载玻片上，涂抹均匀后，放入 4℃冰箱中 10 min，待其凝固。

第一层：取 75 μL 质量浓度为 0.8%的正常熔点琼脂糖滴加在基底层上，盖上盖玻片，放入 4℃冰箱中 10 min，待其凝固。

第二层：轻轻取下第一层的盖玻片，将 50 μL 的细胞悬浮液与 150 μL 质量浓度为 0.7%的低熔点琼脂糖按 1∶3 比例混匀，用移液枪吸取 65 μL 的混合液滴加在第一层胶体上，盖上盖玻片，放入 4℃冰箱中 10 min，待其凝固。

第三层：轻轻取下第二层的盖玻片，用移液枪吸取 60 μL 质量浓度为 0.7%的低熔点琼脂糖，滴加在第二层胶体上，盖上盖玻片，放入 4℃冰箱中 10 min，待其凝固。

细胞裂解

待第三层胶体凝固后，轻轻取下盖玻片，将载玻片放在玻片托盘卡槽内，向卡槽内倒入新配制的细胞裂解液，裂解液没过载玻片，置 4℃冰箱中裂解 1 h。

DNA 解旋

裂解完成后，将载玻片放置在电泳槽的阳极上，电泳槽里倒入新配制的电泳缓冲液，缓冲液约覆盖过载玻片胶体 2 ~ 3 cm，避光解旋 30 min，目的是使 DNA 双链解旋以及碱不稳定位点的表达。

电泳

打开电泳仪电源，调节电压至 25 V、电流 300 mA，避光电泳 20 min。电泳时带负电荷的 DNA 断片将离开主核向阳极迁移，形成一个像彗星样的拖尾，尾的长短与 DNA 损伤的程度相关。

中和

电泳结束后，用蒸馏水冲洗 3 次载玻片，再加入 0.4%的三(羟甲基)氨基甲烷(Tris-HCl)缓冲液，置 4℃冰箱中和 5 min。

染色

取出载玻片，滴加 50 μL 的 5 μg/ml 的溴化乙锭（EB）染液到胶板上，盖上盖玻片，染色 15 min。

镜检

溴化乙锭（EB）染色后的 DNA 样品尽快在荧光显微镜下观察，在荧光显微镜下正常细胞 DNA 呈圆形，损伤的细胞 DNA 产生彗星样的拖尾现象，呈梭形或放射状。

5. 实验结果与分析

用随机软件在自动曝光条件下拍照获得彗星图像后，用 CASP 软件分析 DNA 迁移的各个参数，此软件可提供超过十种参数的分析结果，其中以彗尾长（Tail Length），彗尾 DNA（Tail DNA%），尾矩（Tail Moment），Olive 尾矩（Olive Tail Moment）等参数较为常用。采用 SPSS 软件对上述分析的数据进行处理，经 One-WayANOVA 分析其统计学意义，$p<0.05$ 表示显著性差异，最后统计每组细胞的拖尾率。

实验 5 食品添加剂（抗氧化剂）抑制有机磷对藻类毒害效应的实验[15]

1. 实验目的与意义

随着有机氯农药的禁用和停产，有机磷农药以其毒效好、易分解等优点在农林业生产上得到了广泛的应用，但它对近岸水域的污染已危及生物资源及水产养殖业，引起了人们的高度重视。大多数学者认为，有机磷农药对昆虫和淡水鱼类的致毒机理主要是抑制乙酰胆碱酯酶的活性，从而导致神经系统的紊乱和伤害。以海洋藻类（扁藻）为材料，探讨抗氧化剂对有机磷（久效磷）毒害藻类的抑制作用，这对保护海洋生物资源、降低海洋有机磷农药污染的危害具有重要意义。

2. 实验材料

（1）实验藻种：绿藻门扁藻属扁藻（*Tetraselmis Chui*）。

（2）环境激素（有机磷农药）：久效磷。

3. 主要药品与仪器

（1）主要试剂。

f/2 营养液改良配方（海水）：$NaNO_3$ 75 mg，$NaH_2PO_4 \cdot H_2O$ 5 mg，$Na_2SiO_3 \cdot 9H_2O$ 20 mg，Na_2EDTA 4.36 mg，$FeCl_3 \cdot 6H_2O$ 3.16 mg，$CuSO_4 \cdot 5H_2O$ 0.01 mg，$ZnSO_4 \cdot 7H_2O$ 0.023 mg，$CoCl_2 \cdot 6H_2O$ 0.012 mg，$MnCl_2 \cdot 4H_2O$ 0.18 mg，$Na_2MoO_4 \cdot 2H_2O$ 0.07 mg，维生素 B1 0.1 μg，维生素 B12 0.5 μg，生物素 0.5 μg，自然海水（0.4 μm 孔径滤膜过滤）1 L，在 121℃下灭菌 20 min。

pH=7.8 的 0.05 mol/L 磷酸盐缓冲液：称取 NaCl 4 g，KCl 0.1 g，Na_2HPO_4 0.72 g，KH_2PO_4 0.12 g，双蒸水 800 mL，盐酸调节 pH 为 7.8，定容至 1 000 mL。

硫代巴比妥酸：0.5%。

三氯乙酸：20%。

（2）主要仪器与实验用品：分光光度计、离心机、研钵、三角瓶等。

4. 实验方法与步骤

（1）藻类的培养：海水取自海滨，经孔径 0.45 μm 滤膜煮沸消毒，冷却后配制培养液。培养液选用 f/2 营养盐配方。用于扁藻培养的 250 mL 三角瓶，预先在 1 mol/L 的稀盐酸中浸泡数日，再分别用含有相应浓度的有机磷农药（久效磷）培养液平衡两次，每次平衡时间为 1 d，以消除实验过程中容器壁对有机磷农药（久效磷）的吸附作用。

（2）72 h 毒性实验。将处于指数生长期，接种质量浓度为 5×10^5 个/mL 的扁藻接入含有 0 mg/L，0.5 mg/L，1.0 mg/L，1.5 mg/L，2.0 mg/L 及 2.5 mg/L 久效磷的 150 mL 培养液中，培养 72 h，光照为 2 500 ~ 3 000 lx，光暗比为 14∶10，pH 为 8.0 ± 0.1，盐度为 30 ± 1，温度为（25 ± 1）℃。计算得到其 72 h 半抑制剂量。

将含有半抑制剂量久效磷的培养液作为基本培养液，添加不同浓度的抗氧化剂。扁藻在此培养液中培养 72 h，用于丙二醛（malondialdehyde，MDA）含量的测定。

（3）丙二醛（MDA）含量的测定[16]。经离心后测定藻类样品的鲜重，在藻液中加入 1∶5（*W/V*）的 0.05 mol/L 磷酸盐缓冲液，pH 为 7.8，加入少量石英砂在 0 ~ 4℃研磨。匀浆以 4 层纱布过滤后，4 500 r/min 离心 20 min，上清液用于丙二醛（MDA）测定。

1 mol 的丙二醛（MDA）可与 2 mol 的硫代巴比妥酸（TBA）形成红棕色的三甲川。将 1.5 mL 上述粗酶液加入 2.5 mL 0.5%硫代巴比妥酸的 20%三氯乙酸溶液，混合物于 100℃水浴加热 30 min，迅速冷却，在 4 500 r/min 离心 10 min。上清液分别于 553 nm 及 600 nm 条件下测定。丙二醛（MDA）以μmol/mg 蛋白质表示。计算丙二醛（MDA）含量公式如下。用上述方法测定丙二醛（MDA），重复 3 次，取平均值。

$$\text{MDA 含量（mmol/g 鲜重）} = \Delta A \times N / (155 \times W) \quad (1\text{-}5)$$

式中：ΔA——A_{532} 与 A_{600} 之差（吸光度）；

N——上清液的总体积，mL；

155——1 mmol 三甲川反应产物在 A_{532} nm 的吸收系数，mmol/mL；

W——称取藻类样品的鲜重，g。

5. 结果与分析

（略）。

1.3 农业类环境激素毒性效应实验

实验 6 几种杀虫剂对大型蚤的急慢性毒性实验[17]

1. 实验目的与意义

拟除虫菊酯类杀虫剂和有机磷类杀虫剂广泛应用于农业、林业、仓储和卫生等方面的害虫防治，使用后会通过漂移和地表径流等途径进入水体。近年来由于使用次数和使用量的增加，这类杀虫剂对水体的污染日益严重，以致影响到水生动物，特别是一些敏感的水生无脊椎动物如水蚤的生存。以环境毒理评价中常用的大型蚤作为实验生物，以杀虫剂作为供试药剂，开展急性和慢性毒性实验，判断水中残留的杀虫剂是否会对水蚤造成实际毒害。另外，通过实验可比较不同类型杀虫剂对大型蚤的慢性毒害特点，为评价杀虫剂对水蚤种群的影响提供依据。

2. 实验材料

（1）实验材料：大型蚤（*Daphnia magna*），栅藻（饵料）。

培养方法：在实验室内用 Chu 氏培养液同步培养。水温（21±1）℃，光照与黑暗比为 16∶8，光强 1 500 ~ 2 500 lx。母蚤饲养密度为每 50 mL 培养液 1 只，一星期更换 3 次培养液。每天喂食栅藻，投饵密度为每 1 mL 含 2.0×10^5 ~ 3.0×10^5 个藻类细胞。挑选出生不足 24 h 的幼蚤用于毒性实验，其敏感度测定结果符合国际标准化组织（ISO）标准。

（2）环境激素：氰戊菊酯原油，27%高效氯氰菊酯苯油，99.99%三唑磷标准品，99.98%毒死蜱标准品，以上药剂用丙酮配成一定浓度的储备液，于 0 ~ 4℃冰箱内保存。

3. 主要药品与仪器

（1）主要药品：丙酮。

（2）主要仪器：显微镜。

4. 实验方法与步骤

（1）大型蚤 48 h 急性毒性实验。参考经济合作与发展组织（OECD）方法（附录 2）。

（2）大型蚤 21 d 毒性实验。参考经济合作与发展组织（OECD）方法。为了准确观察每只大型蚤在药剂作用下生物学参数的变化，本实验在 100 mL 烧杯中盛放 30 mL 实验溶液，每个烧杯中放 1 只 6 ~ 24 h 的幼蚤。每一浓度（包括对照）设 20 个平行样。采用半静态实验系统，用新鲜的栅藻喂养大型蚤，每天更换 1 次实验溶液，保证 24 h 内药剂浓度为起始浓度的 90%以上。更换实验溶液的同时取出新生幼蚤，记录母蚤第一次怀卵和产卵的时间及产卵量，以及整个实验过程中的产卵次数和产卵量；在第 21 d 时取出大型蚤在显微镜下测量其体长（从头盔至壳刺部的长度）。采用 LotkA 方程 $\Sigma l_x m_x e^{-rx}$ 计算内禀增长能力 r，其中 l_x 为第 x 天每只大型蚤的存活率，m_x 为每只母蚤在第 x 天的产卵数。

5. 结果与分析

48 h 毒性实验：按重复数将数据分组，每组建立一条对数-概率方程，求得相应 48 h 半数致死浓度（LC_{50}）值，再由各重复的半数致死浓度（LC_{50}）值计算标准差（n=5）。

21 d 毒性实验：按指标将实验数据分组，应用 SPSS 软件对组内数据浓度间的差异进行显著性分析（n=20）。

实验 7 农药或工业废水对鱼类急性毒性实验

1. 实验目的与意义

农药或工业废水不加处理排放到自然水体中，直接毒害水体中的鱼类及其他水生生物，并间接影响人类健康，为给它们的排放允许浓度提供参考数据，进行农药或工业废水对鱼类的毒性实验研究。

2. 实验材料

（1）实验材料：选用当地水体中有代表性的鱼（鱼苗），实验前驯养 3 ~ 5 d。应测量鱼体重和鱼长。

（2）农药：用稀释用水按选定的浓度配成各组实验液，混匀即可开始放实验鱼。

3. 主要药品与仪器

（1）主要试剂：稀释用水为除氯的自来水。

（2）实验用品：玻璃缸或塑料盆。

4. 实验方法与步骤

（1）预备实验。参考有关资料初步估计几个浓度，找出 24 h 实验鱼全部死亡和全部存活的浓度作为正式实验浓度范围。

（2）正式实验浓度选择。根据预备实验的浓度范围，参照等对数间距浓度表，直接选用适当的 5 ~ 7 个浓度、并设对照组。用稀释用水按选定的浓度配成各组实验液混匀即可开始放实验鱼。

（3）观察与毒性判定。实验开始后应连续观察 2 h，记录实验鱼中毒症状。记录 24 h、48 h、96 h 各组实验鱼的存活数。实验记录表见表 1-4。

死鱼应立即取出。鱼死亡判定：鱼停止呼吸后用玻璃棒轻击尾柄部，5 min 内无反应即为死亡。

表 1-4　实验记录表

工业废水或农药的浓度体积	实验鱼数	实验鱼存活数		
		24 h	48 h	96 h
对照				

毒性实验时间至少进行 48 h，最好观察 96 h。

急性毒性判定指标：半数忍受限 TLm。

TLm 计算方法：直线内插法、利用半对数坐标纸，纵坐标按实验浓度的对数值划图距，横坐标用算术值表示鱼的存活率。选用实验中接近存活一半的两点，即大于存活一半的一点和小于存活一半的存活率为另一点，在坐标纸上把两点用直线连接，最后在直线与存活率

50%垂线的焦点处向左侧连直线，到达浓度值即为存活 50%的浓度，即半数忍受限（TLm）。

直接内插法求出半数忍受限后，推算安全浓度，公式如下：

$$安全浓度=(48\ h)\ TLm \times 0.3/(24\ h)\ TLm/(48\ h)\ TLm \tag{1-6}$$

$$安全浓度=(96\ h)\ TLm \times 0.1 \tag{1-7}$$

（4）验证实验。20 尾鱼放入安全浓度中饲养 15 d，观察是否出现中毒现象。如有，应降低浓度实验，最后确定安全浓度。

5. 结果与分析

安全浓度确定后，推算出该厂排出废水应稀释多少倍才能允许直接排放到自然水体中。

实验 8　两种除草剂对藻类的毒性效应研究[18, 19]

1. 实验目的与意义

藻类是水生生态系统中主要的初级生产者，对生态系统的平衡和稳定起着至关重要的作用。藻类生存状况直接反映水生生态系统的健康状况，使其成为评价水环境质量的重要指标。

我国除草剂的使用面积和施用量正不断增加，但除草剂只有部分真正发挥药效，剩余部分通过挥发作用、吸附作用以及地表径流和雨水冲刷等方式进入环境，其潜在的生态风险日益受到人们的关注。有研究表明除草剂可以通过抑制生长、大分子合成、光合作用、氮酶活性、氨基酸合成路径、致突变作用，甚至竞争消除等方式影响藻类生存。

丁草胺是我国生产和使用量最大的除草剂品种。苄嘧磺隆具有活性高、杀草谱广等特性，应用广泛，但由于具弱酸性，土壤对其吸附能力弱，易通过排灌水污染水体。选取两种量大面广的除草剂丁草胺和苄嘧磺隆，研究其对藻类（钝顶螺旋藻）的生长和形态的影响，以评价两种除草剂对该藻的毒性，为除草剂对藻类毒性效应的研究提供依据。

2. 实验材料

（1）藻类：钝顶螺旋藻（*spirulinaplatensis*）。

培养基配方采用 Zarrouk 配方：$NaHCO_3$ 16.80 g/L，K_2HPO_4 0.50 g/L，$NaNO_3$ 2.50 g/L，NaCl 1.00 g/L，$MgSO_4 \cdot 7H_2O$ 0.2 g/L，$FeSO_4 \cdot 7H_2O$ 0.01 g/L，K_2SO_4 1.00 g/L，$CaCl_2 \cdot 2H_2O$ 0.04 g/L，EDTA 0.08 g/L，A_5 1 mg/L，$B_6$1 mg/L。

藻类人工气候箱中培养与管理。

光照强度（3 000 ± 60）lx，光∶暗=12 h∶12 h，温度 25℃，湿度 80%。250 mL 锥形瓶加入 100 mL 培养基，接种对数生长期的藻后，静置培养，每日摇瓶 4 ~ 6 次（实验所用玻璃器皿均经过稀盐酸浸泡过夜后用蒸馏水冲洗干净）。

（2）环境激素。

丁草胺（92.2%）：准确称取 139 mg 丁草胺标准品溶解于 1 mL 分析纯丙酮中，即得到质量浓度为 128 mg/mL 丁草胺母液。

苄嘧磺隆（96.8%）：准确称取 21.7 mg 苄嘧磺隆标准品溶解于 1 mL 分析纯二氯甲烷中，即得到质量浓度为 11.2 mg/mL 苄嘧磺隆母液。

3. 主要药品与仪器

（1）主要药品：丙酮，盐酸，硫酸钠，氯化钠，硫酸镁，硫酸钾，碳酸氢钠，乙二胺四乙酸，氯化钙，硫酸铁，磷酸氢二钾等均为分析纯试剂。培养配制用水为电阻率达 16.22 MΩ·cm 的纯水。

（2）主要仪器与实验用品：显微镜、智能人工气候箱，752 可见分光光度计，恒温磁力搅拌器、电子天平，移液枪、三角瓶、容量瓶等玻璃器皿。

4. 实验方法与步骤

（1）急性毒性实验。取对数生长期的藻细胞接种，将母液稀释到 OD_{560}=0.05，分别取 100 mL 装入 250 mL 三角瓶中，添加不同体积的除草剂母液于培养液中可得到不同质量浓度。经过预实验，丁草胺质量浓度设为 0 mg/L、2 mg/L、4 mg/L、8 mg/L、16 mg/L、32 mg/L、64 mg/L；苄嘧磺隆质量浓度设为 0 mg/L、1.4 mg/L、2.8 mg/L、5.6 mg/L、11.2 mg/L、22.4 mg/L、44.8 mg/L，每个质量浓度均设 3 个重复。

（2）除草剂对钝顶螺旋藻半最大效应质量浓度（EC_{50}）的计算。测定培养 96 h 后的藻类 OD_{560} 数值，将其作为钝顶螺旋藻现存量的指标，计算不同浓度除草剂对钝顶螺旋藻的抑制率：（对照吸光度−处理吸光度）/对照吸光度。将抑制率与其浓度的对数值进行回归，通过反应百分率与概率单位对照表查出相应的概率单位，进行回归分析，得到各时间段的 EC_{50} 值。

（3）藻形态观察。培养实验完成后，取样品在光学显微镜下观察各处理钝顶螺旋藻的形态，并拍照。

5. 结果与分析

采用软件 Origin 6.0 进行，统计分析采用 SPSS13.0 软件。

实验 9　除草剂对水生植物生理生态效应的影响[20]

1. 实验目的与意义

发达国家自 20 世纪 70 年代初，我国自 20 世纪 80 年代中后期以来，除草剂的使用面积大幅度地增长，其增长速度居农药家族（杀虫剂、杀菌剂、除草剂）之首。应用范围除农田外，已扩展到几乎所有的生境，由此产生的生态效应已引起发达国家的重视，尤其是各类生境中除草剂的使用汇集到水体中对水生生态系的影响值得研究。

选用常用的除草剂丁草胺为研究对象，研究其对水生植物金鱼藻（*ceratophyllum demersum* L.）生理生态效应的影响，为探索除草剂对水生植物生理生态效应的影响提供依据。

2. 实验材料

（1）水生植物：金鱼藻（*Ceratophyllum demersum* L.）。

金鱼藻取自自然流水环境中，为随机取样，样品取回后静水（自来水静置 1 ~ 2 d）浸泡培养，2 ~ 3 d 换水 1 次，小心去除样品中的其他水生生物及样品表面粘附的污泥。

（2）环境激素：丁草胺（92.2%）。

以除草剂的一般商品用剂量为基线，下浮 10 倍为测试浓度剂量。

3. 主要药品与仪器

（1）主要药品：乙二胺四乙酸，1-氯-2,4-二硝基苯，还原型谷胱甘肽，碳酸氢钠，聚乙烯吡咯烷酮等。

0.1 mmol/L，pH 为 6.5 的磷酸缓冲液：首先配制 0.1 mol/L 磷酸盐缓冲溶液，称取 NaCl 8 g，KCl 0.2 g，Na_2HPO_4 1.44 g，KH_2PO_4 0.24 g，双蒸水 800 mL，定容至 1 000 mL。在此基础上稀释 1 000 倍，通过加入 NaOH 调节 pH 值。

（2）主要仪器：电子天平、烘箱、Oxygraph 氧电极、紫外分光光度计。

4. 实验方法与步骤

（1）选取生长期近似的金鱼藻 10 g 于 10 L 培养容器内适应性培养 3 d，进行不同浓度的除草剂处理，每个浓度设置 3 个重复，及时补水以保证水中除草剂浓度的恒定。实验在阳光充足的室内近窗口处的自然条件下进行，周期 90 d。

（2）生物量变化的测定。

鲜重计量：取除草剂处理后不同天数的植株，吸水纸吸干水分后，于感量 1/10 000 电子天平称重并记录。

干重计量：取样品于烘箱中烘干（105℃15 min 杀青，70 ~ 80℃烘至恒重），称量干重值。

（3）光合、呼吸速率的测定。参照邹琦方法进行：准确称取 0.1 g 金鱼藻叶片，剪碎，置于反应杯中，加入 50 mmol/L $NaHCO_3$1.5 mL，在 Oxygraph 氧电极上测定并计算光合放氧、呼吸耗氧速率。

（4）叶绿素含量采用 Arnon 法测定[21]。取新鲜金鱼藻叶片擦净组织表面污物，剪碎混匀。称取剪碎的新鲜样品 0.2 g，共 3 份，分别放入研钵中，加少量石英砂及 2 ~ 3 mL 提取剂（80%丙酮或 95%乙醇），研成匀浆，再加提取剂 10 mL，继续研磨至组织变白静置 4 ~ 5 min。取滤纸 1 张，置漏斗中，用提取剂湿润，沿玻棒把提取液倒入漏斗中，过滤到 15 mL 棕色容量瓶中，用少量提取剂冲洗研钵、研棒及残渣一起倒入漏斗中。用滴管吸取提取剂，将滤纸上的叶绿素全部洗入容量瓶中直至滤纸和残渣中无绿色为止。最后用提取剂定容至 15 mL，摇匀。把叶绿体色素提取液倒入光径比色杯内，以对应提取剂为空白，在波长 663 nm、645 nm 下测定吸光度，每个植物样品重复 3 次。

叶绿素 a 含量用以下公式进行计算：

$$\text{Chlorophylla (mg/L)} = (12.7\times A_{663} - 2.69\times A_{645}) \times \text{稀释倍数} \tag{1-8}$$

叶绿素 b 含量用以下公式进行计算：

$$\text{Chlorophyllb (mg/L)} = (22.9\times A_{645} - 4.64\times A_{663}) \times \text{稀释倍数} \quad (1\text{-}9)$$

叶绿素总含量用以下公式进行计算：

$$\text{Chlorophyll (a + b) (mg/L)} = (20.2\times A_{645} + 8.02\times A_{663}) \times \text{稀释倍数} \quad (1\text{-}10)$$

（5）谷胱甘肽硫转移酶（GST）活性测定依据 John W.Gronwald 方法并稍作调整。

粗酶液的提取：取 0.3 g 样品，加入 5 mL 酶提取液（0.1 mmol/L，pH 为 6.5 的磷酸缓冲液，5 g/100 mL 聚乙烯吡咯烷酮，1.0 mmol/L 乙二胺四乙酸），研磨离心，取上清液于 −20℃保存备用。

谷胱甘肽硫转移酶（GST）测定方法：取粗酶液 0.1 mL 加入一定量的 2,4-二硝基氯化苯和 pH 为 6.5 磷酸缓冲液，使 2,4-二硝基氯化苯的终浓度为 1 mmol/L，在 25℃条件下温育，加入还原型谷胱甘肽（GSH），总反应体积为 1 mL，迅速在紫外分光光度计上于 340 nm 下记录 5 min 内吸光度的变化值。依照以下公式计算酶活力：

$$\text{GSTs (mU/mL)} = (\Delta OD_{340}/0.0096) \times \text{酶的稀释倍数} \quad (1\text{-}11)$$

式中：ΔOD_{340} —— 每分钟光吸收的变化值。

5. 结果与分析

（略）

实验 10 除草剂对金鱼血清酯酶同工酶的影响[22]

1. 实验目的与意义

随着现代农业的发展，除草剂的使用在一定程度上提高了旱地、稻田、水田作物产量，目前，除草剂用量已由占农药总量的 48%提高到 65%～70%。由于除草剂的生产和用量不断加大，残留在农作物、土壤中的除草剂将随地上、地下径流入河流、湖泊，也对水环境和土壤环境造成污染。对水生生物及以其为水源的陆生动物造成危害。为此，以金鱼作为实验材料，研究常用的 3 种除草剂[丁草胺（Butachlor）、百草枯（Paraquat）、2,4-D 丁酯（2,4-D butylate）]对金鱼血清酯酶（EST）同工酶的影响，以期为渔业生产、环境治理和合理使用除草剂提供理论依据。

2. 实验材料

（1）鱼类：人工饲养的金鱼，一般选用体重 4.5 g，体长 5.5 cm 左右。

实验前，将金鱼暂养在实验室经曝气的符合饮用水标准的自来水中。实验时，挑选健康、活泼的个体金鱼进行染毒处理。

（2）环境激素：丁草胺（浓度 60%乳油），2,4-D 丁酯（浓度 72%乳油），百草枯（浓度 20%水剂）3 种除草剂原液。

3. 主要药品与仪器

（1）主要药品：甘油，溴酚蓝，肝素钠，酯酶染液等。

（2）主要仪器与实验用品：水族箱，低温高速离心机，稳压稳流电泳仪，垂直板电泳槽，注射器，玻璃器皿等。

4. 实验方法与步骤

（1）半致死浓度（LC_{50}）的确定。实验前期以金鱼为材料，稀释除草剂原液，配制实验浓度，以 0.1 mL/g 的剂量进行腹腔注射染毒，采用平均数法。确定除草剂对金鱼染毒 24 h 半致死浓度。

（2）染毒。以所测的 3 种除草剂半致死浓度平均值的 1/3 作为最低参考浓度，设定 4 个除草剂原液稀释浓度组 0.5 mL/L、1.0 mL/L、1.5 mL/L、2.0 mL/L，以 0.9%生理盐水为对照。每组随机选取金鱼 5 尾，按 0. 1 mL/g 的剂量进行腹腔注射染毒，染毒时间为 24 h，实验期间不投饵。每组实验重复 5 d。

染毒结束后，立即将金鱼取出，放在纱布上擦干，断尾取血。将每个实验组 5 条金鱼血放于装有 8 U/mL 肝素钠的 1 mL 离心管内，摇匀，4℃下 11 500 r/min 冷冻离心 10 min，取上清液，按 2∶1 的比例加入 40%甘油和 0.1%溴酚蓝指示剂，用于电泳分析。

（3）电泳、染色。同工酶电泳采用聚丙烯酰胺凝胶（PAGE）电泳法，分离胶浓度为 8%，浓缩胶浓度为 5%，电极缓冲液为 Tris-甘氨酸缓冲液（pH=8.8）。采用稳压稳流电泳仪，垂直板电泳槽，用 25 μL 微量进样器点样，每孔点样量为 15 μL，点样后将电泳槽移至 4℃冰箱中电泳。电泳时，指示剂在浓缩胶内时用 80 ~ 90 V 电压，当指示剂完全进入分离胶后，将电压升高到 120 V，总电泳时间约 3 h。待指示剂（溴酚蓝）到达指定位置，停止电泳。

5. 结果与分析

凝胶用酯酶染液染色，浓度 7%醋酸溶液脱色固定后，拍照、观察，电泳图谱以区带数目、染色强度进行综合比较分析。

1.4　环境激素类的检测实验

环境污染物检测是当今世界重大社会发展需求，也是环境监测和卫生检验研究热点。环境污染物检测可以用基于化学、物理学和生物学原理的多种方法，化学检测法如气相色谱、液相色谱、气质联用、液质联用等，可以对测定目标物进行定性定量测定，并鉴定其化学结构，但大部分化学方法需要专业技术，消耗时间和经费多，一般一次只能测定一种目标物；物理检测法如激光、雷达等，适合对大气和大面积水面污染进行遥测，但目前的方法设备较重、价格昂贵、结果分析复杂；生物检测法如水蚤、鱼、植物根系细胞、动物细胞、细菌等，测定的是环境污染物的毒性效应或多种污染物的综合、协同毒性，在污染物毒性筛查，特别是液体检测样品毒性检测方面，具有敏感、快速、耗资少等特点，但不能直接鉴定污染物化学结构。在已知污染物检测方面，化学方法准确可靠；在未知毒物监测、特别是水质在线监测方面，生物检测具有天然优势。

实验 11　水环境中邻苯二甲酸酯的检测[23]

1. 实验目的与意义

邻苯二甲酸酯类物质（PAEs）是广泛使用的塑料增塑剂，具有生殖毒性、胚胎毒性、遗传毒性。我国水体包括河流、湖泊等都不同程度地受到 PAEs 的污染，其浓度多为μg/L 水平。传统的测定方法是采用液-液萃取，该法操作繁冗，耗时长。固相微萃取法（SPME）是近年来备受关注的新型预处理方法，其无须使用有机溶剂，但萃取头寿命短、成本高、容易产生过饱和现象。液相微萃取法（LPME）是一种经济、快速的样品预处理方法，其所用有机溶剂少，操作简便，成本低，而且能解决萃取过程中产生的过饱和问题。

本实验采用单液滴液相微萃取-气相色谱法测定水体中邻苯二甲酸二异辛酯（DEHP）和邻苯二甲酸二辛酯（DOP）两种邻苯二甲酸酯，此方法还可应用于江水、湖水和饮用水中邻苯二甲酸酯含量的测定。

2. 主要药品与仪器

（1）主要药品：DEHP，DOP，甲苯，二氯甲烷，正己烷，甲醇（色谱纯）等。

实验所用试剂使用前经过重蒸。实验用水为纯化的纯净水。

（2）主要仪器：配 FID 检测器的气相色谱仪，VB-1 毛细管柱。

3. 实验方法

（1）溶剂配制。DEHP 和 DOP 混合甲醇制备成标准储备液 1 000 mg/L。

（2）使用进样针取 2.4 μL 有机萃取剂，将其针尖插入装有 10 mL 水试样的样品瓶中，使有机萃取剂在水相中形成液滴，在 50℃条件下，以 175 r/min 搅拌速度，萃取 30 min，取 1.0 μL 有机萃取样品直接进样。

色谱条件：柱温箱起始温度 $80℃(1\,\text{min}) \xrightarrow{25℃/\text{min}} 120℃ \xrightarrow{10℃/\text{min}} 270℃(5\,\text{min})$。

进样 2 min 后开始分流；进样口温度 270℃；检测器温度 300℃；载气 N_2；流速为 1.0 mL/min。

4. 结果与分析

（略）。

实验 12　发光细菌对农药的毒性检测[24]

1. 实验目的与意义

在农业生产过程中，不合理的农药施用已成为农产品和农业生态环境污染的主要原因之一。某些农药不仅毒性强，而且是“环境激素”，会对生态系统和人类健康产生潜在的长远的危害。发光细菌是一类在正常的生理条件下能够发射可见荧光的细菌。在一定条件下发光细菌的发光强度是恒定的，与外来受试物接触后，细菌新陈代谢则受到影响，其发光强度将有所改变，在一定浓度范围内，有毒物浓度大小与发光细菌光强度变化成一定比例关系，用发光检测仪测出它与待测物作用前后的光强变化，就可以推算出综合毒性的大小，能够稳定、灵敏、快速地反映出环境中污染物的浓度变化。1672 年，Boyle 观察到发光细菌所发出的光易被化学物质抑制，引起科学界对细菌发光效应的大量研究，其中海洋发光细菌的发光特性及其应用是研究重点之一。20 世纪 70 年代，人们首次获海洋鱼类体表分离和筛选出对人体无害、对环境敏感的发光细菌，用于水污染物毒性检测。发光细菌以其快速、灵敏、操作方便和低成本等特性，在环境监测领域具有广泛的应用前景。通过发光细菌对农药的毒性检测，不仅能为其危险性评价提供基础数据，也为农产品安全性评价和农产品卫生标准的制定提供基础数据和技术支持。

2. 实验材料

发光细菌：明亮发光杆菌（photobacterium phosphoreum）T_3 变种。

3. 主要药品与仪器

（1）主要药品：可选择如下的杀菌剂、杀虫剂或除草剂。

多菌灵，有机杂环类杀菌剂，95%粉剂；

氟硅唑，有机杂环类杀菌剂，92.5%粉剂；

恶霉灵，有机杂环类杀菌剂，98%粉剂；

福美双，有机硫类杀菌剂，95%粉剂；

异稻瘟净，有机磷杀菌剂，96%液剂；

乙霉威，氨基甲酸酯类杀菌剂，99%粉剂；

乙酰甲胺磷，有机磷杀虫剂，95%粉剂；

乐果，有机磷杀虫、杀螨剂，98%粉剂；

敌敌畏，有机磷杀虫剂，95%液剂；

敌百虫，有机磷杀虫剂。90%粉剂；

氰戊菊酯，拟除虫菊酯类杀虫剂．95%液剂；

高效氯氰菊酯，拟除虫菊酯类杀虫剂，98%粉剂；

哒螨灵，低毒广谱性杀螨剂，95%粉剂；

甲氨基阿维菌素，杀虫杀螨剂，86%粉剂；

阿维菌素，抗生素类杀虫、杀螨剂，95%粉剂；

杀虫单，沙蚕毒系列杀虫剂，90%粉剂；

二氯喹啉酸，激素型除草剂，85%粉剂；

莎稗磷，有机磷类除草剂，95%粉剂。

（2）主要仪器：生物毒性测试仪，比色管。

4. 实验步骤

（1）发光细菌培养。培养基由酵母浸出汁 0.5 g，胰蛋白胨 0.5 g，NaCl 3 g，Na_2HPO_4 0.5 g，KH_2PO_4 0.1 g，甘油 0.3 g，蒸馏水 100 mL 配制而成，调节 pH 到 6.8，121℃灭菌 30 min 后备用。

将 T3 冻干粉用适量 3% NaCl 溶解后接种于上述灭菌的新鲜斜面培养基中，20～25℃恒温培养 12～14 h；再将培养好的新鲜菌转接一环装有 25 mL 无菌培养液的 100 mL 三角瓶中，20～25℃恒温培养 12～14 h 后立即用于测定。

（2）生物毒性测定。根据预实验的结果，设置 5 个农药浓度梯度，每个浓度设 3 个平行，各吸取 2 mL 于比色管中，用 2 mL 3% NaCl 作空白对照，迅速吸取 0.05 mL 菌液于各比色管中，振摇 5 次。在不同时间间隔（15 min 为主）用生物毒性测试仪测定发光强度，计算相对发光率。

$$相对发光率=样品发光强度\times 100\%/对照发光强度 \tag{1-12}$$

5. 结果与分析

计算出各种农药对明亮发光杆菌的半数最大效应浓度（EC_{50}），统计出在一定浓度范围内，明亮发光杆菌的相对发光率与杀菌剂浓度的相关性。

实验 13　量子点标记免疫分析测定雌激素（己烯雌酚）[25]

1. 实验目的与意义

己烯雌酚（DES）是人造雌激素中作用较强的一种。它在促进动物蛋白质的合成代谢、提高动物日增重和减少脂肪等方面效果明显，因此一直被作为一种动物生长促进剂用于猪、牛、羊、鸡等畜禽饲料中。作为一种动物饲料添加剂，DES 能够在动物源性食品中，如肝脏、肌肉、蛋、奶中残留，可以通过食物链引起少儿的发育早熟和男性女性化，人通过食物长期摄入低剂量的 DES 能扰乱体内激素平衡，诱发女性乳腺癌、卵巢癌等疾病。为保证人类身体健康，有效遏制滥用 DES 的违法行为，势必需要建立一种灵敏度高、快速、有效、准确的检测 DES 的方法。以量子点标记链霉亲和素为荧光探针，结合生物素-亲和素放大系统，是测定 DES 的新型荧光免疫分析方法。

2. 主要药品与仪器

（1）主要药品：量子点标记链霉亲和素（QDs-SA），DES，生物素标记山羊抗兔溶液，鸡卵清白蛋白（OVA）。

（2）主要仪器：酶标仪，酶标板，微量移液器，微孔板。

3. 实验步骤与方法

用包被缓冲液稀释抗己烯雌酚抗体至 80.0 μg/mL，用微量加样器移取 100.0 μL 该抗体溶液于 96 孔微孔板中，放入冰箱中 4℃包被过夜。

将微孔板取出后，倾倒上层溶液后用磷酸盐缓冲溶液-吐温（PBS-T）洗涤液洗涤 3 次，并将微孔板甩干。然后于每孔中加入 150 μL 0.05%鸡卵清白蛋白（OVA），于 37℃温育 40 min 后洗涤。

再在微孔板各孔中分别加入 50 μL 不同浓度的己烯雌酚溶液和 50 μL 生物素标记山羊抗兔溶液，37℃条件下温育 1 h 再洗涤。每孔加入 100 μL 量子点标记链霉亲和素（QDs-SA）

复合物溶液，37℃温育 1 h。再次洗涤并甩干。

使用酶标仪测定荧光信号强度（设置激发和发射波长分别为 360 nm 和 605 nm），用标准曲线法确定样品中 DES 的含量。

4. 结果与分析

根据得到的荧光和紫外图谱分析实验结果。

实验 14 植物中有机磷农药残留量的测定

1. 实验原理

气相色谱仪火焰光度检测器（flame photometric detector，FPD）是利用富氢火焰使含硫、磷杂原子的有机物分解，形成激发态分子，当它们回到基态时，发射出一定波长的光，此光强度与被测组分量成正比。该方法适用于粮、菜、油中敌敌畏、乐果、马拉硫磷、对硫磷、甲拌磷、稻瘟净、杀螟硫磷、倍硫磷、虫螨磷的残留量的测量。

本实验原理是含有机磷的样品在富氢火焰上燃烧。以 HPO 碎片的形式，放射出波长 526 nm 的特征光，这种特征光通过滤光片选择后，由光电倍增管接收；转移成电信号，经微电流放大器放大后，被记录下来。用样品的峰高与标准品的峰高相比，计算出样品含量。

2. 实验材料

喷洒有机磷农药的蔬菜。

3. 主要药品与仪器

（1）主要药品。

苯（或三氯甲烷），二氯甲烷，无水硫酸钠，丙酮，聚己二酸乙二醇酯（PEGA），三氟丙基（50%）甲基聚硅氧烷（QF-1），50%苯基 50%甲基聚硅氧烷（OV-17）。

中性氧化铝：层析用，经 300℃活化 4 h 后备用。

活性炭：称取 20 g 活性炭，用 3 mol/L 盐酸浸泡过夜，抽滤后，用水洗至无氯离子，在 120℃烘干备用。

农药标准溶液：精密称取适量有机磷农药标准样品，用苯（或三氯甲烷）先配制成贮备液，放在冰箱中保存。

农药标准使用液：临用时用二氯甲烷稀释为使用液，使敌敌畏、乐果、马拉硫磷、对硫磷和甲拌磷的浓度为 1 μg/mL，稻瘟净、倍硫磷、杀螟硫磷和虫螨磷的浓度为 2 μg/mL。

（2）主要仪器：气相色谱仪（具有火焰光度检测器 FPD），电动振荡器。

4. 实验步骤与方法

（1）提取和净化。选择已喷洒有机磷农药的蔬菜作为测试材料。将蔬菜切碎混匀。称取 10 g 混匀的样品，置于 250 mL 具塞三角瓶中，加 30 ~ 100 g 无水硫酸钠（根据蔬菜含水量）脱水，剧烈振摇后如有固体硫酸钠，说明所加无水硫酸钠已够。加 0.2 ~ 0.8 g 活性炭（根据蔬菜色素含量），脱色。加 70 mL 二氯甲烷，在振荡器上振摇 0.5 h，经滤纸过滤。

量取 35 mL 滤液，在通风柜中室温下自然挥至近干，用二氯甲烷少量多次研洗残渣，移入 10 mL（或 5 mL）具塞刻度试管中，并定容 2 mL，备用。

（2）色谱条件。

填充色谱柱条件：玻璃柱，内径 3 mm，长 1.5 ~ 2.0 m。

分离测定敌敌畏、乐果、马拉硫磷和对硫磷的色谱柱，内装涂以 1.5%OV-17 和 2%QF-1 混合固定液的 60 ~ 80 目色谱载体（Chromosorb W AW DMCS）。

分离、测定甲拌磷、虫螨磷、稻瘟净、倍硫磷和杀螟硫磷的色谱柱：内装涂以 3%PEGA 和 5%QF-1 混合固定液的 60 ~ 80 目色谱载体（Chromosorb W AW DMCS）。

载气流速：载气为氮气 80 mL/min；空气 50 mL/min；氢气 180 mL/min（氮气和空气、氢气之比由各仪器型号不同选择各自的最佳比例条件）。

进样口温度：220℃；检测器温度：240℃；柱温：180℃，但测定敌敌畏为 130℃。

进样量：2 ~ 5 μL。

毛细管柱色谱条件：

色谱柱：BP-10 石英毛细管柱，25 m × 0.22 mm（内径）；0.35 μm（膜厚度）；

色谱柱温度：$60℃(2\,\text{min}) \xrightarrow{10℃/\text{min}} 200℃(0.2\,\text{min}) \xrightarrow{2℃/\text{min}} 250℃$；

进样口温度：270℃；

检测器温度：270℃；

载气和尾吹气：

氮气：纯度≥99.99%，0.5 mL/min（柱前压 0.62 kg/cm^2）；

尾吹气：35 mL/min；

氢气：用火焰光度检测器，40 mL/min；或用氮磷检测器，（3.0 ± 0.1）mL/min；

空气：用火焰光度检测器，120 mL/min，或用氮磷检测器，70 mL/min；

进样口：分流/不分流毛细管进样口；

进样方式：不分流进样。

（3）测定。配制一系列不同浓度的各农药标准溶液。

将各农药不同浓度的标准液分别注入气相色谱仪中，可测得不同浓度各农药有机磷标准。

根据标液的峰高或峰面积绘制有机磷标准曲线，同时取样品溶液注入气相气谱仪中，测得的峰高或峰面积，从标准曲线中查出相应的浓度。

（4）计算。

$$X=(C \cdot V)/W \tag{1-13}$$

式中：X——样品中有机磷农药的含量，μg/g；

C——溶液质量浓度，μg/mL；

W——称样量，g；

V——测定液体积，mL。

5. 结果与分析

（略）。

参考文献

[1] 刘顺枝，刘雯，张建桃. 环境激素对环境的影响及其防治[J]. 广州大学学报（自然科学版），2006，02：24-30.

[2] 刘先利，刘彬，邓南圣. 环境内分泌干扰物研究进展[J]. 上海环境科学，2003，01：57-63，69.

[3] 杨光. 生物标志物法研究酚类环境激素对鲤鱼的影响[D]. 上海：东华大学，2005.

[4] 滕玉洁，王幸丹，崔崇威. 环境激素的种类及危害分析[J]. 环境科学与管理，2008，06：20-23，36.

[5] 李伟民，尹大强，周岩，等. 五氯酚对鲫鱼肝脏的氧化损伤[J]. 农村生态环境，2003，01：40-42.

[6] 胡双庆，李延，王珺，等. 壬基酚对鲫鱼（*Carassius auratus*）巨噬细胞的免疫毒性[J]. 南京大学学报（自然科学版），2004，03：341-348.

[7] 卫立，张洪昌，张爱茜，等. 环境内分泌干扰物低剂量-效应研究进展[J]. 生态毒理学报，2007，01：25-31.

[8] 高常安，张爱茜，蔺远，等. 受体功能区结构与环境内分泌干扰效应生物差异的关系[J]. 生态毒理学报，2007，04：363-374.

[9] 聂芳红. 两种二噁英类化合物对斑马鱼肝脏 MDA、SOD 和 GST 的影响[J]. 食品与生物技术学报，2009，28（2）：210-213.

[10] 吴伟，聂凤琴. 多溴联苯醚对鲫鱼肝脏组织乳酸脱氢酶及同工酶的影响[J]. 安全与环境学报，2009，9（5）：15-17.

[11] 刘汉霞，张庆华. 多溴联苯醚及其环境问题[J]. 化学进展，2005，17（3）：554-560.

[12] 何秀婷，李潇. 邻苯二甲酸酯对斑马鱼胚胎发育的联合毒性[J]. 中山大学学报，2010，49（5）：101-106.

[13] 曹娜，魏华，吴陵广，等. 双酚 A 对斑马鱼肝脏和性腺的作用[J]. 生态学杂志，2010，11：2192-2198.

[14] 杜鹃，周涌，宋春梅，等. 单细胞凝胶电泳法检测双酚 A 对小鼠睾丸细胞 DNA 损伤[J]. 吉林医药学院学报，2007，03：135-137.

[15] 唐学玺，李永祺. 抗氧化剂对扁藻久效磷毒害的抑制效应[J]. 环境科学，2000，21（1）：87-89.

[16] 林植芳，李双顺，林桂珠，等. 水稻叶片的衰老与超氧物歧化酶活性及脂质过氧化作用的关系[J]. *Journal of Integrative Plant Biology*，1984，06：605-615.

[17] 谭亚军. 几种杀虫剂对大型蚤的慢性毒性[J]. 农药学学报，2004，6（3）：62-66.

[18] 贺鸿志，余景，骆世明. 丁草胺和苄嘧磺隆对钝顶螺旋藻的毒性效应研究[J]. 农业环境科学学报，2011，30（6）：1070-1075.

[19] Sabater C，Cuesta A，Carrasco R.Effects of bensufuron-methyl and cinosulfuron on growth of four freshwater species of phytoplankton[J].Chemosphere，2002，46：953-960.

[20] 吴晓霞，吴进才，金银根等. 除草剂对水生植物的生理生态效应[J]. 生态学报，2004，09：2037-2042.

[21] 李志丹，韩瑞宏，廖桂兰，等. 植物叶片中叶绿素提取方法的比较研究[J]. 广东第二师范学院学报，2011，03：80-83.

[22] 张晓红，赵文婧. 除草剂对金鱼血清同工酶的影响[J]. 安徽农业科学，2010，38（8）：4121-4122.

[23] 李敏霞，吴京洪. 液相微萃取-气相色谱法测定水样中邻苯二甲酸酯[J]. 分析化学研究简报，2006，8（34）：1172-1174.

[24] 吴淑杭，周德平，徐亚同，等. 18 种农药对发光细菌的急性毒性研究[J]. 农业环境科学学报，2007，26（6）：2267-2270.

[25] 王术皓，孙梅梅，张霞. 量子点标记链霉亲和素荧光免疫分析测定己烯雌酚[C]. 中国化学会. 持久性有机污染物论坛，2010.

第 2 章　新型材料对生物的毒性效应实验

2.1　纳米材料概述[1-3]

纳米材料指的是任何一维几何尺寸处于纳米尺度（1～100 nm），并具有特殊性能的材料。根据其化学组成，纳米材料一般分为：碳纳米材料、金属及氧化物纳米材料和纳米聚合物。其中碳纳米材料包括单壁碳纳米管（SWCNTs）、多壁碳纳米管（MWCNTs）、富勒烯（C60）、炭黑等。金属及氧化物纳米材料包括氧化物纳米材料（如纳米 ZnO，TiO_2，SiO_2 等）、零价纳米金属材料（如纳米铁，银，金等）和纳米金属盐类（如纳米硅酸盐，陶瓷等；纳米聚合物，如聚苯乙烯）。

纳米材料可广泛地应用于医药、电子、军事、化工、航空航天等众多领域。而纳米材料在生产、使用、废弃的过程中，必然地会以“三废”的形式通过各种途径进入环境中，并造成一定的人群暴露和生态效应，但迄今为止对纳米材料的排放量和排放方式等的研究报道比较少。

2.1.1　纳米材料的特性[4，5]

（1）尺寸效应。当超细微粒子尺寸与光波波长及传导电子德布罗意波长以及超导态的相干长度或透射深度等尺寸相当或更小时，周期性的边界条件将被破坏从而产生一系列新奇的性质。

特殊的光学性质：纳米金属的光吸收性明显增强。其材料的粒度越小，光反射率就越低。所有的金属在超微颗粒状态都表现为黑色。并且尺寸越小，颜色越黑。金属超微颗粒对光的反射率通常要低于 1%，约几微米的厚度就可以完全消光。而相反的是，一些非金属材料在将近纳米尺度时，会出现反光现象。比如纳米 SiO_2、TiO_2、Al_2O_3 等对大气中紫外光具有比较强的吸收性。

热学性质的改变：固态物质超细微化后其熔点显著降低。当颗粒粒径小于 10 nm 数量级时更为显著。比如，金的常规熔点为 1 064℃，当颗粒粒径减小到 2 nm 时熔点只有 327℃左右；另外，银的常规熔点为 670℃，但是超微银颗粒的熔点则低于 100℃。

特殊的磁学性质：小尺寸的超微颗粒磁性与大块材料有明显的不同，大块的纯铁矫顽力大约为 80 A/m，但是当颗粒尺寸减小到 20 nm 以下时，它的矫顽力可增加 1 000 倍。当颗粒尺寸小于 6 nm 时，其矫顽力反而降低到零，呈现出超顺磁性。利用磁性超微颗粒具有高矫顽力的特性，做成高贮存密度的磁记录磁粉，已大量应用于磁带、磁盘、磁卡等。利用超顺磁性，人们已将磁性超微颗粒制成用途广泛的磁性液体。

特殊的力学性质：纳米材料的强度、硬度和韧性明显提高。纳米铜的强度比常态提高 5 倍；纳米金属比常态金属硬 3～5 倍。纳米陶瓷材料具有良好的韧性，因为纳米材料具有大的界面，界面的原子排列相当混乱，原子在外力变形的条件下很容易迁移，因此表现出甚佳的韧性与一定的延展性。例如，氟化钙纳米材料在室温下可以大幅度弯曲而不断裂。

（2）表面与界面效应。与宏观物体相比，纳米粒子因为表面原子数目增多，比表面积增大。这会导致无序度增加，同时晶体的对称性变差，其部分能带被破坏，因而出现了界面效应。较大的比表面积和小尺寸的纳米粒子，导致位于表面的原子占有相当大的比例，原子配位不足，表面原子的配位不饱和性导致大量的悬空键和不饱和键，表面能高，因而这些表面原子具有高的活性。纳米材料较高的化学活性，使其具有了较大的扩散系数，大量的界面为原子扩散提供了高密度的短程快扩散路径。这种表面原子的活性就是表面效应。纳米粒子的表面界面效应，主要表现为：①熔点降低，这是由于表面原子存在振动弛豫，即振幅增大，频率减小；②比热容增大。

（3）宏观量子隧道效应。量子隧道效应是从量子力学的粒子具有波粒二象性的观点出发的，解释粒子能够穿越比总能量高的势垒，这是一种微观现象。近年来，发现一些宏观量（如微颗粒的磁化强度和量子相干器的磁通量等）也具有隧道效应，称为宏观量子隧道效应。用此概念可以定性解释纳米镍晶粒在低温下继续保持超顺磁性现象。量子尺寸效应和宏观量子隧道效应将是未来微电子器件的基础，或者说它确立了现存微电子器件进一步微型化的极限。如在制造半导体集成电路时，当电路的尺寸接近波长时，电子借助隧道效应而溢出器件，器件便无法工作。经典电路的物理极限尺寸大约为 0.25 μm。

（4）介电限域效应。随着纳米晶粒粒径的不断减小和比表面积不断增加，其表面状态的改变将会引起微粒性质的显著变化。例如，当在半导体纳米材料表面修饰一层某种介电常数较小的介质时，相对于裸露在半导体纳米材料周围的其他介质而言，被包覆的纳米材料中电荷载体的电力线更易穿过这层包覆膜，从而导致它与裸露纳米材料的光学性质相比发生了较大的变化，这就是介电限域效应。当纳米材料与介质的介电常数值相差较大时，使产生明显的介电限域效应。纳米材料与介质的介电常数相关越大，介电限域效应就越明显，在光学性质上就表现为明显的红移现象。同时介电限域效应越明显，吸收光谱的红移也就越大。

2.1.2　纳米材料的生物效应以及毒理学研究[8-11]

纳米颗粒的毒性研究最早集中在对比研究纳米尺度和微米尺度的颗粒物对各种模型生物急性毒性和急性反应的差异上。研究发现，即使颗粒物组成相同，纳米尺寸的颗粒物也会表现出与大尺度颗粒物不一样的毒性。在以前的毒性研究中，常用的模型生物包括细菌、藻类、鱼类、浮游动物、哺乳动物细胞株等。纳米尺度颗粒物会严重影响着细胞、亚细胞和蛋白质的生理活性，甚至会造成细胞的死亡。纳米颗粒的危害主要包括以下几个方面：进入并沉积到相应细胞（神经细胞、肝细胞等）内、蛋白质变性及其酶活降低、基因毒性、DNA 突变和细胞膜损伤、氧化应激压力、线粒体损伤、影响功能蛋白的表达和免疫力等。

目前纳米材料的毒性机制还不十分清楚，可能的致毒机制主要包括细胞膜完整性破坏、氧化胁迫、线粒体等重要细胞器损伤、蛋白质氧化和变性并丧失功能、基因毒性、毒性物质的释放等，这些致毒机制主要由纳米材料的自身性质决定，包括粒径、比表面积、电荷、成分等，对生物体的毒性效应往往不是由单一因素造成的。

2.2 离子液体概述[12，13]

离子液体（ionic liquid，IL）又称为室温离子液体、室温熔融盐等，是一种新型的软介质和功能材料，是完全由离子组成的液体，熔点大多低于 100℃，由于正负离子在数目上相等，所以离子液体在整体上显电中性。

2.2.1 离子液的特性[14–17]

离子液体具有很多独特的物理化学性质，如蒸汽压低、不挥发、不可燃、热容量大、离子导电率高、电化学窗口宽、物质溶解性好、萃取能力好、相稳定性好、热稳定性好、水稳定性好、酸碱稳定性好等，已经被用于分析化学的各个领域如分离科学、色谱体系、电化学分析与传感器、光谱与质谱等方面。

与传统的有机溶剂和电解质相比，离子液体具有一系列突出优点：①几乎没有蒸汽压、不挥发、无色、无味；②有较大的稳定温度范围，较好的化学稳定性及较宽的电化学稳定电位窗口；③通过阴阳离子的设计可调节其对无机物、水、有机物及聚合物的溶解性，并且其酸度可调至超酸。

离子液主要包括 $AlCl_3$ 型离子液体和非 $AlCl_3$ 型离子液体两种类型。$AlCl_3$ 型离子液体是在 1982 年发现[emim]Cl-$AlCl_3$ 液体以后才被重视的，$AlCl_3$ 型离子液体既可作为溶剂又可作为催化剂，但其热稳定性和化学稳定性较差，不可遇水，空气中有水也不行，使用较不方便。1992 年发现非 $AlCl_3$ 型离子液体对水、大气稳定，且组成固定的离子液体[emim]BF_4，之后离子液体的研究迅猛发展。研究较多的离子液体的负离子有 BF_4^-、PF_6^-、OTf^-、NTF_2^-、CTf_3^-等。

2.2.2 离子液体的毒性研究

有关离子液体毒性方面的研究远远滞后于离子液体物性及应用研究，离子液体毒性的相关研究，国外处于起步阶段，国内相关报道很少。从已有研究报道看，目前的研究工作主要集中在以下两个问题：①ILs 对生态系统中各类生物的毒性作用情况；②ILs 的各部分组成对 ILs 毒性的影响。德国国家环保技术研究中心（UFT）离子液体项目组提出将离子液体分为 3 部分亚结构：阳离子核、阳离子上的取代侧链、阴离子。ILs 各组成部分对其毒性的影响主要包括如下方面：①阳离子核对 ILs 毒性的影响；②侧链取代基 R1、R2 的长度对 ILs 毒性的影响；③阴离子对 ILs 毒性的影响。研究方法以生物个体水平的毒性实验研究为主，并有少量分子、细胞水平的毒性实验以及结构与活性（SAR）研究。但不同类型离子液体的各部分组成对离子液体毒性的具体贡献情况还不够清晰。离子液体对各类生物的毒性作用机理研究还处于空白状态，无法解释离子液体对不同生物毒性规律的差异。离子液体的基因毒性、遗传毒性、DNA 损伤和生物累积等方面的数据严重匮乏。最重要的是，根据目前已有的离子液体毒性方面的信息还无法判断出离子液体对整个生态系统的影响。因此，需要围绕离子液体对生态系统存在的潜在危害，系统地研究离子液体的基因毒性、遗传毒性、致癌性和生物累积性等方面的问题，以便评价离子液体对生态系统的危害。

2.3　纳米材料毒性效应实验

2.3.1　纳米材料对生物的急性毒性实验

实验 15　不同粒径纳米材料对小白鼠急性毒性实验[18]

1. 实验目的与意义

纳米材料由于其特殊的物理化学性质，越来越多地得到了人们的重视，然而其是否对环境和生物有毒害作用却众说纷纭，常规的二氧化钛对生物体是无毒的，然而当其规格达到了纳米级别的时候却又是有毒害作用的，本实验旨在研究当达到纳米级别后，不同粒径（50 nm、120 nm）二氧化钛对小白鼠的毒害作用[19, 20]。为探明其毒性效应与影响机制提供科学依据。

2. 实验材料

（1）实验动物：小白鼠，30 只，雌雄各半。

（2）纳米材料：50 nm 和 120 nm 两种规格的纳米二氧化钛。

3. 主要药品与仪器

（1）主要药品：钛标准品溶液，丙二醛（MDA）、超氧化物歧化酶（SOD）、谷胱甘肽过氧化物酶（GSH-PX）等试剂盒，重铬酸钾，浓硫酸，浓硝酸等。

（2）主要仪器：微波消解仪，电感耦合等离子体质谱仪，自动双重纯水蒸馏器，恒温水浴箱，电热恒温鼓风干燥箱，分析天平，超声清洗器，高温灭菌锅等。

4. 实验方法与步骤[21, 22]

（1）800 g 重铬酸钾，1 000 mL 浓硫酸和 10 000 mL 双蒸水配成洗液，实验所涉及的所有玻璃器皿均要在上述配好的洗液中浸泡 24 h，用自来水冲洗干净，再用双蒸水冲洗两遍，烘干。微量移液器枪头和其他器械要经过高温灭菌后方可使用。

（2）将 30 只小白鼠分为 3 组，每组 10 只，分别为 50 nm 规格纳米二氧化钛组、120 nm 规格纳米二氧化钛组和空白对照组。实验组的纳米材料剂量投加量均为 5 g/10 kg。染毒前夜，将小白鼠禁食。按剂量，用四蒸水将纳米二氧化钛制成质量浓度为 125 mg/mL 的溶液并混合均匀，先进行超声清洗，在 37℃清洗 30 min，然后按 0.1 mL/10 g 的剂量在 1 min 内连续进行灌胃，直到达到染毒剂量。灌胃 2 h 后喂食，观察一周后，进行各项理化指标的测定。

（3）组织提取：断髓处死白鼠后，在白瓷盘上迅速剥离出肝、肾和脑组织，脑组织要分出海马和皮层。将各剥离的组织进行称重后放入冷冻管在液氮罐中保存。

（4）组织中钛含量的测定。

标准溶液的配制

在 2%的 HNO_3 的工作介质中，将 100 μL/mL 的标准溶液稀释成 0 μg/L、10 μg/L、100 μg/L、1 000 μg/L 标准工作溶液。内标溶液在测定时通过三通在线加入，使标准、样品和空白组中均含有 0.5 μg/L 的铑（Rh）。

组织消化

从液氮罐中取出组织，称取 0.2 g 放入小烧杯中，并加入 5 mLHNO_3 静置 24 h，再加入 30%的双氧水 1 mL，混合后将其装入已经洗净的耐高温酸煮和耐压的聚四氟乙烯消解罐中，将盖子盖好并拧紧保护盖，将消解罐放置好，按预先设定好的条件进行消解，消解结束后打开消解罐，在 120℃下加热浓缩赶酸，直到溶液变得清澈透亮，冷却至室温，后将消解液倒入试管中，用少量四蒸水清洗消解罐并一并倒入试管中，最后用 2%HNO_3 溶液定容至 10 mL，混合均匀。

钛含量的测定

采用微波消解-电感耦合等离子体质谱仪（ICP-MS）测定肝、肾、脑（皮层和海马）组织中的钛。

仪器工作条件见表 2-1。

表 2-1 ICP-MS 工作条件

工作内容	参数
雾化气流速	1 L/min
辅助气流量	1.2 L/min
等离子体气体流动	15 L/min
射频功率	1.1 kW

工作内容	参数
扫描时间	50 s
停留时间	0.3 ms
取样深度	12 mm
积分时间	2 s

（5）组织中超氧化物歧化酶、丙二醛、谷胱甘肽过氧化物酶含量的测定：

制备匀浆

冰的生理盐水清洗刚从处死的小鼠体内剥离的肝、肾、脑（皮层和海马）组织，去除表面血污，擦干后称重，放入玻璃匀浆器中，再加入少许冰生理盐水，制成 10%组织匀浆，4 000 r/min 离心 15 min，取上清液备用。

活性测定

肝、肾、海马、皮层中 MDA 含量、SOD、GSH-Px 的活性测定按照试剂盒上的要求进行。

5. 结果与分析

用 SPSS 软件对测得的各个物质活性和含量的数据进行分析。

2.3.2　纳米材料对生物的蓄积效应实验

实验 16　纳米硫化镉在大鼠体内的蓄积实验[23]

1. 实验目的与意义[24, 25]

纳米硫化镉为低毒性纳米材料，其毒害作用主要通过堵塞较细的支气管而导致肺水肿，中毒 7 d 后，仍有 65%以上蓄积在体内；同时，纳米硫化镉在体内的蓄积还可以通过肾小管的重吸收作用影响人的机能，严重时可损坏肾小球和免疫生殖系统。以大鼠为实验动物，研究纳米硫化镉在其体内的蓄积效应，为探明纳米材料对生物的蓄积效应提供科学依据。

2. 实验材料

（1）实验动物：大鼠（*Rattus norvegicus*）。

购买 40 只健康的，体重在 200 ~ 300 g 的大鼠。购回后用普通饲料饲养一周进行驯化，以便适应实验环境。

（2）纳米材料：纳米硫化镉。

3. 主要药品与仪器

（1）主要药品。

优纯级硝酸、盐酸、高氯酸。

消解液：高氯酸和硝酸按体积比 1∶3 的比例混合。

（2）仪器：电子天平，原子吸收分光光度计，注射器。

4. 实验步骤与方法

（1）随机分为两组，一组为阴性对照组，另一组为染毒实验组，每组 20 只大鼠。

（2）纳米硫化镉悬液的制备。电子天平精确称取 3 g 纳米硫化镉溶于 200 mL 生理盐水中，配制成质量浓度为 0.15 g/mL 的纳米硫化镉悬液。将纳米硫化镉悬液连同注射器的针头一起放入高压灭菌锅中，121℃灭菌 30 min，备用。

（3）测定指标的方法。将配制好的纳米硫化镉悬液注入实验组小鼠的肺部，左肺和右肺各 0.5 mL，阴性对照组按相同的剂量和时间注入灭菌的生理盐水，每周染毒两次，持续 2 周。15 d 后在实验组和对照组中随机选取 10 只，麻醉后解剖，分别取出肝脏、肾脏、睾丸组织和肺部，观察纳米硫化镉在大鼠体内的蓄积情况。45 d 后重复上述过程，用剩余的 10 只大鼠继续观察纳米硫化镉在其体内的蓄积情况。

用配制好的消解液对取出的组织进行消解，然后用原子吸收法测定镉的浓度，表征纳米硫化隔在大鼠体内的蓄积程度。

5. 结果与分析

应用 SPSS 软件进行方差分析，以不同的组织蓄积量的多少进行聚类分析，相互之间进行 q 检验，$\alpha=0.05$。

实验 17　鱼对纳米二氧化钛的生物富集实验[26]

1. 实验目的与意义[27]

纳米材料溶于水后，可以呈现为沉降、布朗运动等多种状态，本实验以鲤鱼为实验对象，以酸化消解法检测其在溶有二氧化钛的水中对该纳米材料的富集程度。

2. 实验材料

（1）实验动物：鲤鱼（*Cyprinus carpio*），120 条，体长为 5 ~ 6 cm，体重为 4 ~ 5 g，均为新生幼鱼苗。实验前将鲤鱼在玻璃鱼缸内驯化培养 15 d，使其适应实验环境。

（2）纳米材料：纳米二氧化钛。

纳米二氧化钛悬液的制备：用电子天平准确称取 0.25 g 二氧化钛固体，经过超声扩散后，溶于 200 mL 蒸馏水中，溶解混匀后移到 250 mL 容量瓶中，加蒸馏水定容，摇匀备用。

3. 主要药品与仪器

（1）主要药品。

优级纯的浓 H_2SO_4、浓 HNO_3、硫酸铵。

分解液的制备：用量筒分别称取 350 mL 浓硫酸和 1 000 mL 蒸馏水，用电子天平准确称取 200 g 硫酸铵，用玻璃棒引流，将浓硫酸缓慢加入到蒸馏水中，混合后在电子加热炉上加热煮沸，沸腾后迅速加入称量好的 200 g 硫酸铵混匀，待全部溶解后关闭电子炉，冷却至室温后转入 1 000 mL 广口瓶中保存备用。

钛标准液的制备：电子天平准确称取 417 g 纳米二氧化钛溶于 150 mL 蒸馏水中，在电子炉上加热至其全部溶解，冷却至室温后移至 250 mL 容量瓶中，用蒸馏水定容至刻度线，摇匀即可，制作钛含量的标准曲线。

（2）主要仪器与实验用品：

投射电子显微镜，微波消解仪，电感耦合等离子体原子发射光谱仪（ICP-AES），3 个 16 L 玻璃鱼缸。

4. 实验步骤与方法[28]

（1）在 3 个鱼缸内分别加入清水至 2/3 体积处，向 1#和 2#鱼缸内分别加入 48 mg 和 160 mg 的纳米二氧化钛，3#作为空白对照组，加入纳米二氧化钛后用充氧泵曝气 2 h 后每个鱼缸加入 40 条鲤鱼进行培养，每天喂食两次换水一次，并使其可以受到自然光照。2 d、5 d、10 d、15 d、20 d、25 d 时每个鱼缸各取 5 条鱼进行处理，测定其二氧化钛的含量。20 d 时另取 3 条鲤鱼，将表皮、鱼鳞、肌肉和内脏组织分离，分别测各个部分的二氧化钛含量，3#鱼缸的鲤鱼作为对照，同时每个实验组做 3 个平行。

（2）水样预处理：取一个 50 mL 烧杯，加入 25 mL 含有纳米二氧化钛的水样，在电炉上加热蒸干水分，然后加入 5 mL 分解液，继续加热直至溶液呈无色透明，关闭电炉，冷却至室温后移至 25 mL 的比色管中待测。

（3）鱼样预处理：将取出的鲤鱼用蒸馏水清洗 5 遍，用滤纸擦干表面水分。将分离出的表皮、鱼鳞、肌肉和内脏组织粉碎，粉碎后保存于干燥器中。向消解罐内加入 4 mL 浓 HNO_3，0.2 g 粉碎的鱼样，密闭后用微波消解仪消解 15 min（消解分为 3 个阶段，第一阶段消解温度为 150℃，压力为 1 MPa，时间为 5 min；第二阶段消解温度为 180℃，压力为 2 MPa，时间为 5 min；第三阶段消解温度为 190℃，压力为 2 MPa，时间为 5 min）。消解结束后在电炉上蒸干水分，加入 5 mL 分解液，加热至二氧化钛完全溶解后冷却至室温，然后移至 25 mL 容量瓶内定容。

（4）二氧化钛的测定：用 ICP-AES 方法测定水样和鱼样中经过预处理后游离出的钛离子的含量，以空白和钛标准液做标准曲线，即可读出样品中钛浓度，通过换算即可得到样品中二氧化钛的含量。

5. 结果与分析

（略）。

2.3.3 纳米材料对生物的遗传毒性实验

实验 18　不同浓度纳米石墨烯对小鼠生殖发育的影响实验

1. 实验目的与意义

纳米材料的广泛应用，使其可以通过多种途径进入到环境中甚至是生物体内，并在生物体内停留一定的时间[29]，对生物组织造成毒害作用，本实验以不同浓度的纳米石墨烯为研究对象，探讨不同浓度纳米石墨烯对小鼠精子密度、精子活度、精子畸形率以及乳酸脱氢酶的影响[30]，为弄清纳米材料对小鼠生殖发育的影响提供依据。

2. 实验材料[31-33]

（1）实验动物：小白鼠（*Mus musculus*），雄性50只。

将购回的小白鼠在正常环境下饲养10 d，正常进食，保持饲养室内空气流通，温度适宜；开始实验前，对小鼠进行称重，选取体重20 g左右的小鼠作为实验对象。

（2）纳米材料：纳米石墨烯。

3. 主要药品与仪器

（1）主要药品：氯化钠，甲醇，伊红，二甲苯。

（2）主要仪器：电子天平、显微镜、灌胃针、恒温水浴锅。

4. 实验步骤与方法[33]

（1）将小鼠分成4组，一组对照，小鼠施加生理盐水，另外3组分别为低浓度石墨烯、中等浓度石墨烯和高浓度石墨烯，浓度分别为10 mg/kg，50 mg/kg，250 mg/kg。

（2）小鼠染毒。采用灌胃的方式染毒，受试物的剂量控制在1 mL以内，防止摄入量过多导致短期内死亡，将小鼠以垂直位置固定好以便使小鼠消化道保持畅通，将制好的灌胃针从小鼠腮部插入，避开牙齿，当遇到阻力时轻轻上下滑动灌胃针至阻力消失即进入到胃部，若小鼠挣扎则停止注射轻轻退出，防止刺破食道或气管。

（3）统计小鼠的体重增长率，并用SPSS软件进行数据统计，组间用 t 检验。

$$体重增长率=（第 N+1 次染毒前体重-第 N 次染毒后体重）/第 N 次染毒后的体重\times100\% \quad (2\text{-}1)$$

（4）指标测定。

精子密度：在培养皿中加入4 mL生理盐水，取单侧附睾置于培养皿中，用眼科剪剪开，并用干净洗耳球反复吹，使精子全部吹出，混匀后制成悬液，在计数池中，用高倍镜观察计数，5个方格内的精子数 $\times2\times10^5$/附睾重量（g）即为精子密度；

精子活度：将悬液在恒温水浴锅内孵20 min，以400个精子为范围计数活动的精子数量；

精子畸形率：制片—甲醇固定—伊红染色—镜检—选取400个精子并计数首尾完整和畸形的精子数量，计算出畸形率。

5. 结果与分析

（略）。

2.3.4　纳米材料对酶活性影响实验

实验 19　水体中的纳米材料对鱼体内酶活性的影响

1. 实验目的与意义

纳米材料已广泛地应用于日常生产和生活中，但其对环境和生物的影响目前并没有一个明确的规范和标准，有报道称在部分防晒霜及化妆品中所检测到的纳米材料物质对人体有一定的影响和伤害，因此，通过对在含有纳米材料的环境中暴露不同时间的斑马鱼体内钠钾 ATP 酶（$Na^{+}K^{+}$-ATP 酶）、乙酰胆碱酯酶（AchE）、谷胱甘肽过氧化物酶（GSH-PX）3 种酶活性的影响变化进行检测，以确定纳米材料对生物影响的浓度范围，为今后立法和标准的确定提供依据[34, 35]。

2. 实验材料

（1）实验动物：斑马鱼（*Danio rerio*），170 条（150 条实验，20 条备用）。

斑马鱼购回后在玻璃鱼缸内驯养 15 d，每天喂食一次，每 3 d 换一次水，充氧曝气，pH=7，温度为（23 ± 2）℃，保证驯养期间死亡率小于 1%，死鱼及时捞出并用备用鱼补足。

（2）纳米材料：人工多壁碳纳米管（纯度大于 95%，规格：d=10 ~ 20 nm，长 1 ~ 2 μm）。

悬液的制备：用电子天平准确称取 0.2 g 多壁碳纳米管，溶于少量蒸馏水中。配制 1 000 mg/L 的十二烷基硫酸钠溶液，然后用量筒量取 10 mL 配制好的十二烷基硫酸钠溶液，混合后加蒸馏水定容至 1 000 mL，摇匀后超声振荡 2 h[35]，使其完全混合，混匀后滤去团聚大颗粒，作为原液备用。

3. 主要药品与仪器

（1）主要药品。十二烷基硫酸钠，乙酰胆碱酯酶（AchE）和谷胱甘肽过氧化物酶（GSH-PX）的试剂盒。

（2）主要仪器。可见-紫外分光光度计、移液器、恒温水浴锅、离心机、玻璃匀浆器、电子天平等。

4. 实验步骤与方法[34]

（1）将实验所需的所有玻璃仪器在装有 10%的硝酸溶液内浸泡。48 h 后取出用蒸馏水清洗至少三遍，擦干后用报纸包好置于高压灭菌锅中，121℃灭菌 30 min 备用。

（2）将配制好的纳米原液稀释成 2.5 mg/L、5 mg/L、10 mg/L 人工多壁碳纳米管的悬液，每个浓度设置 3 个平行组，同时设置 1 个空白对照组。每组选取 15 条斑马鱼作为实验对象，对斑马鱼进行暴露实验。实验采用的暴露时间为 28 d 和 35 d，实验期间每日照常喂食，3 d 更换一次水，以防止溶于水中的人工多壁碳纳米管凝聚和沉淀，影响实验结果[36]。

（3）制备组织匀浆：用眼科剪将受试斑马鱼解剖，取脑组织块和肝组织块 2 ~ 5 mg，取出后放入冰冷的生理盐水中漂洗去除血迹，漂洗后放入到 9 倍于组织质量的生理盐水中即制成了 10%的组织匀浆，混匀后放入离心机中，3 500 r/min 离心 10 min，取上清液待测。

（4）酶活的测定：

乙酰胆碱酯酶（AchE）：根据 Ellman 原理[36]，乙酰胆碱酯酶水解乙酰胆碱生成胆碱和乙酸，通过胆碱与巯基显色剂反应生成 TNB 黄色化合物，在 412 nm 下进行比色分析，根据水解产物胆碱的量反映乙酰胆碱酯酶活力。

谷胱甘肽过氧化物酶（GSH-PX）：谷胱甘肽过氧化物酶可以促进过氧化氢（H_2O_2）与还原性谷胱甘肽（GSH）反应生成 H_2O 及氧化性谷胱甘肽（GSSG），其活力以催化谷胱甘肽（GSH）的反应速率表示。

根据试剂盒上的要求和步骤测定酶活性。每一样品测试重复两次以上，取平均值。

5. 结果与分析

实验结果取各组平均值，并用 Excel 软件进行 t 检验。

实验 20　纳米二氧化钛对酶活性的增强作用实验

1. 实验目的与意义

纳米材料因其粒径小、比表面积大、反应活性高等一系列特殊的物理化学性质而引起了人们的重视[37]，也越来越多地得到了广泛的应用，但其对环境的影响却众说纷纭，在一些情况下，纳米材料流入环境中会对环境中的生物造成不利的毒害作用，而在对特殊的对象时，又会产生协同增强的作用，本实验以纳米二氧化钛和尿素酶为研究对象，探讨纳米二氧化钛对尿素酶活性的影响。

2. 实验材料

（1）纳米材料：不同粒径（2.4 nm、5 nm、25 nm）二氧化钛。

（2）尿素酶：用电子天平精确量取，配制浓度为 0.125 mg/mL 的尿素酶溶液。

3. 主要药品与仪器

（1）主要药品。

甲醇（分析纯）、钛丝、无水乙醇（分析纯）、二次蒸馏水。

1 mmol/L 磷酸盐缓冲溶液（PBS）：1 mmol/L 磷酸氢二钠和 1 mmol/L 的磷酸二氢钠配制成。

尿素溶液：配制成浓度为 0.1 mol/L 的尿素溶液。

（2）仪器：恒温水浴锅、台式离心机、恒温磁力搅拌器、精密 pH 计、超声清洗机、砂纸、电子天平等。

4. 实验步骤与方法[38-40]

（1）分别量取 3 mL 尿素酶溶液，对应地将 3 种粒径的纳米材料溶解到尿素酶溶液中，在 4℃环境下吸附 12 h。

（2）测定吸附在纳米二氧化钛表面的尿素酶活性：以配制好的尿素溶液为底物，调整待测液和尿素溶液的 pH 值，使二者 pH 值相同，在 35℃的环境下，测定酶反应时的 pH 值响应值，并记录下电位-时间曲线。

（3）二氧化钛膜电极的制备：将纳米二氧化钛溶液超声 15 min；用砂纸将钛丝打磨干净，去除氧化膜，并用 1 mol/L 的 NaOH 和蒸馏水各清洗 3 遍；然后将打磨好的钛丝在超声处理过的二氧化钛溶液中浸渍 1 min，捞出擦净晾干，重复浸渍数次获得不同厚度的二氧化钛膜电极。

（4）调节 PBS 溶液的 pH 值为 7.0，称取 2 g 尿素溶于事先保存于 4℃的冰箱内的 0.4 mL PBS 溶液中，制好的二氧化钛膜电极浸泡在去离子水中并用紫外灯照射 15 min，用蒸馏水清洗 3 次，然后浸泡在 4℃的尿素溶液中，浸泡 24 h，电极要保存于 4℃的 PBS 溶液中。

（5）测定尿素浓度：在常温下，以不同浓度的尿素溶液作为反应底物，用纳米二氧化钛/尿素酶复合电极，用电位法测定各浓度尿素溶液的具体浓度值。

5. 结果与分析

实验结果取各组平均值，并用 Excel 软件进行 t 检验。

实验 21 不同纳米材料对鱼肝组织中 Na^+/K^+-ATP 酶活性的影响实验[44]

1. 实验目的与意义

随着纳米材料使用的日益普遍，废弃的纳米材料也以“三废”的形式流入到环境中去，而水作为生态系统重要组成部分，同时也作为污染物传播的重要介质，纳米材料往往以悬浮的状态存在于水体中，严重地影响着水生生物的安全[41]，进而威胁着整个食物链乃至整个生态系统。Na^+/K^+-ATP 酶普遍存在于水生动物体内，生态意义广泛，是 Na^+/K^+泵活性的重要组成部分，它不仅参与氧化磷酸化、物质运送、能量代谢的重要生化过程，而且它与膜上磷脂在结合状态下还会影响膜的流动性，进而影响膜的其他功能，为多种毒物攻击的靶器官。本实验着重探讨纳米材料对剑尾鱼肝组织中 Na^+/K^+-ATP 酶活性的影响程度[42-43]。

2. 实验材料

（1）实验动物。剑尾鱼（*Xiphophorus helleri*），200 条，平均长度约为 5 cm。购回后在 16 L 玻璃鱼缸内饲养 15 d，每天曝气，隔天换水，每日喂食两次，水温为（27 ± 2）℃，pH 为 7.0 ~ 7.2，驯化，使其适应实验环境。

（2）纳米材料。平均粒径为 25 nm 的二氧化钛；平均粒径为 50 nm 的氧化锌；平均粒径为 30 nm 的二氧化硅。将三种纳米材料（二氧化钛、氧化锌、二氧化硅）放入烧杯中，加水后置于超声清洗机中超声 20 min，用于配制不同浓度梯度的毒物；二氧化钛实验组的浓度分别为 0.1 mg/L、1.5 mg/L、10 mg/L，氧化锌的实验组浓度为 0.1 mg/L、5 mg/L、10 mg/L，二氧化硅的实验组浓度为 0.4 mg/L、5 mg/L、10 mg/L。

3. 主要药品与仪器

（1）主要药品。

钠钾 ATP 酶（Na^+K^+-ATP 酶）试剂盒，氯化钠。

0.86%的生理盐水：称取 0.86 g 氯化钠溶解于 100 mL 蒸馏水中，摇晃溶解。

（2）主要仪器与实验用品：超声清洗机、匀浆器、离心机、烧杯等玻璃器皿。

4. 实验步骤[44]

（1）将驯化好的剑尾鱼分组，每个实验浓度组 10 条剑尾鱼，每个实验浓度组 3 个平行，另外设置一组空白对照，实验开始前一天停止喂食。

（2）第 1 天、第 5 天、第 10 天、第 20 天分别从各组随机选取 4 条剑尾鱼进行实验，处死后在冰盘上迅速取出肝脏，并用 0.86%生理盐水清洗以去除血渍，用吸水纸吸干水分。

（3）称重，并按 $m:V=1:9$ 的比例加入预冷的生理盐水，在冰浴条件下用匀浆器搅拌 10 min，然后将匀浆液置于离心机中，3000 r/min 离心 20 min，取上清液即为粗酶液，提取后置于−40℃低温冰箱内封存待测。

（4）根据试剂盒上的要求和步骤测定酶活性以及组织中源蛋白的含量。每一样品测试重复两次以上，取平均值。

（5）数据处理。

组织蛋白含量计算公式：

$$\text{组织蛋白含量（g/L）}=\frac{\text{测定样品OD值}-\text{空白OD值}}{\text{标准OD值}-\text{空白OD值}}\times\text{标准管浓度} \tag{2-2}$$

酶活力计算公式：

组织中 Na^+/K^+-ATP 酶活力（U/mg prot）=（测定样品 OD 值－对照管 OD 值）/（标准管 OD 值－空白管 OD 值）×标准管浓度（0.02 μmol/mL）$\times 6^* \times 7.8^{**} \div$ 匀浆蛋白含量（mg prot/mL） （2-3）

公式中的 6^*：因公式中酶活力定义为每小时，实际操作为 10 min；7.8^{**}：因反应体系中被稀释 7.8 倍。

5. 结果与分析

实验结果取各组平均值，并用 Excel 软件进行 t 检验。

2.4　离子液体毒性效应实验

2.4.1　离子液体对生物的毒性实验

实验 22　离子液体对海洋动物的急性毒性实验

1. 实验目的与意义

离子液体作为一种新型的绿色溶剂被越来越多地应用于工业生产与科学研究，然而其对环境的影响并未受到人们的重视。近年来，人们在加大离子液体的应用范围的同时开始关注其对环境的不利影响，但大多是以微生物、哺乳动物细胞系、高等植物、大型蚤等作为研究对象[45]，鲜有将海洋生物用于研究离子液体毒性实验的报道。卤虫作为一种处在海洋生态系统最低端的浮游生物，对有毒物质具有反应敏感、效应明显、虫卵获取方便等优点，同时用卤虫作为实验对象，实验成本较低，因此选取卤虫作为咪唑类离子液体毒性实验的研究对象[46, 47]，探明离子液体对卤虫的毒性效应及影响，为离子液体的广泛应用提供科学依据。

2. 实验材料

（1）实验动物：卤虫（*Brine Shrimp*）。

（2）离子液体：1-辛基-3-甲基咪唑盐酸盐，1-十二烷基-3-甲基咪唑盐酸盐和 1-丁基-3-甲基咪唑盐酸盐 3 种离子液体。

按照 Shimojo 等方法在 37℃水浴温度下，用相同物质量的氯代正辛烷、氯代正丁烷、N-甲基咪唑、氯代正十二烷合成 3 种离子液体。

3. 主要药品与仪器

（1）主要药品。

乙腈，甲醇，N-甲基咪唑，重铬酸钾，氯代正丁烷，氯代正辛烷，氯代正十二烷，碳酸氢钠。

30‰和 60‰海水：分别称取 30 g 和 60 g 海盐用超纯水稀释到 1 000 mL，用碳酸氢钠调节 pH 值至 8.5 ± 0.1，保证 O_2 和 CO_2 比例正确，同时每隔 48 h 用泵充氧 24 h，放置室内可保持 1 ~ 2 个月。

（2）主要仪器。

加热磁力搅拌器，DAUF 管，接触式温度计，两种规格的单道移液器（量程分别为 0.5 ~ 10 μL 和 1 ~ 5 mL），超纯水机和恒温水浴锅。

4. 实验步骤与方法[48, 49]

（1）离子液体贮备液的制备。分别称取 1-辛基-3-甲基咪唑盐酸盐、1-十二烷基-3-甲基咪唑盐酸盐和 1-丁基-3-甲基咪唑盐酸盐 3 种离子液体各 100 mg，溶于 1 000 mL 的容量瓶内，用超纯水定容，摇匀，配制成浓度为 100 μg/mL 的贮备液。

（2）卤虫卵的预选。购回的虫卵用饱和盐水清洗去表面杂质，由于密度的原因，虫卵浮于液面而杂质则沉淀在底部；过滤后用蒸馏水清洗 3 遍以去除空卵，清洗时，空卵壳浮在液面，沉淀在底部的为可以供实验用的优质虫卵，捞出，在 20℃下烘干保存在 4℃的冰箱内。

（3）虫卵的复选。在低倍显微镜下进一步去除空卵，将最终选出的虫卵平推到培养皿上，通风干燥处自然光曝光 48 h，然后取适量虫卵放入 DAUF 管内并加入配制的 30‰的人工海水，虫卵的选取量以恰好铺满 DAUF 管底为宜；将 DAUF 管放入水浴锅内加热，温度为（29 ± 1）℃，光照 24 h 后孵化出的幼虫即为实验所需的卤虫。

（4）染毒。在另一培养皿中加入 30‰的人工海水，将用于孵化的培养皿从水浴锅中取出，选取活力较强的优质卤虫加入到配制好的装有人工海水的培养皿中备用；向 1.5 mL 的 UAFU 管内分别加入纯水配制的 500 μL 离子液体溶液和 500 μL 配制好的 60‰的人工盐水，另取 1 000 μL 的 30‰的人工海水作为空白对照，然后用 1 μL 的移液器分别加入 15 个选育的优质卤虫进行染毒培养，24 h 后，用显微镜观察死亡个数（注：5 s 内敲击无反应或摇晃过程中随水流飘动并最终下沉即可判定为死亡；空白对照组的校正死亡率控制在 5%以内，否则数据无效）。

（5）急性毒性预实验。预实验的目的是通过用不同浓度的离子液体进行染毒，确定使卤虫全部存活、全部死亡的浓度区间。用预备好的离子液体贮存液用超纯水稀释到各种浓度，由高至低，每个浓度做 5 个平行，每个浓度点重复 10 次染毒实验，根据死亡数量，最终确定导致卤虫全部死亡、部分死亡和全部存活的各浓度值。

（6）急性毒性正式实验。将 1-辛基-3-甲基咪唑盐酸盐、1-十二烷基-3-甲基咪唑盐酸盐和 1-丁基-3-甲基咪唑盐酸盐 3 种离子液体按预实验确定的浓度梯度配制好，同时可以向最高浓度和最低浓度两个方向延伸，每个浓度点至少重复 20 次染毒，每个浓度设置 5 个平行同时每个浓度要设置空白对照，并用下列公式结算死亡校正率：

$$存活率=存活个体数/总个体数\times 100\% \tag{2-4}$$

$$校正死亡率=（对照组存活率-实验组存活率）/对照组存活率\times 100\% \tag{2-5}$$

5. 结果与分析

剂量效应曲线（DRC）数学拟合：通过线性回归的方法对实验测得的剂量-效应散点进行拟合，用 Dixon 法剔除离群可疑值，对留下的值取平均值，将平均值和对应的浓度输入计算机，用 Origin 软件，横坐标为离子液体浓度的对数值，纵坐标为对应浓度的平均校正死亡率，做出散点图，用软件中的 NLSF 模块下的拟合工具使用 Weibull、Logit 与 DseResp 这 3 种非线性函数模型对实验中所得到的 DRC 数据进行非线性拟合，求得拟合模型的各相关参数。选择拟合相关系数最大而拟合均方根误差最小的模型作为最优拟合模型。用所选取拟合模型的函数对所有实验所得的散点进行非线性拟合，并计算出相应的离子液体对于卤虫染毒24 h后卤虫校正死亡率为50%时的样品浓度，即毒理学参数LC_{50}-24 h值和95%置信区间所得拟合曲线，则该曲线即为被测试的离子液体对卤虫的毒性-效应曲线。

实验 23　离子液体对淡水经济鱼类的毒性实验

1. 实验目的与意义

离子液体因其具有不易挥发、不易燃和热稳定性好等优势，一诞生即引起化工界的广泛关注并显示出广阔的应用前景，并因此曾被认为是对环境友好的“绿色溶剂”，然而最近的研究表明，离子液体在一些情况下不仅仅对环境能够造成危害，甚至具有很强的毒性，因此对其毒性的研究越来越得到人们的重视[50]。本实验通过探讨离子液体氯化 1-辛基-3-甲基咪唑对泥鳅的急性毒性实验，为今后离子液体在生产生活使用过程中的环境风险评价提供一定的参考[51, 52]。

2. 实验试剂与材料

（1）实验动物。泥鳅（*Misgurnus anguillicaudatus*），180 条，体长在 12 cm 左右，购回后置于玻璃鱼缸内饲养，每天换一次水，不间断曝气，水温为（25 ± 2）℃，驯化，驯化期间有死亡的个体及时捞出；

（2）离子液体：氯化 1-辛基-3-甲基咪唑。

3. 主要仪器与实验用品

鱼缸，半对数纸，充氧泵，量筒等。

4. 实验步骤与方法[52]

（1）设置 5 组不同质量浓度的离子液体，分别为 164 mg/L、213 mg/L、278 mg/L、360 mg/L、468 mg/L，每个实验组 10 条泥鳅，每个质量浓度设置 3 个平行对照组，另设置 1 个空白对照组；

（2）每隔 24 h 更换一次相同质量浓度的离子液体氯化 1-辛基-3-甲基咪唑水溶液，开始 12 h 连续观察，48 h 和 96 h 时观察记录泥鳅的活动情况和死亡情况，实验期间死亡的泥鳅及时清理出去，计算 12 h、48 h 和 96 h 泥鳅的存活率。

5. 结果与分析

用改进的寇氏法计算出离子液体氯化 1-辛基-3-甲基咪唑对泥鳅的半致死浓度 LC_{50}，利用半对数纸，将离子液体浓度的对数值为纵坐标，以存活率为横坐标绘图。选取实验中接近存活一半的两点，即大于存活一半的一点和小于存活一半的存活率为另一点，在半对数坐标纸上将两点用直线连接，计算出直线的方程式，最后在直线与存活率 50%垂线的焦点处向左侧连直线，到达的浓度值即为存活 50%的浓度即半数忍受限（TLm 值），根据下列公式计算出该咪唑类离子液体的安全浓度。

$$安全浓度=\frac{(48\ h)TLm\times 0.3}{(24\ h)TLm}\times(48\ h)TLm \quad (2\text{-}6)$$

$$安全浓度=(96\ h)TLm\times 0.1 \quad (2\text{-}7)$$

实验 24　离子液体亚结构对生物毒性效应的影响实验

1. 实验目的与意义

发光细菌是能发出绿色可见光的细菌，主要栖息地在海洋，绝大多数发光细菌是海洋性的。青海弧菌是迄今发现的唯一一种非致病性淡水型发光细菌，能持续稳定地发射蓝绿光（最大发射波长 485 nm），一旦接触到有毒物质，其发光强度就会受到影响，它们的发光强度和水样中有毒物质的类型、浓度密切相关，这些生物学特性使得青海弧菌成为难得的水质检测材料。离子液体（ionic liquid，IL）可分为阳离子核、阳离子上的取代侧链和阴离子 3 部分亚结构。以青海弧菌为实验材料，探讨离子液体是否也具有烷基链效应，以及离子液体的阴离子和阳离子骨架对其毒性影响的大小，为弄清离子液体各部分组成对其毒性的影响提供依据。

2. 实验材料

（1）实验生物：青海弧菌 Q67（*Vibrio qinghaiensis* sp.）。

菌种培养：将装有冻干粉的安瓿瓶置于 4℃的冰箱内保存 10 ~ 15 min，取 100 μL 已灭菌的 0.8%的氯化钠溶液滴在培养皿上，用接种环挑取一菌落在培养皿上画线，在 22℃的培养箱内将培养皿倒置培养 24 h，再用接种环挑取一小菌落接种于斜面上，置于同样条件下培养 24 h，再挑取菌落接种于斜面上培养，将最后一次培养好的斜面置于冰箱内保存备用[53，54]。

将培养好的菌种接入到 15 mL 的液体培养基中，22℃下振荡 24 h 培养，待用。

（2）离子液体：备选的多种离子液体。

实验用的浓度大于 97%的离子液体储备液用超纯水配制，然后置于冰箱内备用。

3. 主要药品与仪器

（1）主要药品。培养基[55]配方：酵母膏，5 g；胰蛋白胨，5 g；甘油，3 g；混合盐，12.49 g；加水至 1 000 mL；pH=9.0。混合盐成分：硫酸镁，19.8%；碳酸镁，6.3%；溴化镁，0.74%；氯化镁，0.74%；碳酸钙，0.22%；氯化钾，1.76%；氯化钠，66.36%；碳酸氢镁，4.04%。以上配方中再加琼脂 2%即为固体培养基。

（2）主要仪器。无菌工作台，电子天平，立式高压灭菌锅，恒温震荡培养箱，96 孔微板。

4. 实验步骤与方法[56，57]

（1）实验采用微板毒性分析法，用 96 孔微板进行毒性分析，第一排作为对照组，在 12 个微孔中加入 100 μL 超纯水；

（2）在第二排的 12 个微孔中加入在预毒性实验中所得的稀释因子稀释的 12 个浓度从大到小呈几何梯度的离子液体，在最高效应与最低效应之间，能够使各浓度产生的发光抑制率均匀分布；

（3）第三和第四排的孔设置为第二排相对应的孔的平行对照组，并用移液器从第一至第四排每一个孔补足 100 μL 超纯水；

（4）用移液器从第一排至第四排每孔加入培养好的菌液 100 μL，使每孔的体积均达到 200 μL；

（5）15 min 后，用酶标仪测定各孔的发光强度，以离子液体对 Q67 的百分发光抑制率（E）为毒性指标；

（6）重复以上过程至少 3 次，以保证实验的准确性。

5. 结果与分析

采用非线性最小二乘回归技术将实验浓度（c）-抑制率数据（E）分别拟合到非线性函数 Weibull（W）和 Logit（L）以拟合相关系数（R）最大或拟合均方根误差（RMSE）最小为目标选择最佳拟合函数。非线性函数 W 与 L 的解析式分别为：

$$E = 1-\exp\{-\exp[\alpha + \beta \lg(c)]\} \tag{2-8}$$

$$E = 1/\{1+\exp[-\alpha - \beta \lg(c)]\} \tag{2-9}$$

式中：α、β——位置与斜率参数。

2.4.2　离子液体对生物的免疫毒性实验

实验 25　离子液体对鲤鱼免疫功能的影响实验

1. 实验目的与意义

离子液体作为一种新型的绿色溶剂，已经得到了越来越广泛的应用，但过量的使用使得部分离子液体流入环境中，其对环境的危害程度目前没有统一的标准，因此，以鲤鱼为实验对象，探讨离子液体溴化 1-辛基-3-甲基咪唑对其免疫功能的影响及危害程度，为今后法规和标准的制定提供参考依据[58–60]。

2. 实验材料

（1）实验动物：鲤鱼，同一批卵发育来的红鲤鱼，体重在 70 ~ 90 g。

（2）离子液体：溴化 1-辛基-3-甲基咪唑。

3. 主要药品与仪器

（1）主要药品：磷酸盐缓冲溶液（PBS），溶壁微球冻干粉。

（2）主要仪器：电子天平、荧光显微镜、酶标仪、冷冻离心机、恒温水浴锅、紫外-可见分光光度计、磁力搅拌器、红外加热炉、高速分散器、量程分别为 0 ~ 20 μL、0 ~ 100 μL、

0 ~ 200 μL、0 ~ 1 000 μL 的可调式微量移液器。

4. 实验步骤与方法[61]

（1）配制浓度分别为 100 mg/L、200 mg/L、300 mg/L 的溴化 1-辛基-3-甲基咪唑溶液。

（2）分组：每个浓度的离子液体内随机放入 10 条健康红鲤鱼，另设一组空白对照组，用曝气自来水代替离子液体，每个组设置 3 个平行对照组，实验数据取 3 组的平均值；整个实验过程中要不间断曝气保证溶解氧充足。

（3）第 3 d 和第 5 d 换水，第 2 d、第 5 d 和第 7 d 从实验组和对照组取 6 尾红鲤鱼进行实验。

（4）捞出红鲤鱼后立即断尾取血，静置 1 ~ 2 h 后，置于 4℃冰箱过夜。第二天 4 000 r/min 离心 30 min，取上清液，移入冻存管中，放入−20℃的冰箱内保存，用于测定血清溶菌酶活性。

（5）取血后开腹，去除肾脏和肝脏，在 4℃的生理盐水中清洗后用吸水纸吸干水分，用于测定组织的溶菌酶活性。

（6）配制浓度为 0.067 mol/L 的 PBS，pH 值为 6.4。

（7）用配制好的 PBS 溶解溶壁微球冻干粉，制成菌液。

（8）血清溶菌酶活性的测定：每个样品取 3 mL 菌悬液和 50 μL 样品血清，混匀后用紫外分光光度计测定在 570 nm 下的 OD 值 A_0，然后放入恒温水浴锅内加热，温度为 37℃，水浴 30 min 后立即冷浴 10 min 冷却，以终止反应，然后再在相同条件下测定 OD 值 A，用下列公式计算溶菌酶活性：

$$U=(A_0-A)/A_0 \tag{2-10}$$

（9）肾、脾组织中的溶菌酶活性测定：先将红鲤鱼的肾脏和脾脏分离出来，在 4℃的生理盐水中冲洗后用吸水纸吸干水分，取 0.2 g 组织块，再加入 9 倍的生理盐水冰浴制成匀浆，置于离心机中，3 000 r/min 离心 10 min 后去上清液待测。每个样品取 20 mL 菌悬液和 200 μL 上清液混合均匀，然后放入恒温水浴锅内加热，温度为 37℃，水浴 30 min 后立即冷浴 10 min 冷却，以终止反应，然后再在相同条件下测定 OD 值 A，用下列公式计算溶菌酶活性：

$$U=(A_0-A)/A_0 \tag{2-11}$$

5. 结果与分析

所得数据用 SPSS 软件进行 t 检验和单因素方差分析。

参考文献

[1] 刘虹. 新型材料简介[J]. 江西冶金，1998，12（6）：60-62.

[2] 孙玉璞，李木森，孙希泰. 新型材料的现状与未来[J]. 山东工业大学学报，1990（2）：70-74.

[3] 师昌绪. 新型材料的现状与发展[J]. 材料科学与工程，1987（1）.

[4] 徐洪，王力虹. 发展新型材料促进社会进步[J]. 昌吉学院院报，2003（4）：83-85.

[5] 白春礼. 纳米科技及其发展前景[J]. 科学通报，2001：46-89.

[6] 刘芳. 纳米材料的结构与性质[J]. 光谱实验室，2011，3（2）：735-738.

[7] 朱世东，徐自强，白真权，等. 纳米材料国内外研究进展 II——纳米材料的应用与制备方法[J]. 热处理技术与装备，2010，8（4）：1-6.

[8] 林道辉，冀静，田小利，等. 纳米材料的环境行为与生物毒性[J]. 科学通报，2009（23）：3590-3604.

[9] 汪冰，丰伟悦，等. 纳米材料生物效应及其毒理学研究进展[J]. 中国科学（B 辑：化学），2005，35（1）：1-10.

[10] 杜道辉，等. 纳米材料的环境行为与生物毒性[J]. 科学通报，2009，23（54）：3590-3604.

[11] 王江雪，李玉锋，周国强，等. 不同暴露时间 TiO_2 纳米粒子对雌性小鼠脑单胺类神经递质的影响[J]. 中华预防医学杂志，2007，41（2）：91-95.

[12] 邓友全. 离子液体——性质、制备与应用[M]. 北京：中国石化出版社，2006.

[13] 顾彦龙，石峰，邓友全. 室温离子液体：一类新型的软介质和功能材料[J]. 科学通报，2004，49（6）：515-521.

[14] 黄碧纯，黄仲涛. 离子液体的研究开发及其在催化反应中的应用[J]. 工业催化，2003，11（2）：1-6.

[15] Fuller J.，Carlin R. T.，Long D.，et al. Structure of 1-ethyl-3-methyl-imidazolium hexafluorophosphate：model for room temperature molten salts[J]. Chem. Soc. Chem. Commun.，1994，2：299-300.

[16] Koch V. R.，Miller L. L.，Osteryoung R. A. Electroinitiated Friedel-Crafts transalkylations in a room-temperature molten-salt medium[J]. Journal of the American Chemical Society，1976，98（17）：5277-5284.

[17] Wilks J. S.，Levisky J. A.，Wilson R. A.，et al. Dialkylimidazolium chloroaluminate melts：a new class of room-temperature ionic liquids for electrochemistry，spectroscopy and synthesis[J]. Inorg. Chem.，1982，21（3）：1263-1264.

[18] 李亚伟. 不同粒径纳米二氧化钛对小鼠急性损害作用的研究[D]. 石家庄：河北医科大学，2009.

[19] 白春礼. 纳米科技及其发展前景[J]. 科学通报，2001，46（2）：89-92.

[20] 张立德，牟季美. 纳米材料与纳米结构[M]. 北京：科学出版社，2001.

[21] 李岩，彭光银，何胡军. 碳纳米管导致小鼠肺部急性氧化损伤作用的研究[J]. 生态毒理学报，2006，1（4）：357-360.

[22] 王天成，王江雪，陈春英. 大剂量纳米二氧化钛染毒对小鼠血清生化指标的影响[J]. 工业卫生与职

业病，2007，33（3）：129-131.

[23] 王志强，李茂静，等. 硫化镉纳米材料经呼吸道染毒在大鼠体内的蓄积[J]. 中国煤炭医学工业杂志，2007，10（12）：1401-1403.

[24] 白春礼. 纳米科技及其发展前景[J]. 科学通报，2001，46（2）：89-92.

[25] 董晶莹. 纳米微粒在生物医学领域的应用研究[J]. 国外医学生物医学工程分册，2005，28（4）：237-240.

[26] 张学治，孙红文，等. 鲤鱼对纳米二氧化钛的生物富集[J]. 环境学，2006，27（8）：1631-1635.

[27] 金一和，等. 纳米材料对人体的潜在性影响问题[J]. 自然杂志，2001，5：306-307.

[28] 沈伟韧，赵文宽，贺飞，等. TiO_2 光催化反应及其在废水处理中的应用[J]. 化学进展，1998，10（04）：3-15.

[29] 尹荔松，沈辉. 二氧化钛光催化研究进展及应用[J]. 材料导报，2002，14（12）：23-25.

[30] 朱融融，等. 纳米二氧化钛的生物学效应[J]. 生命的化学，2005，25（4）：344-346.

[31] 王翔等. 纳米材料潜在健康影响的研究进展[J]. 毒理学杂志，2005，19（1）：15-17.

[32] 刘平，林华香，付贤智，等. 掺杂 TiO_2 光催化膜材料的制备及其灭菌机理[J]. 催化学报，1999，20（3）：325-328.

[33] 王燕. 纳米二氧化钛对雄性小鼠生殖发育影响的研究[D]. 河北大学，2008.

[34] 刘信勇，朱琳，黄碧捷，等. 多壁碳纳米管对斑马鱼体组织内酶活性的影响[J]. 环境科学研究，2009，22（07）：838-842.

[35] 周光茜，张英堂. 碳纳米管在水中均匀分散的研究[J]. 淮北煤炭师范学院学报，2005，26（3）：13-16.

[36] 余向阳，赵于丁，冬兰，等. 毒死蜱和三唑磷对斑马鱼头部 AchE 活性影响及在鱼体内的富集[J]. 农业环境科学学报，2008，27（6）：2452-2455.

[37] Agheli H，Malmström J，Hanarp P，et al. Nanostructured biointerfaces[J]. Materials Science and Engineering：C，2006，26（5）：911-917.

[38] 张烨. 纳米二氧化钛光催化技术在环境科学中的应用[J]. 大理学院学报，2006，5（4）：57-60.

[39] 张青龙，沈毅，吴国友，等. 纳米 TiO_2 的掺杂改性及应用进展研究[J]. 稀有金属快报，2005，24（12）：6-10.

[40] 司士辉，李赛，杨政鹏，等. 纳米二氧化钛对尿素酶活性的增强效应[J]. 中南大学学报（自然科学版），2007，38（04）：692-695.

[41] 朱小山，朱琳，郎宇鹏，等. 三种碳纳米材料对水生生物的毒性效应[J]. 中国环境科学，2008，28（3）：269-273.

[42] 李文英，刘荣，蒋园，等. DBP 对斑马鱼肝脏和鳃 SOD 及 ATPase 酶活性的影响[J]. 水利渔业，2007，27（4）：15-18.

[43] 方展强，王春凤，卫焕荣. 汞和硒对剑尾鱼 Na^+/K^+-ATPase 活性的影响[J]. 应用与环境生物学报，2006，12（2）：220-223.

[44] 赵小晶，孔华庭，颜进，等. 纳米 TiO_2、ZnO、SiO_2 对剑尾鱼肝组织中 Na^+/K^+-ATP 酶活性的影响[J].

生物学杂志，2011，28（05）：9-13.

[45] 刘芳，刘树深，刘海玲. 部分离子液体及其混合物对发光菌的毒性作用[J]. 生态毒理学报，2007，(2)：164.

[46] 张榜军，罗艳蕊，范红军，等，离子液体[C8 mim]Br 对不同日龄大型溞的急性毒性[J]. 生态环境，2008，17（03）：1021-1023.

[47] 哈尔滨医科大学. 应用卤虫进行快速检毒、急性毒性实验方法[C]. 卤虫检毒研讨会资料，1990.

[48] 牧辉，彭新晶，戴宁，等. 离子液体[C8 mim]PF_6 对水生生物的毒性作用[J]. 中国环境科学，2009，29（11）：1196-1201.

[49] 卢珩俊，陆胤，徐冬梅，等. 咪唑类离子液体系列对卤虫的急性毒性研究[J]. 中国环境科学，2011，31（3）：454-460.

[50] 杜启艳，常重杰，南平，等. 柠檬黄对泥鳅的急性毒性及遗传毒性实验[J]. 安徽农业科学，2008，36（15）：6321-6323.

[51] 柯明，周爱国，宋昭峥，等. 离子液体的毒性[J]. 化学进展，2007，19（5）：671-679.

[52] 燕帅国，南平，韩晨露，等. 离子液体[C8 Mim]Cl 对泥鳅毒性效应的研究[J]. 水生态学杂志，2012，5（33）.

[53] 莫凌云，刘海玲，刘树深，等. 5 种取代酚化合物对淡水发光菌的联合毒性[J]. 生态毒理学报，2006，1（3）：259-264.

[54] 李效宇，罗艳蕊，李磊，等. 一种离子液体—溴化 1-辛基-3-甲基咪唑对大型溞摄食强度的影响[J]. 环境科学学报，2008，28：2331-2335.

[55] 朱文杰，汪杰，陈晓耘，等. 发光细菌一新种——青海弧菌[J]. 海洋与湖沼，1994，2：273-280.

[56] 刘保奇，葛会林，刘树深. 测定环境污染物对青海弧菌发光强度抑制的微板发光法研究[J]. 生态毒理学报，2006，1（2）：186-191.

[57] 张谨，刘树深，窦容妮，等. 30 种离子液体对青海弧菌 Q67 的毒性效应. [J]. 环境科学，2011，32（04）：1108-1113.

[58] Jessica Gorman. 一种新奇的液体[J]. 高一箴译，生态与环境，2001，9（8）：11-12.

[59] 肖小华，刘淑娟，刘霞，等. 离子液体及其在分离分析中的应用进展[J]. 分析化学，2005，33（4）：569-574.

[60] Chumh，L.，Koch，V. R.，Miler，L. Le，et al. Electrochemical scruting of organ metallic iron complexes and hexmeth lbenzene in a room temperature molten salt[J]. J Am Chem Soc，1975，97：3264-3270.

[61] 苗晓青. 一种离子液体对红鲤的免疫毒性[D]. 新乡：河南师范大学，2011.

第 3 章　生物标志物

3.1　生物标志物的概述

生物标志物或生物标记物（biomarker）是生物体在受到环境因子严重损害之前，在分子、细胞、个体或种群水平上产生的可测的异常变化的信号指标。与其他方法相比，生物标志物的最大区别在于可以确定污染物与生物体之间已发生的相互作用，测定的是污染物的亚致死效应（sublethal effects）。生物体暴露于亚致死剂量的有毒物质下，在分子、细胞等水平上会发生异常变化，如果这些异常变化先于严重的结构损伤，应用生物标志物就有助于确定生物体所处的污染状态及其潜在危害，为严重毒性伤害提供早期警报。

3.1.1　生物标志物的特点

理想的生物标志物必须可以测定，具有一定的敏感性和特异性，并能准确评估生物体所处的污染状态及其潜在危害，为环境污染提供早期警报。

（1）特异性。对特定有机污染物或重金属的暴露，有特定生物标志物。通过生物反应的特异性，从机理上了解对生物体的危害性影响，建立因果关系，因此这些标志物对污染状况具备特异诊断作用，这对于处理环境事件时澄清法律责任是至关重要的。毒性活体鉴定法虽然反映了特定污染物的相对毒性，但很难将实验室数据外推至野外条件。许多影响因素，如化学形态、吸附/吸收、污染物在食物链上的富集以及毒性作用的亚致死效应等，无法在短期实验中测定，应用生物标志物可以部分地解决上述问题。对应在环境中易代谢、去除的污染物，如过氧酰基硝酸酯 PANs 和有机磷化合物，生物标志物能同时指示母体化合物和代谢产物的暴露和毒性效应。

（2）预警性。污染物与生物体之间所有的相互作用都始于分子水平，生物标志物的产生是对污染物暴露的早期反应，因此这类标志物成了污染物暴露和毒性效应早期警报的指示物[1]。进一步了解相应的分子反应，并与更高层次的生态危害建立关联，便可利用生物标志物提供专一性的预报（prognostic）功能[2]。

（3）广泛性。从微观分子到宏观生态系统，生物标志物在各个不同层次的生物组织上体现着污染物和生物之间的因果关系。一般来说生物体之间的共性在分子水平上最大，所以许多分子生物标志物，如金属硫蛋白（MT）和 DNA 加合物，可广泛应用于各类生物[3-4]。将不同层次生物组织（从分子到种群、群落）所采用的一系列测定和研究加以整合，通过生物标志物的短期变化就有可能预测污染物长期的生态效应。将生物标志物应用于不同生境或不同营养级的物种，可以揭示污染物的不同暴露途径，这将有益于确定监测方案的优先次序，并为采取何种干预和补救措施提供科学依据。

（4）累积性。能够了解生物有效性的污染物质在时间和空间上的累积效应，而不是像化学分析难以摆脱抽验的属性，能够表现混合污染物之间相互作用的累积效应。

3.1.2　生物标志物的分类

从功能上看，生物标志物一般可分为 3 类[5]：

（1）暴露生物标志物（biomarkers of exposure）。指示机体经化学品的暴露，即污染物引起的反应，如对重金属暴露产生反应的金属硫蛋白（MTs）。此类标志物不能指示污染物的毒性效应，但有助于研究生物对化学分析方法很难检测到的环境中的不稳定化合物的暴露。暴露生物标志物的应用一般依靠测定体液和组织中特定化学物质，或其代谢物，或者与生物分子相互作用形成的产物。

（2）反应或毒性效应生物标志物（biomarkers of responser or toxic effect）。在一定的环境暴露作用下，生物体会产生相应的可测定的生理生化变化或其他病理方面的改变。反应或毒性效应生物标志物可指示污染物对生物体健康状况的损害效应，如指示 DNA 损伤的 DNA 加合物（DNA-adducts）。

（3）易感性生物标志（biomarkers of susceptibility）。易感性标志物是指当生物体暴露于某种特定的外源化合物时，由于其先天遗传性或后天获得性缺陷而反映出其反应能力的一类生物标志物，可指示生物个体对污染物的敏感性。在污染物与生物体相互作用过程中，机体因素是很重要的，不同的个体可能对性质与剂量相同的污染物出现迥然不同的反应，这取决于受作用个体的敏感性。

3.2　重金属生物标志物的检测

随着工农业的发展，排污量逐渐增加，大量的金属离子污染物进入环境中，成为主要的环境污染物之一。在美国国家环境保护局（EPA）公布的 129 种优先监测的污染物中，重金属及其化合物就有 12 种。

大量研究表明，重金属具有亲脂性、高富集性和难降解性，进入水体后容易在水生生物体内积累，其潜在危险随着生物营养级的升高而增大，最终对生物产生显著毒性作用。重金属进入土壤后，由于重金属残留时间长，危害作用大，污染物会在植（作）物体内积累，并通过食物链富集到人和动物体中，危害人畜健康，引发癌症等疾病。为了能够早期诊断环境介质中的重金属污染状况，控制重金属对生态系统的危害，必须对重金属进行快速、灵敏和准确的监测。

实验 26 镉对水生动物金属硫蛋白（MT）的影响[6]

1. 实验目的与意义

金属硫蛋白（MT）在转录水平上易被环境中的重金属所诱导，而且这种诱导与重金属质量浓度具有相关性，可以反映环境中的重金属含量水平。通过监测生物体内金属硫蛋白（MT）含量变化，可预测生物体受重金属暴露的状况和重金属的污染压力。因此金属硫蛋白（MT）可作为一种指示重金属污染物暴露和毒性效应早期警报的主要标识物。

水污染是当今人类社会面临的最为紧迫的问题之一，其中尤以镉污染最为突出。镉是一种人体非必需的微量元素，对机体的毒性作用表现在多个方面，毒性作用机制也非常复杂。通过体外暴露镉染毒诱导，研究不同质量浓度和诱导时间下，金属硫蛋白（MT）在华溪蟹组织器官中表达含量的差异，为综合客观地评价水体质量与安全、确定水环境重金属污染程度提供科学依据。

2. 实验材料

（1）实验动物：华溪蟹（*Sinopotamon* sp.）。

在实验室水族缸中暂养 7 d 以上，实验前 24 h 停止投饵。实验时选取活动正常、反应灵敏、体重基本一致的个体随机分组。

（2）重金属污染物：氯化镉（$CdCl_2$）。

3. 主要药品与仪器

（1）主要药品

①药品：牛血红蛋白，标准镉溶液（100 mg/L），消化用酸。

②1 mol/L Tris-HCl 缓冲液（pH 为 8.6）：称取 121.1 g Tris，加入 700 mL 双蒸水，混合溶解，然后用浓盐酸将 pH 调至 8.6，再用容量瓶定容至 1 L。

（2）主要仪器

分析天平，低温离心机，火焰原子吸收装置，匀浆组织器。

4. 实验步骤与方法

（1）染毒处理：

采用体外暴露镉的方法对华溪蟹进行染毒。实验分对照组和处理组，对照组用去离子水培养，处理组 3 个质量浓度，分别是 14.5 mg/L、29 mg/L 和 58 mg/L（以 $CdCl_2 \cdot 2.5H_2O$ 配制），每组 20 只个体，且均设平行。分别在镉染毒 1 d、3 d 和 5 d，取各质量浓度组个体，用去离子水冲洗干净，每组解剖 5 只，分别取鳃、肝胰腺和肌肉，称重后测定金属硫蛋白（MT）含量。

（2）金属硫蛋白（MT）含量测定：

采用镉血红蛋白饱和法并略加改进，具体步骤如下：每克湿组织加 4 mL 0.01 mol/L 的 Tris-HCl 缓冲液（用 1 mol/L Tris-HCl 缓冲液稀释得到），冰浴匀浆。匀浆后于 12 000×g、4℃离心 15 min。取上清液 0.5 mL，加入 0.5 mL 20 mg/L 的 $CdCl_2$溶液，混合后室温放置 5 min，加入 0.2 mL 新配制的 2%（*w/v*）牛血红蛋白充分混匀，冰浴 5 min 后于沸水浴加热 2 min，冷却后于 10 000×g、4℃离心 10 min。重复加血红蛋白以后的步骤两次。上清液消化后，通过火焰原子吸收法测定镉含量，再按照每分子 MT 结合 6 个镉原子换算成金属硫蛋白（MT）的含量。

金属硫蛋白（MT）含量计算：

$$\text{MT 含量（}\mu\text{mol/g）} = \text{Cd 含量（}\mu\text{g/g）} \div 112.4 \div 6 \qquad (3\text{-}1)$$

$$\text{Cd 含量（}\mu\text{g/g）} = \text{上清液中 Cd 质量浓度（}\mu\text{g/mL）} \times 5\text{（mL）} \div \text{组织质量（g）} \qquad (3\text{-}2)$$

5. 结果与分析

（略）。

实验 27 铅对蚯蚓乙酰胆碱酯酶的影响[7]

1. 实验目的与意义

铅是一种重要的重金属，被列为五大工业毒物之一。它不仅是一种重要的重金属环境激素，而且是一种积累性剧毒元素，能导致包括人类在内的各种生物的生殖功能下降，机体免疫力下降，从而引起各种生理异常，尤其对儿童智力发育造成严重障碍。胆碱酯酶是生物神经传导中一种关键性的酶，依其催化底物的特异性分为乙酰胆碱酯酶（AchE）和丁酰胆碱酯酶（BuChE）。其中，AchE 是一个经典的毒理指标。AchE 较早用于评价水体中有机磷农药的毒性，国内外在这方面展开大量的研究。近年来，也有很多关于 AchE 指示重金属污染的报道，有研究表明，重金属暴露引起有机体 AchE 活性降低的一个原因就是重金属共价结合 AchE 活性位点的丝氨酸，直接导致酶的活性丧失；另一方面可能是由于酶中大量巯基与重金属结合引起空间构型变化，从而间接引起酶活性降低。

赤子爱胜蚓（*Eisenia foetida*）是国际上进行毒性实验常用的，并在国内已普遍养殖的品种，具有中等敏感性。本实验通过不同质量浓度的硝酸铅（$PbNO_3$）对赤子爱胜蚓进行污染处理，采用乙酰硫代胆碱-二硫双对硝基苯甲酸法（ASCh-DTNB 法），测定不同质量浓度铅污染对蚯蚓乙酰胆碱酯酶活性的影响，来反映土壤的污染状况及致病剂量质量浓度。

2. 实验材料

（1）实验动物：赤子爱胜蚓（*Eisenia foetida*）。

实验前先预养，选择 3 月龄以上，体重约 250 mg 以上的健康成蚓作供试生物。

（2）重金属污染物：硝酸铅（$PbNO_3$）。

铅处理：称取 500 g 土壤样品，实验前分别配制 300 mg/kg、600 mg/kg、900 mg/kg、1 200 mg/kg、1 500 mg/kg 的 $PbNO_3$ 水溶液，按水土比 1∶4 与土壤样品混拌均匀。并设一个空白对照组，每一处理两个平行。将配制好的土壤放入 1 L 烧杯中，平衡 48 h。

3. 主要药品与仪器

（1）主要药品：

①牛血清蛋白（或酪蛋白），乙醇，磷酸，乙酰硫代胆碱（ASCh），二硫双对硝基苯甲酸（DTNB）等。

②蛋白标准液：结晶牛血清蛋白或酪蛋白，预先经微量凯氏定氮法标定该蛋白质的百分含量，然后根据该蛋白的纯度配制成质量浓度为 100 μg/mL 的蛋白溶液。

③考马斯亮蓝溶液：称取 100 mg 考马斯亮蓝 G-250 溶于 50 mL95%乙醇，加入 100 mL 质量浓度为 0.85 g/mL（85%）的磷酸，最后用蒸馏水定容至 1 000 mL。常温下可放置 1 个月。

（2）主要仪器与实验用品：

微电脑人工气候箱，低温低速离心机，722 分光光度计，烧杯，研钵，纱布，土壤样品，尖嘴镊子，具塞试管等。

4. 实验步骤与方法

（1）蚯蚓预处理：

将挑选的蚯蚓洗净表面泥土后放入 1L 已润湿的烧杯中，用纱布封口，置于黑暗处培养一昼夜，以除去肠道内的杂物。

（2）染毒处理：

本实验采用土壤接触法。每个烧杯中放 5 条蚯蚓，在烧杯上盖上一层纱布以保证蚯蚓生活在湿度相对稳定的环境中并防止蚯蚓逃逸。将烧杯分别放在（20 ± 2）℃，湿度为 80%的恒温恒湿人工气候箱中培养 14 d。在实验的第 3 d、第 7 d、第 14 d 将蚯蚓取出，观察并记录蚯蚓的存活情况、中毒症状及行为，当用尖嘴镊子刺激蚯蚓尾部无反应时认为蚯蚓已死亡，同时采集存活蚯蚓样品进行酶活力的测定。

（3）蛋白含量的测定：用考马斯亮蓝法测定样品中蛋白含量。

①标准曲线的绘制：分别取 6 只试管，其中一只加入 1.0 mL 蒸馏水做空白，5 只分别加入不同体积的质量浓度为 100 μg/mL 牛血清蛋白标准液，补充水到 1.0 mL。然后每只试管加入 5.0 mL 考马斯亮蓝 G-250 试剂，摇匀放置 5 min，在分光光度计 595 nm 处测定吸光值。以 OD_{595} 为纵坐标，牛血清蛋白的质量 *m*（μg）为横坐标绘制标准曲线。具体操作步骤见表 3-1。

表 3-1　实验质量浓度设计

试管号	1	2	3	4	5	6
蛋白质标准溶液/mL	0	0.2	0.4	0.6	0.8	1.0
蛋白质含量/μg	0	20	40	60	80	100
蒸馏水/mL	1.0	0.8	0.6	0.4	0.2	0
考马斯亮蓝溶液/mL	5	5	5	5	5	5

②样品制备：分别于实验进行的第 3 d、第 7 d、第 14 d 采集存活蚯蚓样品，称重，按重量体积比加生理盐水制备成 10%的组织匀浆，在控温低速离心机 3 000 r/min，4℃时离心 10 min，然后取组织匀浆上清液再用生理盐水按 1∶4 稀释成 2%组织匀浆，待测。

③样品蛋白含量测定。取一支试管加入 1.0 mL 蒸馏水做空白，一支加入 1.0 mL 待测蛋白质溶液，然后每支试管加入 5.0 mL 考马斯亮蓝 G-250 试剂，摇匀放置 5 min 后，在分光光度计 595 nm 处测定吸光值。用测得的吸光值从标准曲线上查得对应的牛血清蛋白质量 m（μg），计算出待测蛋白质的含量。在标准蛋白质和蛋白质样品的测定时，为了减小误差，每一个质量浓度的蛋白质做 3 支平行管。

$$\text{样品蛋白含量（μg/g）}=\frac{m\times\text{提取液总体积（mL）}}{\text{样品质量（g）}\times\text{测定时取样体积（mL）}} \tag{3-3}$$

（4）乙酰胆碱酯酶（AchE）活力的测定：分别于实验进行的第 3 d、第 7 d、第 14 d 采集存活蚯蚓样品，称重，按重量体积比加生理盐水制备成 10%的组织匀浆，在控温低速离心机 3 000 r/min，4℃时离心 10 min，然后取组织匀浆上清液，待测。

乙酰硫代胆碱-二硫双对硝基苯甲酸法（ASCh-DTNB 法）具体步骤是：以 ASCh 为底物，在胆碱酯酶作用下水解为硫代胆碱及乙酸，然后以 DTNB 为显色剂，形成黄色产物，在 412 nm 处有最大吸收峰。生成物质量浓度和光密度在一定范围内密切相关，故用分光光度计可以进行定量测定，以此代表 AchE 的活性。

5. 结果与分析

实验结果取各组平均值，并用 Excel 软件进行 t 检验。

实验 28　铜对蚯蚓 P450 酶活性的影响[8]

1. 实验目的与意义

近年来，随着矿业开发、“三废”排放、污水灌溉等人类活动的进行，土壤重金属污染愈加严重。尽管土壤对重金属污染具有缓冲作用，但因重金属具有可迁移性差、不能降解等特点，因而能在土壤中长期积累，威胁人类健康。因此，如何利用合理的生物标记物进行长期的土壤重金属污染诊断是一个具有理论与实际意义的问题。

P450酶系属于单加氧酶，又称为多功能氧化酶、羟化酶，因其还原态的吸收峰在450 nm处而得名，是一种广泛存在于细菌、真菌、植物和动物等生物体中的氧化酶系，主要存在于质膜、线粒体、高尔基体、过氧化物酶体、核膜等细胞器的膜中。由于还原型的细胞色素 P450 与 CO 结合后在 450 nm 处有最高的吸收峰，根据这一原理应用比较光谱可测定细胞色素 P450 质量浓度，并以此作为微粒体多功能氧化酶（MFO）含量的指标。

采用土壤接触法，观察不同质量浓度铜污染对蚯蚓 P450 酶活性的影响，寻找合适的生物标志物，为铜污染土壤的环境生物监测提供依据。

2. 实验材料

（1）实验动物：蚯蚓（*pheretima*）。

选用 2 ~ 3 月龄，体重 300 ~ 400 mg 带有环带的健康蚯蚓作为供试生物。

（2）重金属污染物：硫酸铜（$CuSO_4$）。

铜处理：清洁土壤中加入 $CuSO_4$ 溶液，使各处理土壤中铜含量依次为 0 mg/kg、100 mg/kg、200 mg/kg、300 mg/kg、400 mg/kg。

3. 主要药品与仪器

（1）主要药品：

①连二亚硫酸钠，甘油等。

②匀浆缓冲液：250 mmol/L 蔗糖，50 mmol/L 氨基丁三醇（Tris），pH = 7.5，1 mmol/L 二硫苏糖醇（DTT），1 mmol/L 乙二胺四乙酸（EDTA）；

③保存缓冲液：250 mmol/L 蔗糖，50 mmol/L 氨基丁三醇（Tris），pH = 7.5，1 mmol/L 二硫苏糖醇（DTT），1 mmol/L 乙二胺四乙酸（EDTA），20%甘油；

④蛋白标准液：结晶牛血清蛋白或酪蛋白，预先经微量凯氏定氮法标定该蛋白质的百分含量，然后根据该蛋白的纯度配置成质量浓度为 100 μg/mL 的蛋白溶液。

⑤考马斯亮蓝溶液：称取 100 mg 考马斯亮蓝 G-250 溶于 50 mL95%乙醇，加入 100 mL 质量浓度为 0.85 g/mL（85%）的磷酸，最后用蒸馏水定容至 1 000 mL。常温下可放置 1 个月。

（2）主要仪器和实验用品：

低温高速离心机，紫外分光光度计，受控环境生长箱，玻璃组织研磨器，塑料盒（45 cm× 35 cm × 30 cm，长 × 宽 × 高）；浓 H_2SO_4 + HCOOH 的气体发生装置等。

4. 实验步骤与方法

（1）实验动物染毒：

实验共 5 个处理组，其中，0 mg/kg 的铜含量为空白对照。调节土壤中水含量为 25%。为减少铜由于吸附固定引起的有效质量浓度降低带来的误差，以上土壤经过 7 d 平衡处理后，转移到带盖的塑料盒（45 cm × 35 cm × 30 cm，长 × 宽 × 高）中。每盒盛有土壤 1 kg，并放入 20 条蚯蚓，置于（20 ± 2）℃、湿度为 80%的受控环境生长箱中光暗（16 h/8 h）交替培养，蚯蚓暴露 1 周、2 周、3 周、4 周、6 周及 8 周后测定其内脏中 P450 酶活性。每个剂量处理设 3 个平行。为避免新生蚯蚓引起结果误差，每周定期将土壤中的卵茧剔除。

（2）酶样的制备：

将染毒处理后的蚯蚓在 4℃的 20%甘油溶液中浸泡 5 min 后，迅速解剖内脏。内脏用 0.15 mol/L 的 KCl 溶液清洗后，移入 4 mL 匀浆缓冲液中，用玻璃组织研磨器将其细胞破碎后，使其最终匀浆液体积为 6 mL。在低温（4℃）超速离心机上以 15 000×g 离心 15 min 后得上清液，用于制备微粒体，于超速离心机在 4℃以 150 000×g 再次离心 90 min 后，将所得沉淀用 3 mL 保存缓冲液重新悬浮，待测。

（3）蛋白质含量测定：

采用考马斯亮蓝法，以牛血清蛋白为标准蛋白。

（4）P450 酶活性测定：

在一个 6 mL 以上的小试管中加入适量连二亚硫酸钠，倒入之前准备的酶样品悬液，混匀后分别倒入两个 3 mL 的比色杯中，其中一个作为空白，另一个作为样品通 CO（浓 H_2SO_4 + HCOOH 的气体发生装置）60 s。在分光光度计上 400 ~ 500 nm 范围进行扫描，并测得 A_{450} 及 A_{490}。

$$[\mathrm{P450}] = \frac{A_{450} - A_{490}}{91 \times \mathrm{Pr}} \times 10^3 \tag{3-4}$$

式中：91——吸光系数；

Pr——蛋白质量浓度，mg/mL。

5. 结果与分析

实验结果取各组平均值，并用 Excel 软件进行 t 检验。

实验 29　有机锡对水生动物 Na^+-K^+-ATPase 活性的影响[9, 10]

1. 实验目的与意义

三甲基氯化锡（trimethyltin chloride，TMT）是一种重要的有机锡化合物，广泛应用于工业塑料热稳定剂、木材防腐剂、防腐涂料、农药和杀螺贝剂等方面，也曾用于化学消毒剂和杀菌灭虫剂，与工农业生产关系密切。特别是随着工业有机锡塑料及二手塑料再加工的迅速发展，三甲基氯化锡（TMT）随生产废水、地表径流等途径进入水环境中，已在海洋、江河、水库、地下水、水生生物机体内等广泛存在。三甲基氯化锡（TMT）具有较强的亲水性和亲脂性，极易通过消化和皮肤黏膜进入机体，对水生生物产生毒性并在体内富集，因此极有可能对水生生物造成潜在危害。

钠钾 ATP 酶（Na^+-K^+-ATPase）是横跨质膜的一种固有蛋白，它从水解三磷酸腺苷酶（ATPase）分子中获得能量，逆电化学梯度转运 Na^+和 K^+，也称钠泵，自 1957 年 Skou 发现该酶以来，国内外对其进行了大量研究工作[9]。钠钾 ATP 酶（Na^+-K^+-ATPase）在低等、高等水生生物体内普遍存在，具有广泛的生态意义，在机体中起到至关重要的作用，并且是多种毒物攻击的靶点。此外，由于钠钾 ATP 酶（Na^+-K^+-ATPase）是膜的组成成分，以膜上其他蛋白、磷脂等成分为作用靶点的毒物也会间接地影响钠钾 ATP 酶（Na^+-K^+-ATPase）的活性。许多实验证明，钠钾 ATP 酶（Na^+-K^+-ATPase）对环境中存在的多种有毒物质敏感，并且已有研究表明毒物对钠钾 ATP 酶（Na^+-K^+-ATPase）抑制的质量浓度、时间依赖性。因此，三磷酸腺苷酶（ATPase）作为环境污染亚致死效应指示物仍有巨大潜力，将有可能用于评价外来化合物的潜在危害，监测早期污染，并有可能发展为评估特定水质标准的工具。

2. 实验材料

（1）实验动物：文蛤（*Meretrix meretrix*），体重为 28 ~ 48 g。先在 60 L 清洁沙滤海水中暂养 7 d。投喂小球藻（*Chlorella* sp.）。

（2）有机锡：选用三甲基氯化锡（trimethyltin chloride，TMT），纯度大于 97%。用 98% 的酒精溶解为内含 0.02 ~ 2.0 mg/L Sn 的储备液。

3. 主要药品与仪器

（1）主要药品：酒精，磷酸盐缓冲液，Tris-HCl 缓冲液，L-组氨酸，ATP，$MgCl_2$，NaCl，KCl，乙二醇双-（β-氨基乙酸）醚四乙酸（EGTA），哇巴因，$CaCl_2$，钼酸铵，HCl，孔雀绿，吐温 20，三氯醋酸，柠檬酸等。

（2）主要仪器与实验用品：可见-紫外分光光度计，冷冻离心机，磁力搅拌，恒温水浴锅，恒温水浴振荡器，研钵，试管等。

4. 实验方法与步骤

（1）将文蛤分别移入 TMT 含量为 0.1 mg/L、1.0 mg/L 和 10 mg/L Sn 以及溶剂体积分数 0.05 为对照的水体中。饲养水体为 1 只/L，温度为 13 ~ 15.5℃，盐度为 22 ~ 23，用冲气机连续冲气，每组设两个平行样。每天更换一半相同污染质量浓度的海水，投喂小球藻。

（2）取样和样品预处理及酶活性测定：

分别于暴露后的 2 d、8 d 和 20 d 及移入干净海水进行恢复 7 d 及 20 d 取样，每组取 6 个文蛤，取出鳃组织迅速冰上解剖，用预冷的磷酸盐缓冲液清洗组织表面血液，滤纸除去多余液体后称重（可放 −40℃冰箱保存、放入 1.5 mL 的离心管中），按 1∶9 加入 Tris-HCl 缓冲液[组织质量（g）∶缓冲液体积（mL）=1∶9]，用提前预冷的研钵进行匀浆，1 500 r/min 低温离心 10 min，取上清液。

（3）钠钾 ATP 酶（Na^+-K^+-ATPase）活性测定：

采用岑小波等 1998 年报道的孔雀绿比色法进行酶促反应，测定反应产物中磷的量。Na^+-K^+-ATPase 酶活性定义为 37℃条件下，1 h 每毫克蛋白释放磷的摩尔数[μmol/（h · mg）]。

①酶促反应体系成分。反应液 A 组分：L-组氨酸 80 mmol/L（pH=7.4）、ATP 2.5 mmol/L、MgCl 23.6 mmol/L、NaCl 80 mmol/L、KCl 33 mmol/L、乙二醇双-（β-氨基乙酸）醚四乙酸（EGTA）1 和哇巴因 0.9 mmol/L，反应液 B 组分为以 20 μmol/L $CaCl_2$ 代替反应液 A 中的 EGTA，反应液 C 的组分为反应液 A 除去哇巴因。

②磷显色液的配制。1 份 4.2%钼酸铵的 4 mol/L HCl 溶液和 3 份 0.05%孔雀绿混匀，磁力搅拌 30 min 后加入 0.16 份 1.5%吐温 20。

③酶促反应。A、B、C 反应液各 0.9 mL 分别加入 3 支康氏试管中，于 37℃水浴中预保温 10 min 后，各加入细胞悬液 40 L，混匀后在 37℃水浴中振摇保温 1 h。加入 20%三氯醋酸 0.2 mL 终止反应，混匀后离心。空白管加入 0.9 mL 反应液 A 保温 1 h 后，同时加入细胞悬液和 20%三氯醋酸 0.2 mL。

④酶促反应产物磷的测定。取各管上清液 0.6 mL，加入显色液 3 mL，混匀。1 min 后加入 24%柠檬酸 0.6 mL。2 h 后以空白管调零，于 660 nm 波长测定各管读数。根据标准曲线查出各管磷含量。

⑤酶活性计算。B 管与 A 管含磷差值为 Ca^{2+}-ATPase 活性，C 管与 A 管含磷差值为 Na^{+}-K^{+}-ATPase 活性。酶活性以 37℃条件下保温 1 h，每 10^6 个细胞释放磷的摩尔量[μmol/（h·10^6 个）]表示。

⑥磷标准曲线制作。取不同质量浓度的磷标准溶液直接加入 20%三氯醋酸，然后按照上述酶促反应产物磷的测定方法进行操作，并绘制出磷标准曲线。

5. 结果与分析

环境水平的 TMT 暴露对文蛤鳃 Na^{+}-K^{+}-ATPase 活性则产生抑制作用，这将使生物体对海水渗透压变化的适应能力降低。Na^{+}-K^{+}-ATPase 活性的可观察效应质量浓度为 0.1 mg/L，低于标准检测限，是一种潜在的有机锡污染监测的生物标志物。

3.3　有机磷农药生物标志物的检测

作为当今使用最为广泛的农作物杀虫剂，随着有机磷农药的大量使用，有机磷农药对环境中地下水、地表水等水资源和土壤的污染，对非靶向生物体的毒性，在食物中的残留以及对人类健康的威胁等问题成了全球普遍关注的焦点。这些问题的解决迫切要求用快速、准确、灵敏、方便的分析方法来监测环境中的有机磷农药质量浓度。

实验 30　有机磷农药对淡水生物谷胱甘肽转移酶的影响[2]

1. 实验目的与意义

近年来，随着农业生产的迅速发展，大量农药化肥通过各种途径进入环境，农药污染问题也逐渐凸显。许多农药含量很低、相互混合、体系复杂，要检测和评估它们对环境质量的影响，就要研究在农药作用下生物体内各种生理生化指标的变化，找出作用的靶位点或靶分子，并揭示其作用机理，从而对可能造成的环境影响做出更为准确的预测。

谷胱甘肽 S-转移酶在毒理学上有一定的重要性，它可以催化亲核性的谷胱甘肽与各种亲电子外源化学物的结合反应。许多外源化学物在生物转化第一相反应中极易形成某些生物活性中间产物，它们可与细胞生物大分子重要成分发生共价结合，对机体造成损害，谷胱甘肽与其结合后，可防止发生此种共价结合，起到解毒作用。本实验以谷胱甘肽 S-转移酶作为生物标志物，通过测定酶活性来反映三唑磷对河虾的影响及安全性，为生物标志物在农药安全性评价中的应用提供参考。

2. 实验材料

（1）实验动物：日本沼虾（*Macrobrachium nipponense*），又称青虾、河虾。培养条件：温度 19 ~ 21℃，相对湿度 70% ~ 80%，水为曝气自来水，光照 10 ~ 12 h，pH 为 7.0 ~ 7.2，溶氧量 4 ~ 5 mg/L。

（2）有机磷农药：80.8%三唑磷原油。

3. 主要药品与仪器

（1）主要药品：考马斯亮蓝 G-250 试剂，PBS 缓冲液，还原型谷胱甘肽（GSH），1-氯-2,4-二硝基苯（CDNB）。

（2）主要仪器：可见分光光度计。

4. 实验方法与步骤

（1）样品处理：

实验采用半静态实验法，三唑磷毒性实验质量浓度为 0 mg/L，0.007 mg/L，0.010 mg/L 和 0.025 mg/L。

将河虾置于处理液中，每个处理设 3 个重复，每个重复中放 8 尾河虾。各处理每隔 24 h 取样，换处理液一次，总处理时间为 120 h。实验过程中及时剔除死亡个体。

河虾中毒症状的主要表现为乱游，附肢不断的摆动，排泄物增加；仰翻，相互攻击，死亡后河虾个体发白。

（2）蛋白质含量测定：

蛋白质含量测定采用考马斯亮蓝法。取一支试管加入 1.0 mL 蒸馏水做空白，一支加入 1.0 mL 待测蛋白质溶液，然后每支试管加入 5.0 mL 考马斯亮蓝 G-250 试剂，摇匀放置 5 min 后，在紫外-可见分光光度计 595 nm 处测定吸光值。用测得的吸光值从标准曲线上查得相当于牛血清蛋白的质量（μg），计算出待测蛋白质的含量。

（3）酶液的制备：

取三唑磷处理过的虾，去头和壳。用 200 μL 冷冻 PBS 缓冲液（0.04 mol/L，pH=7.0）冰浴匀浆，4℃、10 000 r/min 条件下离心 10 min，上清液作为酶源，即为活性测定时使用的酶液，立即测定或冻存于−80℃冰箱中，48 h 内使用。

（4）谷胱甘肽 S2 转移酶（GSTs）活性测定：

取 50.00 μL 酶液，加 1.93 mL 0.2 mol/L 磷酸缓冲液（pH=7.0）和 100 μL 0.05 mol/L 还原型谷胱甘肽（GSH），在 25℃下保温 5 min 后，加入 20 μL 0.01 mol/L 1-氯-2,4-二硝基苯（CDNB），用分光光度计于 340 nm 处测定 5 min 内吸光值的变化，计算比活力[μ/(mg·min)]。

$$\text{酶活抑制率} = (\text{对照比活力} - \text{处理比活力}) / \text{对照比活力} \times 100\% \quad (3\text{-}5)$$

5. 结果与分析

实验结果取各组平均值，并用 Excel 软件进行 t 检验。

实验31 有机磷农药对海洋鱼类乙酰胆碱酯酶活性的影响[1]

1. 实验目的与意义

鱼类是水生生态系统中对有机磷农药较为敏感的一类动物。乙酰胆碱酯酶（acetylcholinesterase，AchE）能催化乙酰胆碱水解为胆碱和乙酸，在神经冲动传递过程中起重要作用。早在20世纪60年代初，Weiss（1961）就提出以鱼类脑组织 AchE 的活性来检测有机磷农药污染水体的毒性，这个方法已被广泛接受。目前，已有许多报道以鱼脑乙酰胆碱酯酶作为指示酶或敏感材料或制成相应的酶传感器监测陆域水体有机磷农药污染。本实验以海洋鲅鱼为研究对象，探索不同质量浓度有机磷农药（马拉硫磷）对鱼头部乙酰胆碱酯酶活性的影响规律，为有机磷农药生物标志物的快速检测提供依据。

2. 实验材料

（1）实验鱼类：鲅鱼（*Scomberomorus niphonius*）。

饲养体积约 20 L，先于实验室驯养 3～4 d。驯养采用天然海水，温度 16～17℃，充分曝气，自然光照。

（2）有机磷农药：98%马拉硫磷，用无水乙醇配制系列质量浓度的使用液。

3. 主要药品与设备

（1）主要药品：

无水乙醇，碘化硫代乙酰胆碱，5, 5-双二硫代(2-硝基苯甲酸)(即 DTNB)，Tritonx-100，磷酸盐缓冲液（pH=8.0，100 mmol/L），促肾上腺皮质激素。

（2）主要设备：

离心机，紫外-可见分光光度计。

4. 实验方法与步骤

（1）酶的提取：

取实验用鱼6条，用剪刀将鱼头背面剪开，剥去头顶骨，用镊子取出鱼脑组织，用滤纸吸去表面的血丝并用镊子轻轻除去非脑组织，放入表面皿中称重。而后，用预冷的含1%Tritonx-100 的磷酸盐缓冲液（pH=8.0，100 mmol/L）冰浴条件下匀浆，匀浆比（w/v）为 1∶4，制成 50 g/L 的匀浆液。然后，在 4℃下离心（4 000 r/min）15 min，得上清液（即为酶提取液），记录体积，并在 4℃下保存备用。

（2）非抑制条件下的酶活测定：

参照 Ellman（1961）的方法，稍加改进。作为底物的碘化硫代乙酰胆碱被 AchE 分解为乙酸和硫代胆碱，后者与 5,5-双二硫代（2-硝基苯甲酸）（即 DTNB）反应，生成一种黄色络合物，于 412 nm 处[K=1.36 L/（mmol·mm）]比色。

以酶促反应的初速度来确定酶活性。首先，在 3.00 mL 磷酸盐缓冲液（pH=8.0，100 mmol/L）中加入 20 μL 酶液，混匀。30℃保温 20 min 后，依次加入 100 μL 5,5-双二硫代（2-硝基苯甲酸）(即 DTNB）溶液（终质量浓度 1.0 mmol/L）和 20 μL 促肾上腺皮质激素（ATch）溶液（终质量浓度为 1.0 mmol/L），充分混合，反应体积为 3.14 mL。在 412 nm 处用 1 cm 比色皿比色，每隔 0.5 min 读数，连续测定 3 min。酶活力定义为每克脑组织每分钟水解底物的摩尔数（μmol），即：

$$\text{酶活力}[\mu\text{mol}/(\text{min}\cdot\text{g})]=V\cdot A\cdot 10^6/(v\cdot K\cdot L\cdot c) \tag{3-6}$$

式中：A —— 吸光度随时间的变化率，min^{-1}；

v —— 酶活力测定时所取酶提取液的体积，μL，v=20；

K —— 消光系数，L/（mmol·mm），K=1.36；

c —— 匀浆液中脑组织的质量浓度，g/L，c=50；

L —— 测定酶活力时溶液的光径长度，即比色皿光程（10 mm）；

V —— 反应体系的总体积，mL，V=3.14。

（3）半抑制质量浓度测定：

在小塑料瓶中，准确加入 20 μL 酶提取液、20 μL 马拉硫磷（系列质量浓度）和 3.0 mL 磷酸盐缓冲液（pH=8.0，100 mmol/L），充分混合，30℃保温反应 10 min，再加入 20 μL 碘化硫代乙酰胆碱溶液（最终质量浓度 1.0 mmol/L）和 100 μL DTNB 溶液（1.0 mmol/L）。混合液中马拉硫磷的终质量浓度分别达到 0 mg/L、1 mg/L、5 mg/L、10 mg/L、50 mg/L、100 mg/L、200 mg/L 和 300 mg/L。按上一步骤的方法测定吸光度，计算酶活及其抑制率（与零质量浓度处理相比）。采用直线内插法求出马拉硫磷对 AchE 的 IC_{50}。

5. 结果与分析

IC_{50}值越小，表示农药的抑制作用越强，即酶的敏感性越强。

3.4 持久性有机污染物生物标志物的检测

持久性有机污染物（persistent organic pollutants，POPs）是指通过各种环境介质（大气、水、生物体等）能够长距离迁移并长期存在于环境，具有长期残留性、生物蓄积性、半挥发性和高毒性，对人类健康和环境具有严重危害的天然或人工合成的有机污染物质。为了推动 POPs 的削减和淘汰，保护人类健康，使环境免受 POPs 的危害，在联合国环境规划署（UNEP）主持下，2001 年 5 月 23 日，包括中国政府在内的 92 个国家和区域经济一体化组织签署了《斯德哥尔摩公约》，其全称是《关于持久性有机污染物的斯德哥尔摩公约》（详见附录 1），又称 POPs 公约。根据国际 POPs 公约，持久性有机污染物分为杀虫剂、工业化学品和生产中的副产品三类。

多环芳烃化合物（polycyclic aromatic hydrocarbons，PAHs）是一类由两个或两个以上苯环连接而成的碳氢化合物，包括萘、蒽、菲、芘等150余种，可分为芳香稠环型和芳香非稠环型。PAHs 的水溶性较差，脂溶性较强，可在生物体内蓄积。能溶于丙酮、苯、二氯甲烷等有机溶剂。随着煤、石油在生产和生活中的广泛应用，由此产生的PAHs也正成为全球关注的有机污染物。在世界各地各种环境介质（空气、水质、土壤、沉积物、食品、生物体等）中都存在PAHs。研究发现，低环PAHs在气相中的含量相对较高，而高环PAHs则主要以吸附于可吸入颗粒物的形式存在。5环及其以上的PAHs主要吸附在颗粒物上，2～4环的PAHs则在气相和固相中均有分布。

实验32 菲污染对蚯蚓过氧化物酶同工酶的影响[4, 11]

1. 实验目的与意义

同工酶是指催化的化学反应相同，酶蛋白的分子结构、理化性质乃至免疫学性质不同的一组酶。这类酶存在于生物的同一种属或同一个体的不同组织甚至同一组织或细胞中。同工酶与生物的遗传、生长发育、代谢调节及抗性等都有一定的关系。过氧化物酶同工酶广泛存在于生物体中，是活性较高的一种酶，它与呼吸作用、光合作用及生长素的氧化等都有关系。

聚丙烯酰胺凝胶电泳是以聚丙烯酰胺凝胶作为载体的一种区带电泳。这种凝胶是以丙烯酰胺单体（Acr）和交联剂 *N,N'*-甲叉双丙烯酰胺（Bis）在催化剂的作用下聚合而成的。Acr 和 Bis 在它们单独存在或混合在一起时是稳定的，且具有神经毒性，操作时应避免接触皮肤。但在具有自由基团体系时，它们聚合。引发产生自由基团的方法有两种，即化学法和光化学法。化学聚合的引发剂是过硫酸铵（Ap），催化剂是 *N,N,N',N'*-四甲基乙二胺（TEMED），在催化剂 TEMED 的作用下，由过硫酸铵（Ap）形成的自由基又使单体形成自由基，从而引起聚合作用。光聚合以光敏感物核黄素（即VB2）作为催化剂，在痕量氧存在下，核黄素经光解形成无色基，无色基被氧再氧化成自由基，从而引起聚合作用。

选用无脊椎动物（蚯蚓）为研究对象，探索持久性有机污染物（菲）对过氧化物酶同工酶的影响，为弄清持久有机污染物对生物体的不利影响提供依据。

2. 实验材料

（1）实验动物：蚯蚓（*Pheretima*）。

选用2～3月龄，体重300～400 mg带有环带的健康蚯蚓作为供试生物。

（2）持久有机污染物：菲。

将菲用丙酮作溶剂，配成0 mg/kg、6 mg/kg、12 mg/kg、18 mg/kg、24 mg/kg系列质量浓度。

3. 主要药品与设备

（1）主要药品。

①丙烯酰胺（Acr），甲叉双丙烯酰胺（Bis），四甲基乙二胺（TEMED）等。

②10%过硫酸铵（Ap.）：10 g 过硫酸铵定容到 100 mL，最好使用新鲜配制的溶液。

③染色液：联苯胺醋酸染色。

④脱色液的配制：取三氯乙酸 100 g，加蒸馏水溶解后定容至 1 000 mL。

⑤储备液的配制。

浓缩胶缓冲液（pH=6.7）：Tris 5.98 g，1 mol/L HCl 48 mL，蒸馏水定容至 100 mL。

凝胶储液：Acr 30.0 g，Bis 0.8 g，蒸馏水定容至 100 mL。

分离胶缓冲液（pH=8.9）：Tris 36.3 g，1 mol/L HCl 48 mL，蒸馏水定容至 100 mL。

10 倍电极缓冲液（pH=8.3）：Tris 6 g，Gly 28.8 g，蒸馏水定容至 1 000 mL。

储液配制好后放冰箱 4℃冷藏备用，用时 10 倍稀释。

⑥分离胶和浓缩胶的配制：见表 3-2。

表 3-2 分离胶和浓缩胶的配制

7% 分离胶配制/mL		3% 浓缩胶配制/mL	
蒸馏水	13.5	蒸馏水	5.7
凝胶储液	7	凝胶储液	1
pH=8.9 缓冲液	7.5	pH=6.7 缓冲液	1.3
1%TEMED	2	1%TEMED	2
总体积	30	总体积	10

⑦20% 蔗糖：取蔗糖 20 g，加少许蒸馏水溶解，最后加至 100 mL。

⑧加样缓冲液的配制（pH=6.7）。

取 1 mol 盐酸 4.8 mL，Tris 0.6 g，20%蔗糖溶液 40 mL，加水至 80 mL 充分混匀后，再加入 0.02 g 溴酚蓝，4℃保存备用。

（2）主要仪器。

双波长薄层色谱扫描仪（日本岛津），恒温培养箱，电泳仪，染色槽等。

4. 实验方法与步骤

（1）受试动物前处理。

受试动物的染毒采用土壤法，菲的用量以在 500 g 干土中的含量计算，去离子水的用量约为土壤重量的 1/4，即 125 mL。加 125 mL 不同质量浓度的菲于之前准备好的土壤中，将培养瓶放入通风橱中，蒸发去除丙酮，再加入等体积的去离子水至培养瓶中。

取一烧杯，在底部铺上一层滤纸，加少量水，以刚浸没滤纸为宜。挑选具有环带的健壮蚯蚓，放在滤纸上，用塑料薄膜封口，并用解剖针扎孔，将烧杯放入温度为（20±1）℃，湿度约为 75%的恒温恒湿箱中，清肠 24 h。将清肠后的蚯蚓冲洗干净，并用滤纸吸干蚯蚓体表水分，每一培养瓶放入体重相近的 10 条蚯蚓。用塑料薄膜封口，并用解剖针扎孔以保证蚯蚓呼吸。将培养瓶放入恒温恒湿箱中培养，温度为（20 ± 1）℃，湿度为（75 ± 7）%，光照强度为 1 333 lx（间歇光照，即 12 h 光照，12 h 黑暗）。每一染毒质量浓度及空白对照设置 3 个平行样，分别测定 0 d、7 d、14 d、21 d 的同工酶情况。

实验时取蚯蚓称量，剪碎，用 0.01 mol/L 磷酸缓冲液以 1∶2 比例在冰浴中匀浆，7 500 r/min 离心 15 min（4℃进行）取上清液置冰箱中保存备用。

（2）凝胶系统的聚合和制备。一般先制备分离胶，然后再在分离胶上面制作浓缩胶。

①电泳玻璃管的准备。取一根洁净的电泳玻璃管，垂直放在青霉素瓶盖的凹穴中或用封口膜密封，备用。

②分离胶（小孔胶）的制备。取分离胶 3 mL 放入试管，加入 100 μL10%过硫酸铵（Ap）溶液混匀后使用。

用微量移液器抽取胶液小心迅速加入到玻璃管内，当加到液面距离电泳玻璃管上口 2 cm 时停止（约 1.6 mL）。注意在加的过程中不要混进空气，用过的注射器和针头要及时用水清洗，防止堵塞。

再在其上面小心覆盖 0.5 cm 高的蒸馏水层（约 0.2 mL）以隔绝空气，并防止柱表面的弯月面。加水过程中不要用力过猛，防止将液面胶液冲起。刚加入水层时在水层和胶面的交界处可见一明显的折光面，此折光面会逐渐消失，等再次出现时标志分离胶聚合已经开始，应使玻璃管垂直静置 15 ~ 20 min 后，完成凝胶的聚合过程。然后用滤纸小心吸去表面的水层，切勿破坏胶面的完整性。

③浓缩胶（大孔胶）的制备。

取浓缩胶 1 mL 放入试管，加入 50 μL 10% Ap 溶液混匀后使用。

用微量移液器吸取少量浓缩胶缓冲液漂洗一下分离胶的胶面，用滤纸吸取残留的缓冲液，滤纸尽量不要接触胶表面。

再加入约 1 cm 高的浓缩胶（约 0.25 mL），表面也覆盖一层蒸馏水。刚加入水层时在水层和胶面的交接处可见一明显的折光面，此折光面会逐渐消失，等再次出现时标志浓缩胶聚合已经开始，聚合 20 ~ 30 min 后除去上面的水层，同样不要破坏胶面的完整性。吸去水层后用电泳缓冲液漂洗胶面，再用电泳缓冲液注满至管口，在室温下放置 10 ~ 20 min 后即可使用。

（3）样品的制备与点样。

①样品的制备。取上清液 0.5 mL，加入 3 mL 加样缓冲液混合。可在 4℃冰箱保存两周。

②点样。将制好的胶管装入电泳槽中调节高度并塞紧，防止电泳中产生漏液。然后分别在电泳槽的上下槽体内注入电泳缓冲液，下槽的液面应没过玻璃管的下管口（注意不要有气泡存在）和电极丝；上槽的液面应没过玻璃管口 0.5 ~ 1 cm。用微量注射器吸取 50 μL 样品；小心地加入玻璃管内，注意不要让样品溢出管口。

（4）电泳。圆盘电泳电压 100 V，每管用 1 mA 预电泳 10 min 再调至 2 mA/管，电泳 3 ~

4 h。样品中溴酚蓝电泳至距分离胶前缘约 1 cm 处时即可停止电泳。

（5）剥胶。电泳结束后，取下玻璃管，用带长针头的注射器（内盛蒸馏水）从浓缩胶一端紧贴玻璃管壁缓慢插入针头，一面注入蒸馏水一面缓慢旋转玻璃管。靠水流的压力和润滑作用使凝胶和玻璃管的内壁分开，待水流从另一端流出时，再慢慢将针头退出（注意操作中不要把胶条搅碎）。然后用洗耳球轻轻在胶管的一端加压，将胶条从玻璃管中缓慢滑出。

（6）染色和脱色。剥胶完毕后，将胶条放入染色液中过夜（16 h 以上），过氧化物酶同工酶用联苯胺醋酸染色。将胶条以自来水冲洗两次，然后在脱色液中脱色约 5 min，共两次。

5. 实验结果

脱色完全后，从脱色槽中取出凝胶（小心折断或撕裂），观察区带的数量及迁移率。照相及绘制同工酶酶谱模式图，测量酶带迁移率（Rf）。最后用日本岛津双波长薄层色谱扫描仪进行透射式光密度扫描记录结果。样品波长 570 nm，参考波长 500 nm，扫描速度 20 mm/min。

实验 33 多氯联苯对水生脊椎动物体内 EROD 的诱导作用研究[12]

1. 实验目的与意义[13-15]

细胞色素 P450 是活性中心含有血红素，在 450 nm 左右有最大吸收峰的一类参与内源性和外源性化合物代谢的酶。P450 酶可催化很多种类的反应，包括羟化、环氧化、去烷基化、磺化等氧化反应和异构化、脱水等还原反应。目前，研究 P450 应用较多的主要有乙氧基异吩恶唑-*O*-去乙基酶（EROD）、乙氧基香豆素-*O*-去乙基酶（ECOD）、氨基比林-*N*-去甲基酸（AP-ND）等。

细胞色素 P450 酶系几乎存在于生物体内的所有组织，对水生脊椎动物来说，肝脏中含量最高。选用水生脊椎动物（底栖鱼类牙鲆）为研究对象，探索多氯联苯（polychorinated biphenyls，PCBs）对 EROD 的诱导作用，为弄清 PCB 对海洋生物体的不利影响提供依据。

2. 实验材料

（1）受试生物：底栖鱼类牙坪（*paralichthys olivaceus*）。

选体长（13.1 ± 2.1）cm、体重（18.0 ± 5.2）g 的鱼苗，购回后在实验室驯养，以备实验用。

（2）持久有机污染物：多氯联苯（PCBs）。

用正己烷作为助溶剂，配制多氯联苯质量浓度梯度分别为：0 μg/L，5 μg/L，10 μg/L，20 μg/L，30 μg/L。

3. 主要药品与仪器

（1）主要药品。

①考马斯亮蓝，正己烷（助溶剂），7-乙氧基异吩恶唑酮（EROD 的底物），三磷酸吡

啶核苷酸（NADPH，还原剂），异吩恶唑酮（EROD的产物，标准物质），液氮（储存物）。

②pH=7.4缓冲液：0.1 mol/L $NaH_2PO_4 \cdot H_2O$，0.15 mol/L KCl，pH=7.4，1 mmol/L EDTA，20%（V∶V）甘油。

③pH=7.6 NaH_2PO_4缓冲液：0.1 mol/L $NaH_2PO_4 \cdot H_2O$，0.15 mol/L KCl，pH=7.6。

（2）主要仪器。

组织匀浆机，高速冷冻离心机，可见分光光度计，荧光分光光度计等。

4. 实验方法与步骤

（1）所选受试器官为鱼的肝脏，样品的采集方法是做活体解剖，取出肝脏，（4℃下保存，若长时间保存需放置于液氮中，以保持活性，以备处理后作为酶源。

将新购鱼苗在实验室的洁净海水进行适应性养殖2 d，然后分别配制多氯联苯（PCBs）质量浓度梯度分别为：0 μg/L，5 μg/L，10 μg/L，20 μg/L，30 μg/L，随机地于不同质量浓度梯度的溶液中放入5条受试鱼苗。需要说明的是多氯联苯（PCBs）首先溶于少量正己烷中，因此对照组有两组，一为正常对照，二为溶剂对照，暴污72 h后，取其中的3条鱼苗做活体解剖，取出肝脏（4℃下保存，若长时间保存需放置于液氮中，以保持活性），待处理后作为酶源。

（2）酶源的制备。

4℃下（冰浴中），取约20 mg新鲜鱼肝组织的尖部，用滤纸吸去鱼肝上的血渍，加入2.5 mL缓冲液（pH=7.4）后于组织匀浆机中匀浆1 min。然后，取适量匀浆液于高速冷冻离心机（0～4℃，10 000×g，20 min）离心。其上清液即为待测酶源，4℃下保存以待作荧光测定。

（3）蛋白质含量的测定。

采用的是Bradford法，取适量离心后的酶源上清液或其稀释液，加入显色剂考马斯亮蓝，当其与蛋白质结合后，由游离时的红色变为蓝色，以此用常规的721分光光度计通过测定595 nm下的吸光值来确定酶源中蛋白质的含量。蛋白标准为小牛血清。

（4）乙氧基异吩恶唑-O-去乙基酶（EROD）活性的测定。

EROD活性的测定在pH=7.6的NaH_2PO_4缓冲液（0.1 mol/L）4℃下进行，其中底物7-乙氧基异吩恶唑酮质量浓度为0.92 μmol/L，还原剂三磷酸吡啶核苷酸（NADPH）的质量浓度为0.13 mmol/L，于荧光分光光度计中测定EROD的活性，激发波长为535 nm，发射波长为585 nm，采用的是动力学的测定方法（反应温度为22℃），开始反应后30 s计时，每30 s记录一次荧光值，至3 min。将所测得的数据作线性回归，求其斜率，经蛋白质数据归一化后，即可求得其活性。EROD活性的特定产物为异吩恶唑酮，因此，通过测定标准物质异吩恶唑酮的荧光值来定量。EROD活性的最终单位为pmol/（min · mg）。

5. 注意事项

酶是一种具有生物活性的蛋白质，极易失活，因此，分析、测定条件对EROD测定数值的影响很大，下述因素可能影响测定结果，因此在样品前处理及仪器分析过程中应尽量避免：

①在选取鱼肝时，肝组织被胆汁污染；

②样品的保存温度不能控制在−80℃以下；

③缓冲溶液 pH 超出 7 ~ 8 范围；

④匀浆过程中更换匀浆机头；

⑤匀浆时间的随意变更（通常 1 min）。

实验 34 蒽对藻类 DNA 的损伤[16, 17]

1. 实验目的与意义

海洋微藻作为海水养殖动物种苗繁育的饵料，在海洋养殖业及海洋生态系统中都起到重要作用。进入到海洋系统中的蒽等持久有机污染物通过对 DNA 等生物大分子造成损伤，抑制海洋微藻的生长和繁殖。污染物在机体代谢过程中会引起多种类型的 DNA 损伤，如 DNA 加合物、链断裂、碱基的氧化和碱基的缺失等。DNA 的损伤水平可用于反映污染损伤的灵敏而有效的分子生物学检测指标[18]。

DNA 以核蛋白形式存在于细胞核中，通过 DNA 的分离与纯化，制备纯化的高分子量 DNA 是进行大分子水平损伤程度影响研究的关键。由于藻类植物中多糖含量较高，常用的植物基因组 DNA 提取方法不能完全去除藻类多糖，获得高纯度的 DNA 比较困难。本实验采用张桂和等（2007）的改良 CTAB 法分离与纯化海藻（三角褐指藻）DNA，探明持久有机污染物（蒽）对藻类 DNA 的伤害与影响程度，为及早反映持久污染有机物对海藻的影响和海洋生态系统预警检测提供依据和方法。

2. 实验材料

（1）受试生物：三角褐指藻（*Phaeodactylum tricornutum* Bohlin）。

培养液选用改良 f/2 营养盐配方：硝酸钠 75 mg，磷酸二氢钠 5 mg，九水硅酸钠 20 mg，柠檬酸铁 20 mg，五水硫酸铜 0.01 mg，七水硫酸锌 0.023 mg，六水氯化钴 0.012 mg，四水氯化锰 0.18 mg，二水钼酸钠，维生素 $B_1$0.1 μg，微生物 B_{12}0.5 μg，生物素 0.5 μg，自然海水 1 L，海水经孔径 0.45 μm 滤膜抽滤煮沸消毒，冷却后配制培养液。

（2）持久有机污染物：蒽。

将蒽溶于丙酮配成一定质量浓度的母液，避光于 4℃保存。

3. 主要药品与仪器

（1）主要药品。

①异丙醇（或无水乙醇），乙醇，丙酮，RNA 酶（RNase）。

②抽提液：苯酚/氯仿/异戊醇（体积比）为 25∶24 ∶1。

③十六烷基三甲基溴化胺（CTAB）提取缓冲液：内含 2%CTAB，100 mmol/L Tris-HCl（pH 为 8.0），1.4 mol/L NaCl，10 mmol/L EDTA，2% β-2 巯基乙醇。

④缓冲液：10 mmol/L Tris-HCl（pH 为 7.5），1 mmol/L EDTA（pH 为 8.0）。

（2）主要仪器。

显微镜，光照培养箱，恒温水浴锅，低温高速离心机，紫外分光光度计。

4. 实验方法与步骤

（1）微藻培养的三角瓶预先在 1 mol/L 的稀盐酸中浸泡数日，再分别用含有蒽的相应质量浓度的培养液预平衡两次，每次平衡时间为 1 d，以清除实验过程中容器壁对蒽的吸附作用。指数生长期接种，培养条件为：光强 2 500 ~ 3 500 lx、光暗周期比 14∶10、pH=8.0 ± 0.1、盐度 30.0 ± 1.0、温度 17℃。

相对增长速率（K）求算方法：

$$K = (\lg N_t - \lg N_0)/T \quad (3\text{-}7)$$

式中：N_t ——培养 t 时刻的细胞密度；

N_0 ——起始细胞密度；

T——培养时间。

（2）蒽的毒性实验。在预备实验的基础上，将蒽的母液配制含有 0 mg/L、0.03 mg/L、0.06 mg/L、0.09 mg/L、0.12 mg/L、0.15 mg/L 蒽的培养液，用于测定蒽对三角褐指藻生长的影响。同时配制含 0 mg/L、0.01 mg/L、0.02 mg/L、0.03 mg/L、0.04 mg/L、0.05 mg/L 低质量浓度蒽的培养液，在不影响其对藻细胞生长的情况下，在第 3 天取样分析 DNA 伤害的程度。另外，固定蒽的质量浓度在 0.03 mg/L，每隔 1 d 取样 1 次，测试 DNA 伤害程度随时间变化的情况。上述实验各处理重复 3 次，并且对照组中加入与处理组等体积的丙酮，以消除丙酮引起的实验误差。

（3）培养藻液前处理。将 200 mL 各处理培养藻液以 8 500 r/min 离心 5 min，弃去上清液，得到微藻样品。

（4）DNA 样品的制备。按十六烷基三甲基溴化胺（CTAB）法，按以下操作步骤分离提取微藻基因组 DNA：

①取 200 mg 微藻样品置于 1.5 mL 的离心管中，加 600 μL 十六烷基三甲基溴化胺（CTAB）缓冲液，混匀，于 65℃水浴保温 1 h。

②取出后加等体积抽提液，混匀，用离心机于 4℃，12 500 r/min 离心 10 min。

③将上清液转至新的离心管中，加入 RNA 酶（RNase）至终质量浓度为 1 μg/mL，在 37℃下放置 30 min。

④再用抽提液抽提一次，同样用离心机于 4℃，12 500 r/min 离心 10 min。

⑤水相转至新的离心管中，加入 0.8 倍体积的异丙醇（或 2 倍体积无水乙醇），室温下放置 8 ~ 12 min，沉淀 DNA。

⑥于 4℃及 12 500 r/min 条件下离心 20 min。

⑦弃去上清液，用 70%乙醇洗涤 DNA 沉淀两次。

⑧晾干，将 DNA 溶解于 20 μL 缓冲液中，得到 DNA 溶液，待测。

(5)DNA 浓度的检测。各取上述 1 μL DNA 溶液置于 1.5 mL 的离心管中，加入 399 μL 蒸馏水稀释，混匀，将 DNA 溶液转至比色皿中，用紫外分光光度计测定 260 nm 和 280 nm 波长下的紫外吸收值。重复测定 3 次，记录数据，得出所提取 DNA 的浓度。

5. 结果与分析

采用 t 检验分析组间的差异性大小。

3.5 其他环境胁迫生物标志物的检测

实验 35 紫外线对藻类超氧化物歧化酶活性的影响[19]

1. 实验目的与意义

由于臭氧层侵蚀和破坏的日趋加重，使得到达地面的紫外线，尤其是对生物 DNA 具损伤作用的紫外线 B 波段（UV-B）的辐射增强。UV-B 辐射的增强已影响整个地面生态系统的变化，这是最引人注目的全球变化现象之一。研究表明：北海海水表面紫外线辐射率的 10%能够穿透到 6 m 深的水层，而在北冰洋的清澈水域，其表面 10%的辐射率可到达 30 m 的水层。因此，整个海洋生态系统和海洋生物（尤其是海洋浮游生物）受紫外线辐射影响和伤害的潜在危险性不断增加[18]。

藻类的抗氧化系统由酶性保护系统和非酶性保护系统组成，前者称为抗氧化酶，后者称为抗氧化剂。它们都可以清除活性氧，从而达到保护细胞的目的。当环境中存在一定的胁迫时，抗氧化酶和抗氧化剂的活性就会提高，抗氧化系统就得到增强，从而增加对逆境的抗性。

抗氧化酶主要包括超氧化物歧化酶（SOD）、过氧化氢酶（CAT）、过氧化物酶（POD）、谷胱甘肽还原酶（GR）等。超氧化物歧化酶（SOD）是活性氧清除反应过程中第一个发挥作用的抗氧化酶，能将超氧物阴离子自由基（$O_2^{-}\cdot$）快速歧化为过氧化氢（H_2O_2）和分子氧。

以孔石莼（*Ulva Pertusa*）为研究对象，以超氧化物歧化酶（SOD）为主要指标，弄清紫外线对藻类的伤害影响程度，为探明紫外线对藻类的辐射影响和机理提供依据。

2. 实验材料

(1)受试生物：孔石莼，材料采回后立即用天然海水洗净，用打孔器打成直径为 1.3 cm 的圆片，在实验室培养。

(2)紫外：UV-B 辐射。

3. 主要药品与仪器

(1)主要药品。

①f/2 培养基：硝酸钠 75 mg，磷酸二氢钠 5 mg，九水硅酸钠 20 mg，EDTA 二钠 4.36 mg，

三氯化铁 3.16 mg，五水硫酸铜 0.01 mg，七水硫酸锌 0.023 mg，六水氯化钴 0.012 mg，四水氯化锰 0.18 mg，二水钼酸钠，维生素 $B_1$0.1 μg，微生物 B_{12}0.5 μg，生物素 0.5 μg，自然海水 1 L，海水经孔径 0.45 μm 滤膜抽滤煮沸消毒，冷却后配制培养液。

②氮蓝四唑（NBT）光化学反应法反应液：其中含有 5×10^{-3} mol/L 磷酸缓冲液（pH=7.8），13×10^{-3} mol/L 蛋氨酸，75×10^{-3} mol/L 氮蓝四唑（NBT），100 nmol/LEDTA 和 2×10^{-3} mol/L 核黄素。

（2）主要仪器和实验用品。

紫外灯，UV-B 型紫外辐射强度仪，光照培养箱，紫外-可见分光光度计，乙酸纤维素薄膜（厚度为 0.12 mm）。

4. 实验步骤与方法

（1）培养容器选择 300 mL 三角瓶，依次用 1 mol/L HC1 和 90%乙醇洗瓶，然后用相应质量浓度 f/2 培养基预平衡后备用。培养液选用 f/2 营养盐配方。孔石莼初始接种重量为 0.05 g。培养温度（20±1）℃，光照强度 3 000 lx，光暗周期 12 h/12 h。

（2）UV-B 辐射体系。紫外灯外用乙酸纤维素薄膜（厚度为 0.12 mm）包被，以除去 280 nm 以下的短波辐射。整个体系在正式实验前需连续照射 72 h，以减小薄膜滤过作用的不稳定性。所用薄膜每隔 7 d 更换次，防止薄膜的老化作用。

（3）UV-B 辐射处理。辐射强度控制在 12.5 $\mu W/cm^2$，通过调整辐射时间控制辐射量。在预备实验的前提下，设计 0 J/m^2（正常日光灯管照射）和 14.4 J/m^2UV-B 辐射剂量的处理组，各处理 4 个平行，共培养 12 d。每 3 d 取一次样，孔石莼样品取出后，用蒸馏水洗净，备用。

（4）粗酶液的制备。取适量备用待测样品加入等量石英砂中，提取液采用 0.1MTris-Gly pH8.3，冰浴匀浆，在台式高速离心机上 4℃ 15 000×g 离心 15 min，上清液为粗酶提取液，备用。

（5）超氧化物歧化酶（SOD）活力的测定。采用氮蓝四唑（NBT）光化学反应法，反应液总体积为 3 mL。实验中加入粗酶提取液 0.1 mL，荧光灯下照射 20 min。光照时，反应体系中产生的氧自由基使 NBT 还原，形成蓝色甲潜，超氧化物歧化酶（SOD）作为氧自由基清除剂可以抑制该反应。光照后，使用分光光度计在 560 nm 处比色测定光吸收值。测定时，用 0.1 mL 磷酸缓冲液代替酶制剂测得对照组 OD 值。

一个超氧化物歧化酶（SOD）活力单位定义为能引起反应初速度（不加酶时）半抑制时的酶用量，即：

$$\text{SOD 单位}=(\text{对照组 OD}-\text{样品 OD})\times\text{样品稀释倍数}/50\%\text{对照组 OD} \quad (3\text{-}8)$$

5. 结果与分析

（略）。

参考文献

[1] 朱小山，孟范平，朱琳，等. 对有机磷农药敏感的海鱼脑 AchE 筛选研究[J]. 环境科学，2006，03：3567-3571.

[2] 来有鹏，刘贤金，余向阳，等. 农药对河虾的急性毒性及其谷光甘肽转移酶（GSTs）的影响[J]. 农药，2008，11：820-822.

[3] 赵作媛. 镉-菲复合污染对蚯蚓的急性毒性效应及抗氧化酶的影响[D].上海：上海交通大学，2007.

[4] 郭永灿，王振中，赖勤，等. 株洲工业区土壤重金属污染与蚯蚓同工酶的研究[J]. 应用生态学报，1995，03：317-322.

[5] 黄周英，陈奕欣，赵扬，等. 三丁基锡对文蛤鳃酸性磷酸酶、碱性磷酸酶和 Na^{+}-K^{+}-ATP 酶活性的影响[J]. 海洋环境科学，2005，03：56-59.

[6] 何永吉，马文丽，王兰，等. 镉诱导金属硫蛋白在华溪蟹组织中的表达[J]. 动物学杂志，2007，03：48-53.

[7] 郎托娅. 土壤中重金属和农药复合污染对蚯蚓毒性效应的研究[D]. 南京农业大学，2008.

[8] 杨晓霞，张薇，曹秀凤，等. 亚致死剂量铜对蚯蚓 P450 酶和抗氧化酶活性的长期影响[J]. 环境科学学报，2012，03：745-750.

[9] 岑小波，黄永光，王瑞淑，等. 孔雀绿比色法同步测定大鼠成骨细胞膜 Ca^{2+}-ATP 酶和 Na^{+}-K^{+}-ATP 酶活性[J]. 华西医科大学学报，1998，04：83-86.

[10] 袁锦芳，陈叙龙，张毓琪. 环境因素对海洋动物 Na^{+}-K^{+}-ATPPase 的影响概述[J]. 海洋环境科学，1999，03：75-79.

[11] 霍传林. 近海环境中有机污染物对底栖鱼体内 EROD 活性的诱导作用研究[D]. 大连：大连理工大学，2003.

[12] 赵浩，陈少欣. 原核生物细胞色素 P450 酶系及其应用[J]. 生命的化学，2011，03：419-424.

[13] 生秀梅，熊丽，唐红枫，等. 细胞色素 P450 酶系作为生物标志物在毒理学上的应用[J]. 四川环境，2005，03：74-78.

[14] 蔡文超，黄韧，李建军，等. 生物标志物在海洋环境污染监测中的应用及特点[J]. 水生态学杂志，2012，02：137-146.

[15] 张桂和，徐碧玉，王珺. 几种海洋微藻基因组 DNA 的分离提取及 PCR 检测[J]. 热带海洋学报，2007，01：68-72.

[16] 唐学玺，黄键，王艳玲，等. UV-B 辐射和蒽对三角褐指藻 DNA 伤害的相互作用[J]. 生态学报，2002，03：375-378.

[17] Varanasi U，Reichert W L. Eberhar B T. Formation and persistence of benzo（a）pyrene –diolepoxide-DNA addcuts in liver of English sole（Parophrys vetulus）[J]. Chem Bio Interact，1989，69：203-216.

[18] 蔡恒江. 孔石莼-赤潮异弯藻相互作用及其对 UV-B 辐射的响应[D]. 青岛：中国海洋大学，2007.
[19] 张容芳，唐东山，刘飞. 藻类抗氧化系统及其对逆境胁迫的响应[J]. 环境科学与管理，2011，12：21-25.

第4章　抗生素类药物对生物的毒性效应及其残留检测实验

4.1　抗生素类药物概述

4.1.1　抗生素类药的定义[1]

抗生素类药（antibiotics）是由微生物（包括细菌、真菌、放线菌属）或高等动植物在生活过程中所产生的具有抗病原体或其他活性的一类次级代谢产物，能干扰其他生活细胞发育功能的化学物质。抗生素类药以前曾被称为抗菌素，近年来通常将抗菌素改称为抗生素。抗生素类药与抗生素并不是相同的概念，抗生素仅为抗生素类药下的一个分类。抗生素类药除了包括青霉素、四环素等抗生素，还包括抗真菌药以及磺胺类、喹诺酮类等药物。事实上抗生素类药不仅能杀灭细菌，而且对霉菌、支原体、衣原体等其他致病微生物也有良好的抑制和杀灭作用。顾觉奋（2001）在《抗生素》一书中将抗生素定义为“抗生素是生物，它包括微生物、植物和动物在内，在其生命活动过程中所产生的（或由其他方法获得的），能在低微浓度下有选择地抑制或影响它的生物功能的有机物质”。通俗地讲，抗生素类药物就是用于治疗各种细菌感染或抑制致病微生物感染的药物。

4.1.2　抗生素类药的分类[2，3]

抗生素类药包括直接提取的天然产品，还有完全用人工合成或部分人工合成的产品。目前已知天然抗生素不下万种。

4.1.2.1　按制造方法

可分为发酵方法获得的抗生素类药和化学合成或半合成方法获得的抗生素类药。

人类发现的第一种抗生素——青霉素（盘尼西林），是英国微生物学家亚历山大·弗莱明（Alexander Fleming）于1928年偶然发现的，但当时并没有提纯出有效成分和分析化学结构。他从被霉菌污染的葡萄球菌培养皿中，观察到霉菌附近的细菌都无法生长，推测霉菌中可能有杀菌的物质，1929年，弗莱明将这个发现发表在《英国实验病理学期刊》，但没有得到重视。直到1939年，牛津大学的佛罗雷（Howard Florey）和钱恩（Ernst Chain）

想开发能医疗细菌感染的药物，才在联络弗莱明取得菌株后，成功提纯出青霉素。弗莱明、佛罗雷与钱恩因此于 1945 年共同获得诺贝尔生理学或医学奖。

人类合成的第一种抗菌药是磺胺，1932—1933 年德国病理与细菌学家格哈德・多马克发现其具有体内抗菌活性，他因此获得 1939 年诺贝尔生理学或医学奖。

4.1.2.2　按结构和作用类型分

（1）β-内酰胺类：青霉素类和头孢菌素类的分子结构中含有β-内酰胺环。近年来又有较大发展，如硫酶素类（thienamycins）、单内酰环类（monobactams）、β-内酰酶抑制剂（β-lactamadeinhibitors）、甲氧青霉素类（methoxypeniciuins）等。

（2）氨基糖甙类：包括链霉素、庆大霉素、卡那霉素、妥布霉素、丁胺卡那霉素、新霉素、核糖霉素、小诺霉素、阿斯霉素等。

（3）四环素类：包括四环素、土霉素、金霉素及强力霉素等。

（4）氯霉素类：包括氯霉素、甲砜霉素等。

（5）大环内酯类：临床常用的有红霉素、白霉素、无味红霉素、乙酰螺旋霉素、麦迪霉素、交沙霉素等、阿奇霉素[2]。

（6）作用于 G+细菌的其他抗生素：如林可霉素、氯林可霉素、万古霉素、杆菌肽等。

（7）作用于 G-菌的其他抗生素：如多黏菌素、磷霉素、卷霉素、环丝氨酸、利福平等。

（8）抗真菌抗生素：如灰黄霉素。

（9）抗肿瘤抗生素：如丝裂霉素、放线菌素 D、博莱霉素、阿霉素等。

（10）具有免疫抑制作用的抗生素：如环孢霉素。

（11）喹诺酮类：如氧氟沙星。

（12）磺胺类药物。

（11）和（12）既不是微生物分泌物又不是其类似物的人工全合成类药，在不严格的情况下，有时候也把这两类抗菌剂并称为“抗生素”。

4.1.3　抗生素类药的作用机理[4，5]

抗生素类药等抗菌剂的抑菌或杀菌作用，主要是针对“细菌有而人（或其他高等动植物）没有”的机制进行杀伤，有五大类作用机理：

（1）干扰细胞壁的形成。通过阻碍细菌细胞壁的合成，导致细菌在低渗透压环境下溶胀破裂死亡。以这种方式作用的抗生素主要是β-内酰胺类抗生素，如青霉素、头孢菌素等可干扰细胞壁的形成，使细菌变形，甚至破裂、死亡。哺乳动物的细胞没有细胞壁，不受这类药物的影响。

（2）改变细胞膜的通透性。通过与细菌细胞膜相互作用，增强细菌细胞膜的通透性、打开膜上的离子通道，让细菌内部的有用物质漏出菌体或电解质平衡失调而死。以这种方式作用的抗生素有多黏菌素和短杆菌肽等。多黏菌素 E、短杆菌素 S 等，具有表面活性剂的作用，能降低细菌细胞膜的表面张力，改变膜的通透性，甚至破坏膜的结构，从而导致细胞内物质外泄，促使细菌死亡。

（3）抑制蛋白质的合成。通过与细菌核糖体或其反应底物（如 tRNA、mRNA）相互作用，抑制蛋白质的合成——这意味着细胞存活所必需的结构蛋白和酶不能被合成。以这种方式作用的抗生素包括四环素类抗生素、大环内酯类抗生素、氨基糖苷类抗生素、氯霉素等。例如，吲哚霉素是色氨酸的类似物，能抑制蛋白质合成的起始，抑制肽链的延伸；四环素可封闭小亚基的氨酰位点；氯霉素主要是与细菌核糖体的 50S 亚基结合而抑制肽酰基转移反应，使反应提前终止。

（4）抑制核酸的合成。有些抗生素可抑制核酸的合成，通过阻碍细菌脱氧核糖核酸的复制和转录，阻碍 DNA 复制将导致细菌细胞分裂繁殖受阻，阻碍 DNA 转录成 mRNA 则导致后续的 mRNA 翻译合成蛋白的过程受阻。以这种方式作用的主要是人工合成的抗菌剂喹诺酮类。其抑制机理是多种多样的，例如，博莱霉素可引起 DNA 链的断裂；丝裂霉素 C 能与 DNA 形成交联，抑制 DNA 的复制；利福霉素则通过与细菌 RNA 聚合酶的结合来抑制转录反应。

（5）干扰细菌的能量代谢。如抗霉素 A、寡霉素等，是氧化磷酸化的抑制剂。与细胞壁或细胞膜作用的两类抗生素，是以破坏菌体完整性的方式杀死细菌，故可称为杀菌剂（Bactericidal agent）；另外三类抗生素则是靠抑制细菌大分子合成的方式或影响能量代谢，阻断其繁殖，故又可称之为抑菌剂（Bacteriostatic agent）。

4.1.4 抗生素类药在畜牧和水产养殖业的应用状况[3, 6-8]

抗生素类药作为一类重要的药物，除用于医疗，还应用于生物科学研究、农业、畜牧业和食品工业等方面。在畜牧业和农业中非治疗用途的抗生素类药，称为抗生素生长促进剂。

Moore 等[9]首次报道，在饲料中添加抗生素，能明显提高肉鸡的日增重。自此，人们对抗生素的研究和应用越来越广泛，先后有 60 余种抗生素应用于畜牧业，在动物疾病防治、提高饲料利用率、促进畜禽生长等方面发挥了重要作用。目前，全球每年至少有 50%的抗生素是用于畜牧业和水产养殖业，而且使用的种类和总量也在逐年增加。如在对虾养殖场使用抗生素的调查中发现，使用外源化学物种类从 1990 年的 40 种增加到 2010 年的 70 种。而到 2003 年仅抗生素的种类就达 56 种。据统计，丹麦土霉素（OTC）的使用量从 2.321 t（1996 年）增加到 2.662 t（1997 年），奥喹多司（Olaquindox）作为生长调节剂使用量从 16.213 t（1995 年）增加到 28.445 t（1998 年）。据调查，欧盟和瑞士 1999 年消耗的 13 288 t 抗生素中 65%用于人类的医药，29%用于动物的兽药，6%作为动物生长促进及使用。据统计，澳大利亚每年抗生素 36%用于人类，8%用于兽药，56%混入饲料当中。

化学工业学会和制药工业学会 2005 年统计数据显示，我国每年抗生素原料生产量约为 21 万 t，其中有 9.7 万 t（占年总产量的 46.1%）用于畜牧养殖业。美国忧思科学联合会

（UCS）估计：约有 70%的抗生素及相关药物被用作鸡、猪、肉牛的饲料添加剂。王云鹏等[8]对国内 5 省、市进行的养殖业抗生素的使用情况调查表明，饲养场滥用抗生素现象相当严重。使用抗生素的种类包括β-内酰胺类的阿莫西林、氨基糖苷类的庆大霉素和新霉素、大环内酯类的红霉素、林可胺类的克林霉素等。在第 10 届全军检验医学学术会议上，国家细菌耐药性监测中心副主任马越研究员曾指出：滥用抗生素的现象远比人们想象的要严重，全球每年消耗的抗生素总量中 90%被用在食用动物身上，且其中 90%都只是为了提高饲料转化率而作为饲料添加剂来使用。

抗生素类作为药物添加剂，用来预防动物细菌性疾病和促进动物生长而长期使用。这类抗生素，如土霉素添加剂、金霉素添加剂等经口进入动物体内，短时间内不能完全排出，极易在体内蓄积，造成动物性食品中的抗生素残留。近年来，养蜂业使用抗生素的现象也很普遍，也出现了蜂蜜中抗生素残留问题。另外，作为临床治疗用药的抗生素类，主要是通过注射、口服、饮水等方式进入动物体内，也容易造成抗生素类药物在动物体内残留，导致动物性食品污染。

4.1.5　几种常用抗生素药物

4.1.5.1　四环素类——土霉素[10]

土霉素（oxytetracycline，OTC）别名 5-羟萘四环素、地霉素、地灵霉素、氧四环素等，分子式为 $C_{22}H_{24}N_2O_9$，分子量为 460，属于四环素（tetracycline，TC）类的一种广谱抗菌药物，具有氢化并四苯基本结构。

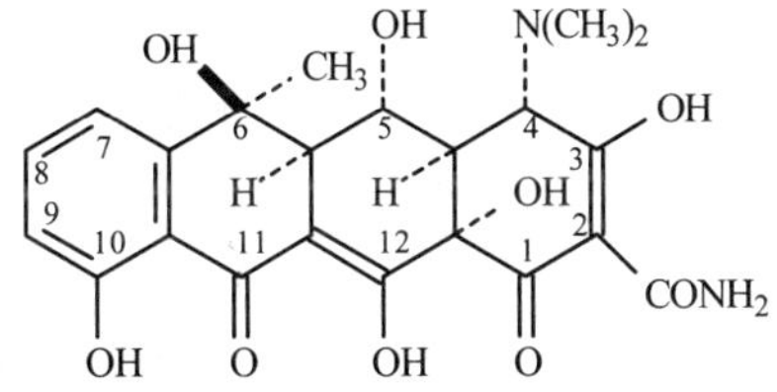

图 4-1　土霉素

从基本结构可以看出土霉素为酸碱两性化合物。二甲氨基显弱碱性，酚羟基和烯醇基显弱酸性，因此可溶酸或碱生成盐类。现临床上一般使用盐酸盐。因为它的碱性水溶液比酸性水溶液更不稳定。

土霉素主要存在于胆、脾，尤其易沉积于骨骼和牙齿；可在肝内浓缩，经胆汁分泌，胆汁的药物浓度为血中的 10～20 倍。有相当一部分可由胆汁排入肠道，并再被吸收利用，形成“肝肠循环”，从而延长药物在体内的持续时间。土霉素主要由肾脏排泄，在胆汁和尿中浓度均高，有利于胆道及泌尿道感染的治疗，但当肾功能障碍时，则减慢排泄，延长半衰期，增强对肝脏的毒性。

对畜禽养殖和治疗时，盲目加大用药剂量，使土霉素在畜禽体内存留时间延长，休药期增加。作为生长促进剂在饲料中添加的土霉素应为亚治疗水平，随意提高用量也是造成土霉素残留的一大原因。

经常摄入土霉素残留的动物性食物后，残留物在人体内慢慢蓄积，当药物浓度达到一定量时，会对人体产生多种急慢性中毒，导致人体各种器官的病变，土霉素易与人体内的钙结合，导致人体缺钙、骨质疏松，最明显的残留毒性是产生耐药菌株。

4.1.5.2 磺胺类[11-13]

1932 年，德国化学家 Klarer 和 Mietzsch 首先合成偶氮染料红色百浪多息。1935 年 Domgk 报道了它对小白鼠溶血性链球菌感染有很强的治疗作用。同年，法国 Trefouels Nitti、Bevet 和 Foumeau 等研究这类偶氮化合物的抗菌作用时，发现有效的化合物都含有对位氨苯磺胺基团，随后英国学者 Colebrook、Kaenmy 等于 1936 年证明了百浪多息中有效的抗菌成分是对位氨苯磺胺，并由此衍生出的一系列化合物，统称为磺胺类药物（Sulfonamides，SAs）。

磺胺药是兽医临床上十分重要的化学药物之一，具有服药简便、疗效高、抗菌谱广、价格低等特点。此外，还被添加到饲料中，用于家禽、家畜和水产动物防病及促生长。这类药物是医药学、畜牧兽医学中应用最广的治疗药物之一。

磺胺药可广泛分布于动物全身各组织、细胞和体液中。其中，以血液中含量为最高，肾脏和肝脏次之，在胸水、腹水、房水等中也有分布，而神经、肌肉、脂肪组织等中的磺胺药含量较低。

磺胺类兽药在食品中残留半衰期长，有较强的毒副作用，可导致过敏反应和造血紊乱，磺胺二甲基嘧啶等可诱发啮齿类动物甲状腺增生或肿瘤生长，因此，各国普遍限制将此类药物用于肉食动物，并提出了严格的限量要求。其中在禽肉中，欧盟规定的磺胺类药物总量不得超过 0.1 mg/kg；美国规定的磺胺氯哒嗪和磺胺甲氧哒嗪不得检出，其他磺胺（SAs）类药物残留最大限量为 0.1 mg/kg；日本规定的磺胺甲基嘧啶和磺胺二甲嘧啶残留最大限量为 0.02 mg/kg，磺胺甲氧嘧啶、磺胺二甲氧嘧啶和磺胺喹噁啉残留最大限量为 0.03 mg/kg。因此，建立有效而方便的同时测定多种磺胺类药物残留的方法具有重要的实际意义。

磺胺药物的检测方法主要有高效液相色谱法（HPLC）、气质联用法（GC-MS）、液质联用法（LC-MS）、免疫分析法（IA）、薄层色谱法（TLC）、气相色谱-傅立叶红外联用法（GC-FTIR）等，其中免疫分析法（IA）、气质联用法（GC-MS）、高效液相色谱法（HPLC）较为常用。

4.1.5.3 大环内酯类抗生素——阿奇霉素[2, 14-16]

阿奇霉素（azithromycin，Azm）属第二代大环内酯类抗生素，由南斯拉夫 Pliva 公司在 20 世纪 80 年代末研发成功，随后专利转让给美国辉瑞公司，1991 年被 FDA 批准上市，专利保护期到 2005 年 10 月 25 日结束。阿奇霉素曾在 2003 年被中国卫生部确定为防治“非典”的首选抗生素类药，之后被地方兽药标准收录应用到兽医临床，取得了良好的临床效果。但国内目前还没有全面开展阿奇霉素在养殖动物上的应用研究，缺乏兽医临床上的全面了解，为此中国农业部在 2005 年 8 月发布 560 号令取消阿奇霉素地方标准，宣布将阿奇霉素列入禁用兽药名单。

细菌对大环内酯类抗生素的耐药机制主要通过改变靶位，即核糖体 50S 亚单位发生变异，降低大环内酯对核糖体的亲和性，使细菌细胞膜渗透性降低，主动外排进入菌体内的药物。此外，某些细菌能产生分解大环内酯或修饰特定基团的灭活酶破坏大环内酯类的结构，使细菌出现耐药性。国外的研究表明，人共患的致病性链球菌如肺炎球菌、化脓性链球菌等致病菌的临床分离株对阿奇霉素的耐药率达到了较高水平。英国 Shan 也报道了耐阿奇霉素的禽型金黄色葡萄球菌能发生耐药性的转移，通过食物链转移到人类菌株的事实。浙江省余姚市禽畜病防治研究所的朱梦代等采用纸片法对造成仔猪黄痢的大肠杆菌进行药敏筛选实验，结果显示大肠杆菌对兽医临床的阿奇霉素产生了明显耐药性。

4.2　抗生素类药物对生物的毒性效应实验

实验 36　磺胺喹噁啉对小鼠毒性及免疫和病理学影响实验[17]

1. 实验目的与意义

磺胺喹噁啉（Sulfaquinoxaline），别名 *N*-2-喹噁啉基-4-氨基苯磺酰胺，分子式：$C_{14}H_{11}N_4NaO_2S$，为禽畜用磺胺药，是治疗禽、兔球虫病特效药。以小鼠为实验动物，观察磺胺喹噁啉引发小鼠急性、亚急性中毒症状和免疫功能的改变以及病理学变化，为磺胺喹噁啉在兽医临床上的合理应用和中毒防治提供实验依据。

2. 实验材料

（1）实验动物：小鼠，体重 20 g 左右，所有实验动物实验前进行临床检查，观察一周，实验期间常规饲养。

（2）抗生素类药物：磺胺喹噁啉原粉。

3. 主要药品与仪器

（1）主要药品：瑞氏染液，二甲苯，苏木精，伊红，阿氏溶液等。

（2）主要仪器：电子分析天平，旋涡振荡器超声波清洗器，生物显微镜，电热式蒸汽消毒器，电热鼓风干燥箱，恒温水浴锅，血球分类计数器，切片机。

4. 实验步骤与方法

（1）磺胺喹噁啉对小鼠的急性毒性 LD_{50} 的测定。

①预实验：取小鼠 20 只，测定出 100%小鼠死亡的剂量和 0%死亡的剂量。

②正式实验。

动物分组：取小鼠50只。雌雄各半，随机分为5组，10只/组。

剂量设置：按等比级数增减，相邻两剂量比值1∶0.846，设5个剂量组。

给药方法：灌服。

给药后，每天观察临床症状和死亡情况，连续一周，以改良寇氏法计算小鼠口服磺胺喹噁啉的LD_{50}。

（2）磺胺喹噁啉对小鼠的亚急性毒性实验。

①动物分组。选择健康、体重均匀的小鼠50只，随机分为5组，雌雄各半，10只/组。Ⅰ～Ⅳ组为实验组，Ⅴ组为对照组。第Ⅰ～Ⅳ组每只分别灌服磺胺喹噁啉溶液70 mg/kg，140 mg/kg，210 mg/kg和280 mg/kg，第Ⅴ组灌服生理盐水0.4 mL作为对照。每隔一天灌服一次，连续给药两周。每天观察临床症状。

②鼠巨噬细胞吞噬活性的测定。在无菌操作下制备5%鸡红细胞（CRBC）悬液，心脏采血，置于三角烧瓶中，加相当于血液量5倍的阿氏液，摇匀，4℃贮存。临用前吸取红细胞并用生理盐水洗涤3次，前两次以1 500 r/min离心分离红细胞，最后1次以2 000 r/min离心，各5 min，直至红细胞压积恒定，然后按此压积量，用生理盐水配成5%（*v/v*）鸡红细胞（CRBC）悬液备用。

停药1～2 h后，每只小鼠腹腔注射5%的鸡红细胞（CRBC）悬液0.6 mL，8～12 h后将动物处死，无菌剪开皮肤，腹腔注入生理盐水2.0～2.5 mL。抽取腹腔液滴于3张载玻片上，每片0.2 mL，推片后置于37℃恒温水浴箱中温育30 min，生理盐水漂洗，晾干，以丙酮-甲醇（1∶1）混合液固定，瑞氏染液染色，蒸馏水漂洗，晾干，在油镜下每片计数巨噬细胞200个，计算出吞噬百分率和吞噬指数。

$$\text{吞噬百分率}=\text{吞噬鸡红细胞的巨噬细胞数}\div 200\text{个巨噬细胞}\times 100\% \quad (4\text{-}1)$$

$$\text{吞噬指数}=\text{吞噬的细菌数}\div\text{发生吞噬的细胞}\times 100\% \quad (4\text{-}2)$$

（3）脏器指数的测定。测定小鼠巨噬细胞吞噬活性后，每组剖杀小鼠5只（剖杀前称重），取其心脏、肝脏、脾脏及肾脏称重，计算脏器（g）与活体体重（kg）的比值即为脏器指数。

（4）病理学检查。

①病理剖检观察：将小鼠处死后，观察心脏、肝脏、脾脏和肾脏等器官的病理变化。

②病理组织学检查：取有病变的器官，10%福尔马林固定，对固定好的脏器组织采取常规石蜡切片技术进行切片，厚度6 μm，H.E.染色，显微镜检查。

5. 结果与分析

（略）。

实验 37　土霉素对鱼类的急性毒性实验[18]

1. 实验目的与意义

土霉素（oxytetracychne，OTC）是一种广谱抗菌药，广泛应用于水产养殖中鱼类疾病的防治，在其广泛的使用过程中，土霉素的毒副作用也逐渐发现（见 4.1.5.1）。土霉素引起养殖动物中毒甚至死亡的现象时有发生，其中以禽类最为敏感。目前关于土霉素对鱼类的毒性研究较少，仅有少量急性毒性报道，认为土霉素对鱼类毒性属低毒性，但这可能与中毒程度较轻，不易观察到有关，因此，在治疗或亚治疗剂量条件下，探讨土霉素对鱼类的毒性影响程度及作用机制，有助于水产养殖上的科学合理应用。

2. 实验材料

（1）实验动物：异育银鲫（*Carassais auratus gibebio*），体重为（30 ± 3）g。

（2）抗生素类药物：土霉素原粉，兽药级，含量 > 93%。

3. 主要仪器

可调试气泵，恒温水浴锅，分析天平，注射器等。

4. 实验步骤与方法

（1）实验前将室内驯养过的实验鱼随机分成 6 组，每个剂量组 10 尾鱼，实验用水为经曝气脱氯 48 h 以上的自来水，水温稳定在 26℃左右。

（2）采用腹腔注射单次用量接毒，腹腔注射剂量：0 mg/kg，0.90 mg/kg，1.202 mg/kg，1.604 mg/kg，2.140 mg/kg，2.558 mg/kg，3.815 mg/kg 体重。用注射器吸取配制好的土霉素混合悬液，从尾鳍下方扎入，扎针不要太深，否则易弄破肠道或损坏器官，对鱼造成伤害，造成非药物死亡，影响实验结果。根据腹部的厚度，扎入后推入药液。

注射后可能出现的中毒症状过程：鱼呼吸困难，上浮，逐渐下沉，沉在水底后腮仍在呼吸，最后死亡。

（3）记录 24 h，48 h 和 96 h 各组的死亡情况，并按改良寇氏法计算 LD_{50}。

$$LD_{50}=\lg^{-1}[X_m-i(\Sigma p-0.5)] \tag{4-3}$$

式中：i——组距，即相邻两组剂量对数剂量之差；

X_m——最大剂量对数；

p——各剂量组死亡率（死亡率均用小数表示）；

$\sum p$——各剂量组死亡率之和。

5. 结果与分析

（略）。

实验 38 不同剂量土霉素对鱼类生长及生理生化指标的影响实验[18]

1. 实验目的与意义

土霉素（oxytetracychne，OTC）属于四环素类的药物，具有广谱性、高效价和成本低等特点，在水产养殖中被广泛用作细菌性疾病的治疗。由于鱼的利用度相对较低，当土霉素口服给药时，只有相当于 10%～30%的给药量被鱼吸收，而 70%～90%进入环境，而使鱼处于过量的药物的水环境中。当养殖水体中土霉素的浓度达到较高的浓度，会对水生动物造成毒害及对环境造成影响。因此，以治疗或亚治疗剂量土霉素用于鱼类时，弄清其对鱼类的毒性影响程度、作用机制和在鱼体内的残留规律，有助于土霉素等抗生素药物在水产养殖上的科学合理应用。

2. 实验材料

（1）实验动物：异育银鲫（*Carassais auratus gibebio*），体重为（30 ± 3）g。

（2）抗生素类药物：土霉素原粉，兽药级，含量 > 93%。

3. 主要药品与仪器

（1）主要药品。盐酸，磷酸，氯化钠，碳酸钠，氢氧化钠，磷酸氢二钠，磷酸二氢钠，钼酸钠，钨酸钠，碘酸钾，碘化钾，可溶性淀粉，三氯乙酸，甲叉双丙烯酰胺，甘氨酸等均为国产分析纯；牛血清蛋白，固兰 RR，氯化硝基四氮唑兰，酪氨酸，三羟甲基氨基甲烷等为国产生化试剂；丙烯酰胺，聚乙烯醇，α-醋酸萘酯，β-醋酸萘酯等为国产化学纯；谷草转氨酶（AST），磷酸肌酸激酶（CK），总蛋白（TP），白蛋白（ALB），甘油三酯（TG），葡萄糖（GLU），总胆红素（TB），总胆固醇（CHOL），尿素氮（BUN），肌酯（CREA），血清氯离子（Cl^-），血清钾离子（K^+）试剂盒。

（2）主要仪器。恒温水浴锅，可见光分光光度计，分析天平，高速冷冻离心机，电泳槽，稳压稳流定时电泳仪。

4. 实验步骤与方法

（1）实验饲料的配制。鱼粉 12%，豆粕 25%，菜籽粕 30%，面粉 27%，豆油 2.2%，磷酸二氢钙 2%，维生素 0.1%，矿物质 0.3%，食盐 0.2%，氯化胆碱 0.2%，羧甲基纤维素 1%等组成基础饲料，饲料成分为水分 8.65%，脂肪 4%，灰分 8.71%，蛋白质 34.45%。实验饲料为基础饲料按 0 mg/kg，100 mg/kg，250 mg/kg，625 mg/kg，1 563 mg/kg，3 907 mg/kg 添加土霉素，制成 6 种不同土霉素含量的饲料。

（2）实验前将实验用鱼随机分成 6 组，每组 3 个重复，每个重复 20 尾，共 18 个循环水过滤水族箱内驯养 15 d，投喂空白组饲料。实验周期为 60 d。实验用水为经曝气脱氯 48 h 以上的自来水，期间不间断充气，每天定时按鱼体重的 2%投食不同土霉素含量的饵料 1 次，换水 1/2 并吸出粪便，水温稳定在 26℃。实验前每箱鱼分别称重，实验开始后每隔 20 d 称量各箱内鱼体重，以调整饲料投喂量。

（3）生产指标的测定。实验结束时，称每个水族箱鱼体重，计算每组鱼的平均体重。

$$平均增重率=（末重-始重）/始重 \times 100\% \quad (4\text{-}4)$$

（4）鱼体常规营养成分含量的测定。实验结束时从实验的每组中随机抽取 3 尾鱼，分别称活体重，然后切成块状，用绞肉机绞碎，称重，置于医用器具盒内后放入高压灭菌锅中，蒸煮 30 min 取出放入干燥箱内，3 d 后称重，用样品粉碎机粉碎全鱼样品，将样品装入样品瓶中拧紧瓶盖，于 4℃保存。

（5）血清生化指标。

①血清样的制备。将尾静脉所取血液倒入 1.5 mL 离心管中，于 37℃水浴箱中静置 20～30 min，然后将血样在 3 000 r/min 下离心 15 min，取上清液得血清样。测定前将取得的血清样置于−20℃的冰箱中保存。

②血清生化指标测定。谷草转氨酶（AST），磷酸肌酸激酶（CK），总蛋白（TP），白蛋白（ALB），甘油三酯（TG），葡萄糖（GLU），总胆红素（TB），总胆固醇（CHOL），尿素氮（BUN），肌酯（CREA），血清氯离子（Cl^-），血清钾离子（K^+）均采用日立 7060 型全自动生化分析。

5. 结果与分析

（略）。

实验 39　阿奇霉素对鸡亚急性毒性的病理学研究[19]

1. 实验目的和意义

阿奇霉素（Azithromycin）是大环内酯类的第 1 个制剂，化学结构是在红霉素 A 酯环的 9a 位内插一个取代甲基的氮原子，彻底解决了红霉素的结构缺点，使阿奇霉素抗菌性、药代动力学特点明显优于传统大环内酯类药物，尤其对大多数耐红霉素杆菌有良好的抗菌效果。阿奇霉素在国外已用于家庭宠物和珍稀动物呼吸道疾病的防治。而国内用于畜禽急慢性呼吸道疾病的防治是在 2003 年后。为了弄清阿奇霉素的毒副作用，兽医临床上的合理应用和减少中毒现象发生提供实验依据。

2. 实验材料

（1）实验动物：临床健康的 19 d 龄肉鸡，适应 3 d 进入实验。

（2）抗生素类药物：水溶性阿奇霉素，475 IU/mg，类白色。

3. 主要药品与仪器

（1）主要药品。丙氨酸氨基转移酶试剂盒（ALT，赖氏法）、门冬氨酸氨基转移酶试剂盒（AST，赖氏法）。

（2）主要仪器。752 紫外分光光度计，离心机，电子天平，数显恒温水浴锅等。

4. 实验方法和步骤

（1）实验动物及分组。按雌雄各半随机分为 1 个对照组和 3 个实验组，每组两个重复，每一组重复 10 只，分笼饲养：阿奇霉素按 0 mg/L、50 mg/L、100 mg/L、200 mg/L 溶于水中供鸡自由饮用。实验 14 d，期间自由采用全价颗粒料，以玉米、豆粕为主，基础日粮中不含任何相关药物，每天更换饮用水，每天观察鸡精神状态及饮食欲。

（2）生长性能——阶段生产率测定。于 22 d 和 36 d 龄，即用药前后称量各组鸡的重量，用该阶段体重变化与该阶段生长率说明受试药物对动物特定阶段酶生长发育和生长态的影响。

$$\text{阶段生长率}=[（\text{实验后体重}-\text{实验前体重}）/\text{实验前体重}]\times100\% \quad (4\text{-}5)$$

（3）血清采集及生化指标检测方法。实验 14 d 结束时，将鸡绑定妥当后切断右侧颈静脉放血，取中段 2 mL，待血液凝固后，离心（3 000 r/min）10 min，分离出血清，采用赖氏法进行丙氨酸氨基转移酶（ALT）和门冬氨酸氨基转移酶（AST）的活性的测定。

（4）脏器系数测定。每天观察肉鸡的临床体征；取血后迅速分离心脏、肝脏、肾脏、脾脏、腺胃及肌胃等脏器，用剪刀心剔除附着的脂肪和筋膜，用滤纸吸去表面血液和体液后立即称重，计算各脏器的脏器系数。

$$\text{脏器系数}=（\text{脏器湿重}\div\text{体重}）\times100 \quad (4\text{-}6)$$

5. 结果与分析

用生物统计软件进行统计分析。阶段生长率、血清生化指标和脏器系数采用独立性 t 检验进行差异显著性分析。

4.3 抗生素药物残留检测实验

实验 40 土霉素在淡水鱼体内残留实验[20]

1. 实验目的意义

在鱼类养殖业中，常常用抗菌药物防病治病。水产业中广泛使用的抗菌药物主要有四环素类、磺胺类、氟喹诺酮类（Uno，1996），其中以四环素类的土霉素（OTC）应用尤为广泛。我国水产上使用的药物在使用前未在水产动物中作药物代谢和残留消除规律研究，直接将人、畜用药方法移植而来，因此水产养殖中普遍存在盲目用药现象，这样生产出的水产品中普遍存在抗菌药物残留。这一方面严重阻碍了我国水产品出口创汇（欧盟从我国进口的虾中检出违禁药物氯霉素，从而决定暂停从我国进口动物性食品），另一方面也影响我国消费者的健康，如土霉素具有免疫抑制作用，能导致肝损坏，长期使用会使细菌的耐药性增强。因此，药物残留已经引起社会的广泛关注。

2. 实验材料

（1）实验动物：健康草鱼（*Ctenopharyngodon idellus* L.），体重 100 g 左右，实验前驯

化两周，每日投喂饵料、浮萍，水温（21 ± 1）℃。

（2）抗生素类药物：土霉素原粉，兽药级，含量 > 93%。

3. 主要药品与仪器

（1）主要药品：草酸（A.R），柠檬酸（A.R），磷酸氢二钠（A.R），乙腈（A.R），二甲基甲酰胺（A.R）。土霉素（OTC，纯度 > 99.5%）标准品。

（2）主要仪器：高效液相色谱仪（HPLC），均质器，匀浆机，离心机，电子天平，固相萃取柱（SPECl8），高效液相色谱柱（C180 DS）。

4. 实验步骤与方法

（1）溶液的配制。

0.01M 草酸：0.630 g 溶于重蒸水，定容至 500 mL。

0.1M 柠檬酸：10.507 g 溶于重蒸水，定容至 500 mL。

0.2M 磷酸氢二钠：17.907 g 溶于重蒸水，定容至 250 mL。

缓冲液：0.2 mol/L 磷酸氢二钠/0.1 mol/L 柠檬酸=38∶62（*V/V*）。

（2）样品测定方法。

①标准曲线的绘制：用甲醇溶解土霉素（OTC）、四环素（TC）标准品，制成 100.00 μg/mL 的母液存于 20℃，可用 2 ~ 3 d。测定前用流动相稀释母液制成 0 μg/mL、0.2 μg/mL、2.5 μg/mL、5 μg/mL、10 μg/mL、20 μg/mL 系列浓度的标准液，在 356 nm 波长处，用高效液相色谱法（HPLC）测定各个浓度对应的峰面积 A_i，然后以标准溶液浓度 C_i 作为横坐标，相应的峰面积值 A_i 为纵坐标，求出回归方程和相关系数。

②回收率和检测限：以引起 3 倍基线噪声的药物质量浓度为最低检测限。回收率的测定按 6 个质量浓度梯度（0.50 μg/mL、1.00 μg/mL、1.50 μg/mL、2.00 μg/mL、2.50 μg/mL、5.00 μg/mL）在肌肉、血液、肝脏和肾脏进行测定。实验分两组，一组将空白组织（血液、肝脏、肾脏、肌肉）加入上述浓度的标准溶液，然后按样品处理方法处理；另一组将空白组织按样品处理方法处理，再加入与前一组相同量的土霉素（OTC）标准溶液，356 nm 处测定峰面积。回收率计算按下列公式进行计算：

回收率（%）=处理前加入标液样品的测定值 ÷ 处理后加入标液样品的值×100%　（4-7）

（3）高效液相色谱法（HPLC）分析原理：高效液相色谱法是高压条件下溶质在固定相和流动相之间进行的一种连续多次交换的过程，它借溶质在两相间分配系数、亲和力、吸附力或分子大小不同引起排阻作用的差别使不同溶质得以分离。

①定量方法：数据处理系统可以自动计算峰面积或根据具体情况进行手动积分，根据标准品的峰面积作出标准曲线，将每个待测样品的峰面积代入标准曲线，可算出各自的浓度。

②定性方法：将样品峰的保留时间与标准品的保留时间比较，确定样品中土霉素（OTC）和四环素（TC）的保留时间与出峰位置，对样品中土霉素（OTC）、四环素（TC）定性。

（4）给药途径和取样。

①单剂量给药。实验前将草鱼随机分为 11 组（9 ~ 12 尾为 1 组，其中 1 组为空白对照）。在给药前按分组编号取出，称重记录。在水温（21 ± 1）℃条件下，用注射器导管按剂量 100 mg/kg 鱼体从口灌给药，给药后的第 0.5 h、1 h、2 h、4 h、8 h、12 h、24 h、36 h、48 h、72 h 取样，用于药物动力学研究。

②多剂量混饲给药。相同水温条件下、以剂量 100 mg/（kg·d）混饲给药，连给 7 d，最后一次给药后的第 1 d、2 d、4 d、6 d、8 d、10 d、15 d、19 d、21 d、23 d、25 d、26 d、27 d 取样，用于残留研究。

（5）样品处理及色谱条件。

将样品解冻，加入 4℃、10 mL 缓冲液（含有 6 μg 四环素内标），10 000 r/min 匀浆至组织破碎，超声波提取 1 ~ 2 min，4℃静置 15 min；8 000 r/min 离心 30 min，收集上清液；先后再用 10 mL、5 mL 缓冲液（不含四环素内标）对残渣匀浆、离心，收集上清液，合并 3 次的缓冲液；取全部上清液过滤（0.45 μm），滤液过 C18 柱（预先用 10 mL 甲醇，30 mL 水洗并甩干）；10 mL 水洗柱，10 mL 甲醇洗脱，收集洗脱液；N_2 流下浓缩至 1 mL，取 20 μL 进样。色谱条件为流动相乙腈：二甲基甲酰胺：草酸=27：6：67（v：v：v），紫外检测波长 356 nm，流速：1.0 mL/min，高效液相色谱柱（C_{18}ODs）柱温：室温。

（6）实验数据。

①得出土霉素（OTC）的标准曲线。以标准品的浓度 C_i 为横坐标，相应峰面积 A_i 为纵坐标，用软件 Origin 对数据进行分析处理，得准曲线 $A_i=X$。

②回收率的测定和检测限。用 0.50 μg/mL、1.00 μg/mL、1.50 μg/mL、2.00 μg/mL、2.50 μg/mL、5.00 μg/mL 的土霉素（OTC）标准溶液分别测定在血液、肝脏、肌肉、肾脏中的回收率，得到的平均回收率。

③土霉素（OTC）在草鱼体内的药物残留动力学分析。单剂量口灌后土霉素（OTC）在草鱼血液和各组织中的浓度：将高效液相色谱（HPLC）法测得的峰面积代入标准曲线，可以求得土霉素（OTC）在各个组织中的浓度。

④土霉素（OTC）在血液中的药物动力学参数。用高效液相色谱（HPLC）法测定草鱼血液和组织中土霉素（OTC）的药物浓度，其理论方程为

$$C=Ne-K_a+Le-\alpha t+Me-\beta t \tag{4-8}$$

式中：C—— 零时血液或组织药物浓度；

t—— 时间；

N—— 吸收相的零时截距；

L—— 分布相的零时截距；

M—— 消除相的零时截距；

K_a—— 多室模型药物的表观一级吸收速度常数；

α—— 多室模型药物的表观一级分布速度常数；

β —— 多室模型药物的表观一级消除速度常数。

⑤多剂量混饲给药后草鱼各组织中的残留量。多剂量混饲给药后，草鱼各组织中的残留量，用高效液相色谱（HPLC）法测的峰面积代入标准曲线。

5. 结果与分析

（略）。

实验 41　水产品磺胺类药物残留检测实验[21]

1. 实验目的与意义

随着我国养殖业的发展，越来越多的抗生素被应用于渔业生产中，这些药物的使用几乎贯穿养殖的全过程，由于养殖户不遵守休药期规定及未正确使用药物，造成在水产品中的高水平残留。人长期摄入含抗生素残留的水产品后，药物不断在体内蓄积，当浓度达到一定量后，就会对人体产生毒性作用。

磺胺类（sulfonamides，SAs）兽药作为一种有效的抗菌药物曾在畜禽、水产品中的广泛使用，尽管目前严格规定其在饲料、畜禽、水产养殖等中的使用，但由于其服药简便、疗效高、抗菌谱广、价廉等特点，少数养殖户仍然会违规使用该药，而且环境受到磺胺药物的污染，也将导致磺胺类药物在食品中的残留。在源头把关，对动物源食品兽药残留实施监控，尤其在扩大对外出口，保障消费者健康等方面有着十分重要的意义，同时，建立起快速、灵敏的残留检测方法势在必行。

2. 实验材料

（1）实验动物：鳗鱼、鲴鱼、龙虾等水产品。

（2）磺胺类兽药：磺胺嘧啶（sulfadiazine，SD），磺胺吡啶（sulfapyridine，SPD），磺胺噻唑（sulfathiazole，ST），磺胺甲基嘧啶（sulfamerazine，SM1），磺胺二甲嘧啶（sulfamethazine，SM2），磺胺甲噻二唑（sulfamethizole，STZ），磺胺甲氧嘧啶（sulfameter，SMT），磺胺-6-甲氧嘧啶（sulfamonomethoxine，SMM），磺胺氯哒嗪（sulfachloropyridazine，SCP），磺胺甲基异噁唑（sulfamethoxazole，SMZ），磺胺二甲异噁唑（sulfisoxazole，SIZ），磺胺间二甲氧嘧啶（sulfadimethoxine，SDM），磺胺喹噁啉（sulfaquinoxaline，SQ）。

以上药物除磺胺喹噁啉纯度为 95.0%外，其他纯度均为 99.0%。

3. 主要药品与仪器

（1）主要药品：乙腈（色谱纯）、甲醇（色谱纯）、二氯甲烷（AR）、正己烷（AR）、氨水（AR）、甲酸（AR）、HCl（优级纯）、无水硫酸钠（AR）。

（2）主要仪器：分析天平、旋涡均匀器、离心机、氮气浓缩仪、超声波清洗器、固相萃取装置、隔膜真空泵、0.2 μm 有机滤膜、固相萃取小柱 60 mg/3 mL、C18 液相色谱柱、液相色谱分析柱、高效液相色谱柱、紫外检测器。

4. 实验步骤与方法

（1）试剂配制。

①磺胺标准溶液。准确称取 0.025 0 g 各磺胺类药物对照品于各对应 25 mL 容量瓶中，以甲醇溶解并定容作为标准储备液（1.0 mg/L），密封，置于−20℃冰箱中保存。

②13 种磺胺类药物混合标准储备液。吸取上述各标准溶液 125 μL 至 25 mL 容量瓶，甲醇定容得到 51 μg/mL 混合标准溶液，密封保存于−20℃冰箱中。

③5%（*V/V*）氨化甲醇。移取 5 mL 氨水，用甲醇稀释至 100 mL 即得，现配现用。

④0.3%（*V/V*）甲酸。移取 3 mL 甲酸于 1 000 mL 容量瓶，用水稀释定容，过 0.45 μm 滤膜，超声脱气。

⑤0.1 mol/L HCL。取 9 mLHCl，水定容至 1 000 mL。

（2）样品的前处理。

①样品制备。将鳗鱼、鮰鱼等样品去皮、去骨，切碎后匀浆，龙虾样品取可食部分匀浆，置于 - 20℃保存。

②提取。称取 5.00 g（精确至 0.01 g）匀浆样品于已加有 5 g 无水硫酸钠的 50 mL 聚丙烯具塞离心管中，加入 15 mL 乙腈，旋涡 2 min，超声 5 min，4 000 r/min 离心 5 min，将上清液转移至另一离心管中，残渣再用 15 mL 乙腈提取一次，合并乙腈提取液。

③净化。向乙腈提取液中加入 10 mL 正己烷，振荡使其充分混合，静置，弃去正己烷层，10 mL 正己烷同样方式再净化一次。净化液在 40℃氮气吹干。残渣加 5 mL，0.1 mol/L HCl 溶解，加入 5 mL 正己烷，涡旋混匀，4 000 r/min 离心 3 min，弃正己烷层，剩下盐酸相备用。

（3）固相萃取（SPE）过程。

①MCX 柱的平衡：依次用 3 mL 甲醇、3 mL 0.1 mol/LHCl 平衡。

②上样：将净化处理所得的盐酸相以 5 ~ 8s/d 速度流过固相萃取小柱。

③洗涤：依次用 2 mL 0.1 mol/HCl 和 2 mL 甲醇洗涤小柱。

④洗脱：用 10 mL，5%氨化甲醇以 3 ~ 5 s/d 速度洗脱药物。

⑤收集洗脱液：40℃氮气吹干后，用 1 mL 初始比例流动相（乙腈：03%甲酸，15:85，*V/V*）定容，过 0.45 pm 滤膜，供高效液相色谱测定。

（4）色谱条件。

色谱柱：C_{18} 4.6 mm×250 mm，5.0 μm;

流动相：乙腈和 0.3%甲酸，工作流程设置情况见表 4-1;

流速：1.0 mL/min;

检测器：紫外检测器；检测波长：270 nm;

柱温：30℃；进样体积 20 μL。

表 4-1　色谱流动相工作流程设置情况

时间/min	乙腈/%	0.3%甲酸溶液/%
0	15	85
12	15	85
20	20	80
28	20	80
40	30	70

（5）定量方法。

①外标法定量。标准曲线的绘制：

吸取 13 种磺胺类（SAs）混合标准储备液用甲醇稀释成质量浓度系列为 0.1 μg/mL，0.25 μg/mL，0.5 μg/mL，2.5 μg/mL，5.0 μg/mL 混合标准工作液，各吸取 1 mL，氮气吹干，用 1 mL 初始比例流动相复容后，以上述色谱条件供高效液相色谱（HPLC）测定。每一浓度进样 3 次，对峰面积进行积分，求各个药物峰面积平均值，然后以浓度为横坐标，峰面积为纵坐标，分别绘制各个药物的标准曲线，求出回归曲线和相关系数。

②回收率和精密度的测定。称取 5.00 g 匀浆后的样品，分别向其中加入一定量的不同浓度的磺胺类药物标准溶液，放置 15 min，然后按照前述方法进行提取、净化以及高效液相色谱分析。

③定量限（LOQ）的测定。取空白组织，6 个平行。按照前述方法进行样品前处理，测得基线噪声值，求其平均值，按信噪比 S/N=6 为定量限（LOQ）。

5. 结果与分析

（1）线性关系。以峰面积（Y）对质量浓度（X，μg/mL）绘制标准曲线，线性关系和相关系数计算得出。

（2）回收率、精密度。按照回收率和精密度测定方法的步骤进行，同时每个添加浓度平行重复 5 次操作，计算回收率和精密度。

（3）定量限（LOQ）。根据 6 个空白样品的基线噪声值求其平均值，按信噪比 S/N=6 为定量限，求得水产品 13 种磺胺类（SAs）定量限。

该方法对水产品中磺胺类药物残留检测适用性较好，杂质干扰小的特点。

实验 42　阿奇霉素在肉鸡中的残留规律研究[18]

1. 实验目的与意义

食品是人类赖以生存和发展的物质基础，食品安全成了维护社会和谐的一个重要因素。近年来有些养殖单位、饲料生产商，为了追求片面经济利益，过量加入或是在动物饲料中添加违禁药物，造成了兽药残留，通过食物链进入人体，对人类健康构成严重威胁。阿奇霉素具有良好的抗菌和药代动力学特点，代谢物无活性。2003 年后逐步在兽医临床得到验证，目前普遍存在细菌耐药性、残留时间长、蓄积性毒性大等潜在问题。家禽组织中阿奇霉素的残留检测技术在国内外文献中还少有报道。目前大多数兽药残留分析采用了高效液相色谱法（HPLC），但高效液相色谱法（HPLC）至今仍缺少可满足兽药残留分析要求的通用型检测器。高效液相色谱-电化学检测法（HPLC-EC）和高效液相色谱-质谱联用（HPLC-MS）法样品前处理简单，选择性好，灵敏度高，但仪器造价高，操作复杂，不利于在基层检测部门推广应用，相反紫外检测器（UVD）应用最应普及。以高效液相色谱法-紫外检测器（HPLC-UVD）研究阿奇霉素在鸡体内的残留消除规律，可为兽药的合理使用、残留标准的制定、风险评估和预测提供科学依据。

2. 实验材料

（1）实验动物：临床健康的 19 d 龄肉鸡，适应 3 d 进入实验。

（2）阿奇霉素：对照品（1 000 IU/mg）；标准品（946 IU/mg）。

3. 主要药品与仪器

（1）主要药品：乙腈、甲醇为色谱纯，除水为超纯水外其余均为国产分析纯。

（2）主要仪器：液相色谱仪（HPLC）、紫外检测器（UVD）、色谱分析软件、离心机、电子天平、旋涡混合器、匀浆机、超声波清洗器、恒温水浴锅。

4. 实验步骤与方法

（1）色谱条件。

色谱柱（C18 柱 4.6 mm × 250 mm，5 μm）；

流动相：乙腈-异丙醇，0.002 mol/L；

磷酸氢二钠（60∶25∶15，*V/V/V*）；

流速 1.2 mL/min；

柱温为室温；

紫外检测波长，210 nm；

灵敏度范围：0.02 AUFS；

进样量 20 μL。

（2）动物处理。

①动物饲料：以玉米、豆粕为主。基础日粮中未含任何相关药物。

②饲养管理：差异不明显临床症状健康的肉鸡，雌雄各半，引入后单笼饲养，自由饮水，采样 7 d 前饲喂不含任何抗菌药物的自配全价饲料，每天 3 次，每天更换饮用水。定期进行临床观察，一经发现染病的鸡及时剔除。

③实验采样：将鸡侧卧安定，分离左侧翅膀下静脉，采静脉血 5 mL 放在离心管中，待血液凝固后，分离（4 000 r/min）出血清；宰杀后迅速取胸肌（10 g）、肝脏、肾脏、脾脏组织用滤纸吸净脏器表面的血液并剔除筋膜，放入 0.8%生理盐水漂洗，迅速放入−20℃冰箱保存至测定。

（3）标准曲线制备。

①血清标准曲线的制备：精密称取阿奇霉素标准品 10 mg 置于 100 mL 量瓶中，用甲醇溶解定容成含阿奇霉素 100 μg/mL 的储备液，4℃保存备用。临服时将储备液用甲醇稀释所需浓度，即得阿奇霉素工作液。

取 10 只具塞离心管分别加入空白血清 0.4 mL，按表 4-1 加入不同浓度的阿奇霉素标准工作液 0.1 mL，使血清中阿奇霉素浓度分别为 0.005 μg/mL、0.01 μg/mL、0.02 μg/mL、0.05 μg/mL、0.2 μg/mL、0.8 μg/mL、1.0 μg/mL、2.5 μg/mL 和 5 μg/mL 的系列标准血清样品，旋涡振荡 2 min，加入 0.2 mol/L 磷酸盐缓冲液（pH=7.5）1 mL，再加 0.5 mol/L 氢氧化钠溶液 100 μg，旋涡振荡 2 min，加含 5%异丙醇的氯仿 4 mL，旋涡振荡萃取 10 min，离心（4 500 r/min）10 min，精密量取有机层 2.5 mL，45℃用氮气流吹干，加流动相 100 μL 旋涡振荡 2 min，4 000 r/min 离心 10 min，上清液用 0.45 μm 滤膜过滤，超声波清洗器中超声 20 min，取 20 μL 进样 HPLC 分析。以阿奇霉素的峰面积对阿奇霉素浓度作标准曲线。

表 4-2　血清标准曲线的制备

序号	1	2	3	4	5	6	7	8	9	10
加药水平/（μg/mL）	0.005	0.01	0.02	0.05	0.1	0.2	0.8	1.5	2.5	5.0
血清体积/mL	0.4	0.4	0.4	0.4	0.4	0.4	0.4	0.4	0.4	0.4
AZM 标准质量浓度/（μg/mL）	0.02	0.04	0.08	0.2	0.4	0.8	3.2	6.0	10	20
标准液体积/mL	0.1	0.1	0.1	0.1	0.1	0.1	0.1	0.1	0.1	0.1

②组织标准曲线的制备：精密称取 2.0 g 解冻的空白组织样品剪碎，加入匀浆介质磷酸盐缓冲液（pH=7.5）4 g，匀浆机 5 000 r/min 匀浆 10 min，制成空白匀浆组织液；准确称取 1.5 g 匀浆液于 10 mL 离心管中，按表 4-2 加入阿奇霉素（Azm）标准溶液，使组织中阿奇霉素质量浓度分别为 0.005 μg/mL、0.01 μg/mL、0.02 μg/mL、0.05 μg/mL、0.2 μg/mL、0.8 μg/mL、1.0 μg/mL、2.5 μg/mL 和 5.0 μg/mL 的系列标准组织样品，旋涡振荡 10 min。后续操作同样清样品处理方法。

表 4-3　组织标准曲线的制备

序号	1	2	3	4	5	6	7	8	9	10
组织药物水平/（μg/mL）	0.005	0.01	0.02	0.05	0.1	0.2	0.8	1.5	2.5	5.0
组织匀浆液/mL	2	2	2	2	2	2	2	2	2	2
AZM 标准质量浓度/（μg/mL）	0.02	0.04	0.08	0.2	0.4	0.8	3.2	6.0	10	20
标准液体积/mL	0.1	0.1	0.1	0.1	0.1	0.1	0.1	0.1	0.1	0.1

（4）组织回收率的测定。取空白血清和组织样品，加阿奇霉素工作液配制成0.10 μg/mL、0.80 μg/mL、2.50 μg/mL（或 μg/g）3 个水平的血清、肝脏、肾脏、肌肉、脾脏样品，按标准曲线制备方法处理后进样测定，同时将对应 3 个水平的阿奇霉素朋流动相溶解作 HPLC 分析，每一样品均重复 8 次，按峰面积的比值求得药物回收率。

5. 结果与分析

（1）色谱行为。在本实验选定的优化色谱条件下，观察色谱图药物峰和溶剂峰。

（2）标准曲线与最低检出限。不同组织中的阿奇霉素（Azm）工作液在选定的色谱条件下用反相 HPLC 测定，以出现药物峰的最低血清和组织药物浓度作为判定药物在血液和组织中的最低检测限。

参考文献

[1] 顾觉奋. 抗生素[M]. 上海：上海科学技术出版社，2001.

[2] 张石革，马国辉. 第 2 代大环内酯类抗生素的进展期[J]. 中国药业，2003，12（4）：37-40.

[3] 樊亭亭. 我国抗生素滥用规制研究[D]. 南京中医药大学，2012.

[4] 张远. 动物性食品中抗生素残留的危害及防控[J]. 广西农业科学，2006，37（1）：97-99.

[5] 王冰. 环境中抗生素残留潜在风险及其研究进展[J]. 环境科学与技术，2007，30（3）：108-111.

[6] 赵丹宇. 食品中激素类、抗生素类物质的残留污染及管理[J]. 中国食品卫生杂志，2003（1）.

[7] 李振，王云建. 畜禽养殖中抗生素使用的现状、问题及对策[J]. 中国动物保健，2009（7）.

[8] 王云鹏，马越. 养殖业抗生素的使用及潜在危害[J].中国抗生素杂志，2008，33（9）：519-521.

[9] Moore P R，Evenson A，Luckey T D，et al. Use of sulfasuxidine，streptothricin，and streptomycin in nutritional studies with the chick[J]. J. biol. Chem，1946，165（2）：437-441.

[10] 姚志鹏. 土霉素的微生态效应及其在土壤环境中的降解特征研究[D]. 中国农业科学院，2008.

[11] 徐维海，林黎明，朱校斌，等. 水产品中 14 种磺胺类药物残留的 HPLC 法同时测定[J]. 分析测试学报，2004，23（5）：122-124.

[12] 动物源食品中磺胺类药物残留的检测方法. 中国苦药杂志，2002.

[13] 张索霞，李俊锁. 猪肌肉组织中磺胺类药物的 MSPD 净化和 HPLC 测定[J]. 畜牧兽医学报，1999，30（6）：531-535.

[14] 李梦云. 鸡阿奇霉素急性、蓄积性、慢性中毒的病理学研究[D]. 四川农业大学，2005.

[15] 虞红，等. 兽药新宠——阿奇霉素[J]. 兽药与饲料添加剂，2005，10（2）：16-18.

[16] 于丽平，陆承平. 动物源性链球菌红霉素耐药基因的分布[J]. 畜牧兽医学报，2005，36（9）：977-980.

[17] 李江稷. 磺胺喹噁啉对小鼠和鸡的毒性研究[D]. 西北农林科技大学，2008.

[18] 肖亮. 土霉素对异育银鲫毒性和残留研究[D]. 华中农业大学，2008.

[19] 颜文钦. 阿奇霉素在肉鸡中的亚急性毒性、残留检测及消除规律研究[D]. 浙江师范大学，2008.

[20] 李雪梅. 土霉素和磺胺甲噁唑在三种淡水鱼体内的药动学和残留研究[D]. 西南师范大学，2005.

[21] 陈振桂. 水产品中磺胺类和氯霉素类兽药残留分析方法研究[D]. 南昌大学，2007.

第 5 章　环境胁迫下的生物毒性效应实验

5.1　环境胁迫概述

5.1.1　环境胁迫的定义

胁迫（stress），源于物理学概念。Levitt[1]在《植物对环境胁迫的反应》（*Responses of Plant to Environmengtal Stress*）一书对胁迫及有关的术语做了最系统的阐述，他把胁迫定义为“能够在活有机体中引起潜在的伤害性反应的任何环境因子”。但该定义仅把胁迫的反应局限在“潜在的伤害性”反应而未把轻微胁迫导致的驯化（acclimation）或锻炼（hardening）效应包括进去[2]。“胁迫”或“逆境”是英语“stress”一词的两种不同译法。“逆境”（也称“胁迫”）是环境梯度中离开了梯度中间的、植物生活的最适点而靠近最高点或最低点的那种环境。而高于最高点或低于最低点，植物就将不能生存。“胁迫”强调了“stress”对植物不利的特殊作用，“逆境”更贴切“stress”一词的生物学含义，是一种特殊的、对植物不利的环境，两种汉译目前同时使用。

环境胁迫（environmental stress）是指环境对生物体所处的生存状态产生的压力，或不利于生物体代谢和生长发育的环境因素。

5.1.2　环境胁迫的分类

生物与环境的关系是生态学研究的永恒主题。随着人类活动范围的扩大、程度的加深，环境污染和全球变化问题日益严重，酸雨、紫外线、重金属、有机污染物等逆境的种类日益增加，研究环境胁迫对生物生命活动的影响以及生物对胁迫环境的适应性的环境胁迫生理学也越来越受到重视。对逆境以及植物对逆境反应的研究已构成了一门结合了植物生态学和植物生理学内容的，既交叉，又相对独立的一个分支学科——植物逆境生理学。

环境胁迫可以分为急性环境胁迫和慢性环境胁迫。例如，大气污染对植物的胁迫有急性伤害——植物组织很快呈现坏死症状、落花落果或枯萎死亡；慢性伤害——不立即产生症状，但发育不良，呈现早衰；隐性伤害——有害物积累使代谢受到影响，生长势渐衰。

环境胁迫也可分为生物胁迫和非生物胁迫。非生物胁迫是指由过度或不足的物理或化学条件引发的对生物生长、发育或繁殖产生不利的影响。再进一步还可分为化学胁迫和物理胁迫。生物胁迫相对于物理胁迫和化学胁迫而言，是指对某种生物来说，其他生物也可能构成对它的胁迫。

传统的胁迫研究主要以温度胁迫、水分胁迫和盐胁迫为主。目前，还包括环境污染胁迫、酸雨胁迫、UV-B 辐射胁迫等[3]。

5.1.2.1 温度胁迫

温度是生物，特别是植物生存的重要因素，并决定植物的自然分布。不同植物各有其最适生长的温度范围。植物总是在达到一定的温度总量（积温）后才能完成其生活周期。

（1）低温胁迫。植物的耐寒性是其固有的遗传特性，是对低温环境长期适应中通过本身的遗传变异和自然选择获得的一种适应性。植物耐寒性总是在逐步降温的过程中得以提高，即冷驯化或抗寒锻炼。低温胁迫是对植物耐寒性的检验。冬季的极端低温，不仅是限制植物分布的主要因子，更是冬季植物是否发生冻害或冷害的决定性因素。

低温胁迫包括冷害（chilling injury）和冻害（freezing injury）。冷害是指 0℃以上低温对植物所造成的伤害。冷害的原发反应是生物膜发生相变，液晶态变为凝胶态，原生质环流停止，植物体内乙烯增加，光呼吸速率下降。长期在温度较高的环境中生存的许多热带和亚热带植物，不能忍受 0～10℃的低温，而常常发生冷害。植物对冷害的生理生化反应主要表现在：①低温影响植物根系的生命活动，根系吸收能力下降。②在低温胁迫下，植物细胞膜透性增加，膜系统受损，引发植物代谢失调。③氧化伤害。④冷害使植物的呼吸速率大起大落，先升高后降低，呼吸代谢异常。

冻害（Freezing injury）是指 0℃以下的低温使植物组织内结冰引发的伤害。目前冻害的机理有 3 点：①细胞内结冻；②原生质脱水；③生物膜体系破坏。植物遭受冻害的程度与植物种类、器官、生育时期和生理状态等因素有关。一般从秋季开始，植物耐寒性迅速增加，到达冬季达到最大，次年春季，随温度的升高，植物的耐寒性又逐渐减弱。不同植物所能忍受的温度不同，如花旗松最低为−27℃，西加云杉为−40℃[4]，白桦可忍受−45℃的低温。

在冬季来临之前，植物为适应低温而发生的生理生化变化主要有以下方面：①组织的含水量降低，而结合水的相对含量增高。②保护物质积累。可溶性糖是植物抵御低温的重要保护物质，能降低冰点，提高原生质保护能力，保护蛋白质胶体不致遇冷变性凝聚。脂肪可以集中在细胞质表层，使水分不易透过，代谢降低，细胞内不易结冰，亦能防止细胞过度脱水。③植物体内的激素发生明显变化，生长素和赤霉素减少，脱落酸增加并被运输到茎尖，从而抑制细胞分裂与伸长，促进植物停止生长，进入休眠。

乡土植物在正常情况下是适应当地常规气候的，如遇突发的超常规低温（此类情况最易在深秋初冬休眠前或早春植物复苏萌动后出现），伤害在所难免。目前，我们比较注意直观的冻害，而容易忽略貌似无碍的冷害，实际上，前者易导致植物直接死亡，后者易诱发多种弱寄生性病害（如腐烂病、枯萎病、炭疽病、猝倒病、立枯病等）。

（2）高温胁迫。植物所处环境中温度过高引起的生理性伤害称为高温伤害，又称为热害（heat injury）。高温胁迫对植物的直接伤害是蛋白质变性，生物膜结构破损，体内生理生化代谢紊乱。不同植物所忍受的最高温度或致死温度是不同的，同一株植物不同器官或组织耐热性也有较大差异。根系对高温逆境最敏感，繁殖器官次之，叶片再次之，老叶的耐热性强于幼叶，树干的耐热性强于枝梢，木本植物的耐热性强于草本植物。

植物在高温胁迫下的间接反应则主要有：①植物组织内氧分压降低，无氧呼吸增强，从而积累乙醛、乙醇等有毒物质积累。另外，植物体内活性氧代谢系统的平衡被破坏，SOD 活性降低，也是植物体内有毒物质积累的原因之一。②蛋白质不但降解加速，而且合成受阻。③生长受抑制。

热害往往与干旱并存，造成失水萎蔫或灼伤。

5.1.2.2　水分胁迫

水分不仅是植物生存的重要因子，而且是植物重要的组成成分，植物对水的需求有两种：一是生理用水，如养分的吸收运输和光合作用等用水；二是生态用水，如保持绿地的环境湿度，增强植物生长势。一般而言，植物光合作用每产生 1 份光合生产物，需 300～800 份水，土壤中持水量为 60%～80%时，根系方可正常生长，并吸收养分，维持正常运转。水分胁迫在园林植物表现为两个极端。

（1）干旱胁迫。在一定的环境条件下，当植物蒸腾消耗的水分大于吸收的水分时，植物体内就会出现水分亏缺，即发生干旱胁迫（water stress）。干旱是使植物产生水分亏缺的环境因子，是各种植物最具威胁性的逆境之一。

干旱大体可分为 3 种状态：①土壤干旱，土壤中的可用水不足或缺失，引起了植物缺水；Hsiao[5]曾依据土壤相对含水量减低 8%～10%、10%～20%、20%以上，将水分胁迫的程度划分为轻度胁迫、中度胁迫、重度胁迫 3 种类型。②大气干旱，有时土壤并不缺水，但由于城市“热岛效应”、干热风、高温导致强烈的蒸腾作用使植物缺水。③冻旱，冬春期间（黄河流域主要是早春）土壤水分结冰或地温过低，根系不能吸水或极少吸水，造成植物严重缺水。

干旱可以是永久性的，如沙漠戈壁环境；可以是季节性的，如在有明显干湿季节的地方；也可以是不规则的。

植物的生长对水分逆境高度敏感，植物发育的萌动和生长过程是植物对干旱胁迫最敏感的阶段，也是植物因缺水导致早衰、夭折、死亡最重要的时期。植物营养生长中，干旱胁迫在叶部则表现为叶面积减小，落叶增加，叶片萎蔫，下垂卷曲，叶枯死、叶脱落；在根部则表现为根细胞减弱，停止生长，根毛死亡；在枝干部则表现为抽缩，表皮皱折，褪色发暗，枝梢干枯，植株枯死。不同的营养器官对干旱胁迫反应的敏感度不同，一般叶生长＞株高生长＞干粗生长，地下根生长＞地上茎生长；植物生殖生长中，过度缺水，不仅对花芽分化不利，而且花量少、花色淡、花期短、容易落果。在园林植物中，气生根植物耐旱性强，木本植物比草本植物御旱性强。

在干旱胁迫情况下，植物体内会发生一系列相应的生理生化变化，主要表现为：①光合作用减弱；②内源激素代谢失调；③氮代谢异常；④酶系统发生变化；⑤糖代谢发生变化，糖分增高的后果就是虫害迅速上升甚至猖獗成灾。

（2）淹涝胁迫。过多的土壤水分和过高的大气湿度都会破坏植物体内水分平衡，进而影响植物发育。

土壤中水分过多一般有两种状态：一种是土壤水分超过最大持水量，处于饱和状态，土壤的气相完全被液相取代，即为“渍水”，又称渍害；另一种是水分不仅充满了土壤而且地面积水，淹没了植物的局部或整株，通常称为“涝害”。不论是渍害还是涝害，水分过多对植物的伤害并不在水分本身，而是由于积水而导致土壤中缺 O_2 并发生 CO_2 累积。例如，沙土地水淹两周后，O_2 浓度从 21%降为 1%，而 CO_2 的浓度从 0.34%上升为 3.4%[6]。

植物对涝害的生理反应主要表现为：①乙烯含量增加。许多研究指出，在淹水条件下，植物体内乙烯含量增加。如水涝时，向日葵根部乙烯含量大增，美国梧桐乙烯含量提高 10 倍。②呼吸代谢紊乱。遭受涝害胁迫后，植物的有氧呼吸受到抑制，无氧呼吸加强，ATP 合成减少，同时积累大量的无氧呼吸产物，如丙酮酸、乙醇和乳酸等。研究结果表明，许多植物被淹时，苹果酸脱氢酶（有氧呼吸）含量降低，乙醇脱氢酶和乳酸脱氢酶（无氧呼吸）含量上升。有人建议，可以用乙醇脱氢酶和乳酸脱氢酶活性作为指示植物遭受涝害程度的指标。

当土壤中缺氧时，一些需要氧生物的正常活动受阻，而另一些厌氧微生物特别活跃，降低了土壤正常的氧化——还原势，有机物降解缓慢，并产生一些还原产物如 N_2，CH_4，H_2S、NH_4、H_2 等，厌氧细菌代谢物积累产生毒害，如硫化氢、硫醇、烷类（甲烷、乙烷、丁烷），醇类（甲醇、乙醇），有机酸（最终也转化为甲烷）及各类醛、酚、脂肪酸类物质。这种状况在土壤积水缺氧和土壤板结缺氧对植物胁迫—胁变—致弱—致死的机理是极其相似的。

土壤水分过多引起的另一直接胁变就是植物对土壤多数矿质营养元素的吸收急剧减少，进而削弱根和新梢的生长，抑制叶的生长，减少叶数，导致叶片失绿坏死引发小叶和落叶。对开花植物则影响其开花结果，最终植物因淹水致死。

土壤水分过多还能加重许多病原体引起的病害，大多数病原物在高湿条件下生长最佳，原因是传染性繁殖体的产生或这些繁殖体的最佳发芽和侵染需要饱和水条件，如丝核菌（*Rhizoctonia*），镰刀霉菌（*Fusarium*），腐霉属菌（*Pythium*），疫霉属菌（*Phytophthora*）等。同时也容易造成有害软体动物（如蜗牛、蛞蝓）的大发生。

5.1.2.3　盐胁迫

盐碱土，或称盐渍土（salty soil），是盐土和碱土以及各种盐化、碱化土壤的总称。碱土是指土壤中含有危害植物生长和改变土壤性质的多量交换性钠。盐土是指土壤饱和提取液电导率超过 4 dS/m 的土壤，分为轻盐土、中盐土、重盐土。土壤中盐分过多对植物生长发育造成的危害即盐害（salt injury）。

盐胁迫不仅影响植物的外部形态，也影响植物内部的生理生化特性。盐害的典型症状是植物生长量显著减少，叶尖和叶缘灼伤，叶失绿和坏死，卷叶，花萎蔫，根坏死，枯梢，落叶，甚至死亡。生长抑制是植物受制于盐胁迫最敏感的生理过程，糖累积下降，蒸腾作用下降，水分亏缺，CO_2 同化速率下降，营养不良。盐胁迫的植物通常树冠小，叶片小而少，枝梢少，节间短，出苗率低。

不同植物种类其耐盐性不同。例如，据测试，济南地区某绿地 12 种植物其耐盐性由强到弱的排序是：石榴＞银杏＞无花果＞杜梨＞葡萄＞樱桃＞毛桃＞李＞杏＞山楂＞枣＞板栗。

植物的伤害在我国北方重于南方，在城市园林界，环渤海湾城市群较为突出。城市园林植物的盐胁迫除了区域性地理土壤因素外，北方城市撒盐融雪是交通干线附近园林绿地盐积累、盐过量、盐中毒的重要原因之一。

炎热、干旱条件下对植物的伤害比冷凉条件下重，强光照下盐胁迫对植物生长的抑制比弱光下的盐胁迫要大。

使用 N、P、K 肥不能缓解盐度引起的生长抑制，反而会加剧盐害。

5.1.2.4　重金属胁迫

土壤最易受来自工业“三废”和机动车排放的尾气等污染物以及污水灌溉、农药、除草剂和化肥等使用带来的污染。由于重金属在土壤中难溶、不分解，毒性强，具有累积效应等特点，污染物中过量的重金属一旦进入土壤后就很难排除，且在生物体内呈有机化趋势。许多重金属（如 Cu、Zn、Pe、Mn、Mo）都是植物必需的微量元素，但超过一定的界限，就会对植物产生相应的毒害作用，轻则使植物体内代谢紊乱，生长受到抑制，重则致植物死亡。如涉及可食性植物，重金属还可进入食物链，危及人类健康。

重金属污染的是土壤和水分，胁迫的则是植物。重金属的胁迫之一是抑制生长。土壤 Cu 过量或波尔多液残留累积会引起植物树皮开裂和流胶，生长减缓，枝梢枯萎，落叶，须根腐烂，甚至全树死亡。Mn 过量则会导致植物易发生粗皮病。土壤重金属过量还可抑制种子发芽。

在机理上，土壤的重金属超量，植物呼吸速率显著下降，呼吸强度受抑，淋溶增加，N、P、K 的有效性下降造成营养失调，土壤酶活性降低，微生物量减少，极大地抑制了有机质的降解。

5.1.2.5　大气污染物胁迫

大气污染来源有自然和人为两种，火山爆发、地震、森林火灾等产生的烟尘，硫氧化物，氮氧化物等属自然污染源；人类的生产、生活活动属人为污染源。大气污染主要源于人类活动。据资料记载，已经产生危害或引起人们注意的大气污染物有100余种，主要有SO_2、HF、Cl_2、O_3、NO_2、CO和碳氧化合物，氮氧化合物等。光化学烟雾是工厂、汽车排放出来的氧化氮类物质和燃烧不完全的烯烃类碳类化合物，在紫外线作用下，形成一些氧化能力极强的有毒物质如O_3、NO_3、醛类（RCHO）、硝酸过氧化乙酰（PAN）等。

大气污染物影响植物生长发育，污染源附近植物生长衰弱，叶片出现伤害的症状是易脱落、不规则叶斑、褪色、枯焦、皱缩、卷曲、增生、果树结实率低，甚至死亡。

植物的叶、花、芽、嫩梢是最易受到大气污染的，即便是角质层，也难挡HF和HCl的透入。植物对大气污染的敏感性与植物种类有关，与植物的环境条件有关。例如，SO_2对植物的伤害往往是温度越高，湿度越大时伤害越重，氟化物对植物的伤害白天为晚上的11倍，NO_2对植物的伤害夜间重于白天，SO_2则与此相反。在自然界中，大气污染往往不是单独存在，除偶发性、突发性污染外，一般都有两种或两种以上的污染侵害同时存在，共同作用于植物，形成复合污染。植物的"未老先衰"，绿地中的"小老树"，夭折早亡树，多数是植物生殖生长、营养生长、光合作用、呼吸作用明显受抑制和伤害的结果，与生境中大气污染物的侵入积累密切相关。

大气污染对植物的胁迫有急性伤害——植物组织很快呈现坏死症状、落花落果或枯萎死亡；慢性伤害——不立即产生症状，但发育不良，呈现早衰；隐性伤害——有害物积累使代谢受到影响，生长势渐衰。

5.1.2.6 酸雨胁迫

酸雨是指pH小于5.6的降水，是属于环境灾害酸沉降当中的"湿沉降"。湿沉降即通常所说的酸雨，包括酸性雨、酸性雾、酸性露、酸性雪、酸性霜等。1972年，在联合国人类环境会议上，瑞典政府在《穿越国界的大气污染：大气和降水中硫对环境的影响》报告中，提出了环境酸化问题。1982年，环境酸化国际会议在瑞典召开，更多国家开展了酸雨的调查研究，酸雨和环境酸化成为一个全球性的重大环境污染问题。

20世纪70年代初，我国最初从贵州、湖南，继而从上海、重庆、南京、贵州等地监测到酸雨，1982年夏，重庆曾连降酸雨。1995年8月，全国人大常委会通过了新修订的《中华人民共和国大气污染防治法》，规定在全国划定酸雨控制区和二氧化硫污染控制区（以下简称"两控区"），在"两控区"内强化对酸雨和二氧化硫污染控制。

我国二氧化硫污染控制区的划分基本条件确定为：

（1）近年来环境空气二氧化硫年平均浓度超过国家二级标准；

（2）日平均浓度超过国家三级标准；

（3）二氧化硫排放量较大；

（4）以城市为基本控制单元。

国家级贫困县暂不划入二氧化硫污染控制区。

我国确定酸雨控制区的划分基本条件为：

（1）现状监测降水 pH≤4.5；

（2）硫沉降超过临界负荷；

（3）二氧化硫排放量较大的区域。

国家级贫困县暂不划入酸雨控制区。

根据 1998 年国务院批准的国家环境保护总局呈报的《酸雨控制区和二氧化硫污染控制区划分方案》。目前的酸雨控制区涉及上海、江苏、浙江、安徽、福建、江西、湖北、湖南、广东、广西、重庆、四川、贵州、云南等 14 个省、自治区、直辖市的的 148 个市（包括地区）、县、区，面积为 80 万 km^2。我国酸雨的酸度主要由 SO_4^{2-}、Ca^{2+}、NH_4^+ 3 种成分决定。在工业集中区，酸沉降已成为区域性环境问题，酸雨以城市为中心向远郊和农村蔓延。pH 小于 5.6 的区域已占国土面积的 40%左右，酸雨分布在我国总体状况是南方重于北方，城市重于乡村。生态系统本身具有一定的抗酸化能力，这个能力表现为能安全承受的最大酸沉降，称为临界负荷。临界负荷因地而异，当实际酸沉降超过临界负荷时，土壤和地表水体原来正常的化学状态就被破坏。酸化是渐进积累的过程，初期不易察觉，而一旦形成，则很难逆转。水体酸化后，水生生物的组成结构发生变化，食物供给和成分受影响，浮游动植物和水生昆虫种类数目减少，鱼类繁殖发育受阻。酸雨对土壤的影响主要是引起土壤酸化，土壤酸化后，有机质分解和氮固定受到抑制，固氮菌活动降低，土壤呼吸作用、氧化作用、硝化作用和固氮作用明显减少，营养元素钾、钙、镁流失，土壤贫瘠化；重金属毒性活化，细菌数量减少。

不同植物种类对酸雨胁迫的敏感性不同，阔叶树和草本植物较针叶树更易受酸雨危害，在黄河流域，银杏、柿树对酸雨抗性较强，花石榴、贴梗海棠、枫杨、杏、桃则较敏感。植物的不同器官，不同发育阶段对酸雨抗性不同，枝干抗酸性强，根系及叶片较弱，未展幼叶和老叶抗性较伸展完毕的嫩叶强。

酸雨对园林植物的可见症状是，可使植物叶片产生白色微小斑点，叶尖皱缩枯萎，花瓣出现褪色白斑，花萼出现褐色斑点进而成块状坏死斑，花粉活动和萌发力下降，对果实则增加果锈，促进生理性落果，对枝梢则抑制其生长。

5.2　重金属对生物的胁迫效应实验

实验 43　种子发芽毒性实验

1. 实验原理与目的

种子在适宜的条件（水分、温度和氧气等）下，吸水膨胀萌发，酶活性增强，毒物（重金属、污染物等）通过使酶失活，使种子萌发受到抑制，破坏了发芽过程，进而影响种子的发芽势和发芽率。通过种子的发芽势和发芽率的测定，掌握种子毒性实验的具体方法，分析毒物（重金属，污染物等）对种子发芽势和发芽率的影响规律。

2. 实验材料

（1）实验植物：选择发育正常、完整而没有伤害的小麦（*Triticum aestivum* L.）或玉米（*Zea mays* L.）种子。

（2）毒物：选择氯化镉为重金属镉污染的来源。

3. 主要药品及仪器

（1）主要药品：氯化汞。

（2）主要仪器与实验用品：恒温培养箱（或生化培养箱）、培养皿、移液管、滤纸、镊子、吸取球等。

4. 实验步骤与方法

（1）玻璃仪器用洗液或洗衣粉刷洗干净，除去表面污物，然后用自来水冲洗干净，以消除洗涤剂带来的干扰，晾干备用，在皿底侧面注明浓度及重复序号。

（2）配成 0 mmol/L、0.5 mmol/L、1.0 mmol/L 氯化镉 3 种不同处理浓度（Ⅰ、Ⅱ、Ⅲ）溶液，以无离子水处理组为对照。每个处理 3 个平行。

（3）发芽种子前处理：将小麦（或玉米）种子在发芽前用蒸馏水浮选去掉瘪粒，再用 0.1%$HgCl_2$溶液消毒 10 min，用蒸馏水冲洗 3 次后备用。

（4）发芽床的制备：培养皿内放入等径滤纸两张做发芽床。发芽床的湿润程度对发芽有着很大影响，水分过多妨碍空气进入种子，湿度不足会使发芽床变干，这两种情况都能破坏发芽过程，使实验结果不准确。发芽床上加入 10 mL 试液，加入时避免滤纸下面产生气泡。然后用镊子将种子腹沟（种子腹面凹陷处为腹沟）朝下，整齐地排列在发芽床上，粒与粒之间的距离要均匀，避免相互接触，以防发霉种子感染健康种子。置于 20 ~ 25℃恒温培养箱（或生化培养箱）中或室内进行培养。为了保证发芽适宜条件，在发芽期需每天定期观察发芽情况，并及时补水，保证发芽床处于适宜的湿润状态。

（5）发芽势与发芽率的期限：通常每日观察，也可分两期进行，第一期内发芽种子数为种子的发芽势。第二期内发芽种子的数量为发芽率。

不同植物材料的发芽势与发芽率的期限会有所不同。小麦种子的发芽势为 3 d 观察，发芽率为 7 d 观察，因此在实验的第 3 d 及第 7 d 进行检查。

（6）种子发芽后应具备的特征：小麦等禾谷类作物，在正常发育的幼根中，其主根长度不短于种子长度，幼芽长度不短于种子长度的 1/2 者，为具有发芽能力的种子，以此标准进行检查。

（7）发芽势与发芽率的计算，分两期记录小麦种子发芽情况，一切不正常的和感染霉菌的种子均要除去。

最后根据分期计算发芽势和发芽率。

$$发芽势（\%）=\frac{规定天数内已发芽的种子粒数}{供作发芽的种子总粒数}\times 100 \quad (5\text{-}1)$$

$$发芽率（\%）=\frac{全部发芽的种子粒数}{供作发芽的种子总粒数}\times 100 \quad (5\text{-}2)$$

5. 结果与分析

（略）。

实验 44　逆境伤害对植物伤害程度的测定

1. 实验原理与目的

植物在逆境伤害和衰老过程中，发生脂质过氧化作用而产生丙二醛（MDA），其含量高低可用来说明脂质过氧化的程度。用硫代巴比妥酸（TBA）在酸性条件下加热可与组织提取液中的丙二醛反应，反应产物是粉红色的 3,5,5-三甲基噁唑 2,4-二酮，于 532 nm 和 600 nm 波长下测定光密度，计算丙二醛含量。

通过本实验，掌握丙二醛（MDA）这一重要逆境植物生理指标的具体测定方法，分析逆境（如重金属污染等）对植物伤害的影响程度，为弄清逆境对植物伤害的机理提供依据。

2. 实验材料

（1）实验植物：小麦（*Triticum aestivum* L.）。

（2）逆境伤害：选择重金属镉污染。

镉污染选择氯化镉，处理浓度：0 mmol/L、0.5 mmol/L、1.0 mmol/L $CdCl_2$。

3. 主要药品及仪器

（1）主要试剂。

①5%三氯乙酸溶液：称取 5 g 三氯乙酸，先溶于少量水，然后定容至 100 mL。

②0.5%硫代巴比妥酸溶液：称取 0.5 g 硫代巴比妥酸，用 5%三氯乙酸溶解并定容至 100 mL，成 0.5%硫代巴比妥酸的 5%三氯乙酸溶液。

③0.1%氯化汞溶液：称取 1 g 氯化汞，先溶于少量水，然后定容至 1 000 mL。

④Hoagland 营养液（pH=6.8）。

培养液的组成见表 5-1。

表 5-1　培养液成分　　单位：mol/L

成分	浓度	成分	浓度
K_2SO_4	0.75×10^{-3}	$MnSO_4\cdot4H_2O$	1.0×10^{-6}
$Ca(NO_3)_2\cdot4H_2O$	2.0×10^{-3}	$ZnSO_4\cdot7H_2O$	1.0×10^{-6}
$MgSO_4\cdot7H_2O$	0.65×10^{-3}	$CuSO_4\cdot5H_2O$	5.0×10^{-7}
KH_2PO_4	0.25×10^{-3}	Fe-EDTA	1.0×10^{-4}
KCl	1.0×10^{-3}	$(NH_4)_6Mo_7O_4\cdot4H_2O$	5.0×10^{-8}
HBO_3	1.0×10^{-6}		

（2）主要仪器与实验用品：恒温箱，光照培养箱，分光光度计，离心机，冰箱，天平，水浴锅，刻度试管，移液管（1 mL、2 mL、5 mL），剪刀，容量瓶等。

4. 实验步骤与方法

（1）实验材料的培养和前处理。

选择发育正常、完整而没有伤害的小麦种子。将小麦种子在发芽前用蒸馏水浮选去掉瘪粒，再用 0.1%$HgCl_2$溶液消毒 10 min，用蒸馏水冲洗 3 次后，放置于有适量蒸馏水的培养皿中，于 25℃恒温箱中发芽，24 h 后移出，放置于铺有四层纱布的搪瓷盘上。小麦幼苗培养，选择最适宜条件在恒温光照培育箱中进行。每日浇蒸馏水，待长至二叶期后进行水培（或砂培）培养，培养液采用 Hoagland 营养液（pH=6.8）。

在实验进行前一周，选择长势一致的小麦幼苗分 3 组进行培养，同时分别在营养液中加入 0 mmol/L、0.5 mmol/L、1.0 mmol/L 氯化镉溶液，一周后得到三组不同浓度污染物处理的小麦幼苗，作为实验材料。

（2）丙二醛（MDA）测定方法。

①提取液制备：取植物材料 1 g，剪碎放入研钵，加少许水和石英砂，研磨成匀浆。移入 100 mL 容量瓶中定容。取一定量离心（4 000 r/min）15 min，取上清液保存在冰箱备用。

②吸取 1.5 mL 提取液放入刻度试管中，加入 2.5 mL0.5%畝巴比妥酸的 5%三氯乙酸溶液，在沸水浴上加热 10 ~ 15 min，迅速冷却，以 1 800 r/min 离心 10 min。

③取上清液在 532 nm 和 600 nm 波长下，测定光密度（以不加提前液的对照调零）。

④结果计算。

$$\text{丙二醛含量} = \frac{(D_{532} - D_{690}) \cdot A \cdot \dfrac{V}{a}}{1.55 \times 10^{-1} \times W} \tag{5-3}$$

式中：D——在不同波长下的光密度；

A——反应液总量，mL；

V——提取液总量，mL；

a——测定用提取液量，mL；

W——材料重，g；

1.55×10^{-1}——丙二酮的消光系数，nmol/mL。

5. 结果与分析

（略）。

5.3　温度对生物的胁迫效应实验

实验 45　热污染对动物的影响

1. 实验原理与目的

胁迫不仅有不同种类，还有不同的强度，即胁迫是可以进行定量描述的。胁迫强度的定量在温度胁迫上比较容易理解，也比较容易测定。

了解温度对动物的影响及了解动物对不良环境温度的忍受能力，掌握实验方法和温度变化对动物的行为变化。

2. 实验材料

大型蚤（*Daphnia magna*）（实验蚤应为同一母体的后代，蚤龄一致，大小相等）。

3. 主要药品与仪器

（1）主要药品：硫酸镁、氯化钙、碳酸氢钠、氯化钾、氢氧化钠、盐酸。

（2）主要仪器与实验用品：恒温水浴锅、温度计、50 mL 烧杯、吸管、天平、药匙、100 mL 容量瓶、1 000 mL 容量瓶、50 mL 量筒、pH 试纸等。

4. 实验步骤与方法

（1）用加热器进行水浴方式控温，分别建立 50℃、45℃、40℃、35℃、30℃、25℃、室温等环境温度。

（2）实验溶液。实验溶液的要求，pH 为 7.8 ± 0.2，硬度（250 ± 25）mg/L（以 $CaCO_3$ 计），Ca 与 Mg 比例接近于 4∶1，溶解氧浓度在空气饱和值的 80%以上，并不应含有任何对大型蚤有毒的物质，配制方法如下：

①氯化钙溶液：将氯化钙（$CaCl_2$）11.76 g 溶于水，并加蒸馏水或脱离子水至 1 000 mL。

②硫酸镁溶液：将硫酸镁（$MgSO_4 \cdot 7H_20$）4.93 g 溶于水，并加蒸馏水或脱离子水 1 000 mL。

③碳酸氢钠溶液：将碳酸氢钠（$NaHCO_3$）2.59 g 溶于水，并加蒸馏水或脱离子水 1 000 mL。

④氯化钾溶液：将氯化钾（KCl）0.23 g 溶于水，并加蒸馏水或脱离子水 1 000 mL。

将上述 4 种溶液各取 25 mL 混合，并加蒸馏水或脱离子水使总体积至 1 000 mL，然后用氢氧化钠或盐酸溶液调节 pH 值。

（3）观察大型蚤对高温与低温的忍受能力，每个温度中任取实验用大型蚤 10 只，放入室温的 40 mL 实验溶液的烧杯中，然后逐渐使温度升高至所需温度同时观察各组动物的活动情况和在该温度下亚致死数超过 50%所需的时间。

亚致死毒性是指半数效应浓度（EC_{50}），在实验中亚致死毒性效应的指标是指大型蚤不能活动，即轻微搅动实验液 15 s 内不能活动的个体，即使刺激触角仍能活动也应算作是不活动的个体。

5. 结果与分析

（略）。

实验 46 温度胁迫对植物体膜透性（电导率）的影响

1. 实验原理与目的

植物在遭遇不良环境（如高温、低温等）时，原生质的结构常受到影响，原生质膜的半透性丧失，对物质的透性发生改变，盐类或有机物从细胞中渗出，进入周围环境中。通过电导率的测量和糖的显色反应，可以测知物质的外渗，反映植物受害的情况。

通过本实验，掌握利用电导率测定植物体膜透性的方法，了解温度胁迫（低温胁迫或高温胁迫）对植物伤害的影响程度，为弄清温度胁迫对植物伤害的机理提供依据。

2. 实验材料

小麦（*Triticum aestivum* L.）或玉米（*Zea mays* L.）。

3. 主要药品与仪器

（1）主要药品。

蒽酮试剂：称取 1 g 经过纯化的蒽酮溶解于 1 000 mL 稀硫酸溶液中即得。稀硫酸溶液由 760 mL 浓硫酸（密度 1.84 g/mL）稀释成 1 000 mL 而成。

（2）主要仪器与实验用品：电导仪、电冰箱、恒温箱、水浴锅、烧杯、量筒、移液管、试管、镊子等。

4. 实验步骤与方法

（1）取发育正常、完整而没有伤害的玉米或小麦种子，用水吸胀，萌发后移到杯上蒙着的塑料窗纱上，杯中充以水，让根穿过网孔垂直伸入水中（也可以将种子种植于湿砂中）。当苗长 2 ~ 3 cm 时，即可用作材料。

（2）取出幼苗，尽量不要伤害根系，用镊子除去幼苗上残留的胚乳，用蒸馏水漂洗数次，以除去伤口上的物质。然后以 10 株为一组，共 3 组，分别放在盛有 20 mL 蒸馏水的小烧杯中，务必将根系浸入蒸馏水中，将一杯放在 45℃温箱中，一杯放在 0 ~ 2℃冰箱中，另一杯留在室温条件。

（3）经过一定时间不同温度处理后，取出，恢复至室温。用电导仪测量每一处理小杯中溶液的电导率。另外吸取溶液 0.5 mL 于试管中，加入蒽酮试剂 2 mL，于沸水浴中加热 15 min，如果溶液变绿，即表明有糖类的存在，说明植物体受损失，膜透性增大，糖类外渗。另以蒸馏水作同样测定作比较。

（4）把结果记录于下表中。

处理	电导率			蒽酮反应		
	1 h	2 h	3 h	1 h	2 h	8 h
45℃						
0～2℃						
室温						
蒸馏水						

5. 结果与分析

（略）。

5.4　环境污染对生物的胁迫效应实验

实验 47　不同浓度污染物对植物叶片叶绿素含量的影响

1. 实验原理与目的

植物叶绿素是吸收太阳光能进行光合作用的重要物质，叶片中叶绿素含量的高低是反映植物生长发育好坏的重要生理指标之一。污染物影响植物的生长和发育，对植物叶片中叶绿素结构和功能造成不良影响，降低植物叶片叶绿素的含量。

通过本实验，掌握植物叶片叶绿素的具体测定方法，了解不同浓度污染物对植物生长与发育的影响程度，为弄清污染物对植物伤害的机理提供依据。

2. 实验材料

（1）实验植物：小麦（*Triticum aestivum* L.）。

（2）污染物：选择氯化镉，处理浓度：0 mmol/L、0.5 mmol/L、1.0 mmol/L $CdCl_2$。

3. 主要药品与仪器

（1）主要试剂。

①丙酮与无水乙醇等体积混合液。

②氯化汞溶液：0.1%$HgCl_2$。

③Hoagland 营养液（pH=6.8）。

营养液组成见实验 44。

（2）主要仪器与实验用品：恒温培养箱，光照培养箱，分光光度计，剪刀，打孔器，刻度试管，天平（千分之一或万分之一），瓷盘，纱布，滤纸，移液管，具塞三角瓶等。

4. 实验步骤与方法

（1）实验材料的培养和前处理。将小麦种子在发芽前用蒸馏水浮选去掉瘪粒，再用 0.1%$HgCl_2$ 溶液消毒 10 min，用蒸馏水冲洗 3 次后，放置于有适量蒸馏水的培养皿中，于

25℃恒温培养箱中发芽，24 h后移出，放置于铺有四层纱布的搪瓷盘上，每日浇蒸馏水，待长至二叶期后进行水培（或砂培）培养，培养液采用 Hoagland 营养液（pH=6.8）。

在实验进行前一周，选择长势一致的小麦幼苗分3组进行培养，同时分别在营养液中加入 0 mmol/L、0.5 mmol/L、1.0 mmol/L 氯化镉溶液，一周后得到3组不同浓度污染物处理的小麦幼苗，作为实验材料。

小麦幼苗培养，选择最适宜条件在恒温光照培育箱中进行。

（2）叶绿素含量的测定。

①剪取测定叶片，放入干净的瓷盘内，并吸干表面可能附着的水。用剪刀剪成细条（1～2 mm 宽），准确称取 0.1 g 左右，放入具塞三角瓶或刻度试管，加混合提取液 10 mL 盖塞（刻度试管用塑料布封口），在室温下（10～30℃）暗处提取，直至材料变白（因材料不同需 1～8 h）。为在短时间内测定，则可将试管放在 50～60℃的水浴中快速提取 20 min～1 h 变白即可。

②待材料变白后取清液在 663 nm 和 645 nm 波长下测定光密度。

③结果计算。由于丙酮乙醇混合液的叶绿素提取液和80%丙酮的叶绿素提取液的吸收光谱一致，所以可按丙酮法的公式计算叶绿素含量，即

$$\text{叶绿素a(mg/g)} = (12.71A_{663} - 2.59A_{645})\frac{V}{1\,000W} \tag{5-4}$$

$$\text{叶绿素b(mg/g)} = (22.88A_{645} - 4.67A_{663})\frac{V}{1\,000W} \tag{5-5}$$

$$\text{叶绿素总量(mg/g)} = (8.04A_{663} + 20.29A_{645})\frac{V}{1\,000W} \tag{5-6}$$

式中：A_{663}、A_{645}——分别为叶绿素提取液在 663 nm 和 645 nm 处的吸光率（或光密度）；

V——提取液体积，mL；

w——材料重，g。

5. 结果与分析

（略）。

实验48 不同浓度污染物对过氧化物酶的影响

1. 实验原理与目的

污染条件导致植物体内活性氧代谢的失调，破坏或降低活性氧清除剂如超氧化物歧化酶（SOD）、过氧化氢酶（CAT）、过氧化物酶（POX）的活性或含量水平。在过氧化氢存在时，过氧化物酶能将邻甲氧基苯酚（即愈创木酚）氧化成红棕色的4-邻甲氧基苯酚，其反应为：

4 邻甲氧基苯酚 $+4H_2O_2$ —过氧化物酶→ 4-邻甲氧基苯酚（红棕色） $+8H_2O$

红棕色的物质可用分光光度计在 470 nm 处测定其光密度，即可求出酶活性。

通过本实验，掌握植物体过氧化氢酶（CAT）的具体测定方法，了解不同浓度污染物对植物酶活性的影响，为掌握其他植物体酶活性的测定与分析提供技能支持，为弄清污染物对植物伤害的机理提供依据。

2. 实验材料

（1）实验植物：小麦（*Triticum aestivum* L.）。

（2）污染物：选择氯化镉，处理浓度：0 mmol/L、0.5 mmol/L、1.0 mmol/L $CdCl_2$。

3. 主要药品与仪器

（1）主要试剂。

①pH 为 5.0 的醋酸缓冲液：先配 0.2 mol 醋酸，即取 11.55 mL 冰醋酸加蒸馏水至 1 000 mL，再配 0.2 mol 的醋酸钠溶液，即称取 16.4 g 无水醋酸钠（或 27.2 g $C_2H_3O_2Na \cdot 3H_2O$）溶解并定容至 1 000 mL。取 148 mL 0.2 mol/L 醋酸溶液加 352 mL 0.2 mol/L 醋酸钠溶液混合，即成 pH 为 5.0 的醋酸缓冲液。

②0.08%H_2O_2：取30%H_2O22.67 mL稀释至100 mL，取其中10 mL再稀释至100 mL，即成0.08%H_2O_2。

③0.1%邻甲氧基苯酚。

④0.1%氯化汞溶液。

⑤Hoagland 营养液（pH=6.8）。

营养液组成见实验 44。

（2）主要仪器与实验用品：恒温箱，光照培养箱，分光光度计，研钵，移液管，离心机，秒表，容量瓶，天平（千分之一），冰箱，刻度试管等。

4. 实验步骤与方法

（1）实验材料的培养和前处理。同实验 47。

（2）提取酶液。取植物材料 1 g，剪碎放入研钵，加少许水和石英砂，研磨成匀浆。

移入 100 mL 容量瓶中定容。取一定量离心（4 000 r/min）15 min，取上清液保存在冰箱备用。

（3）测定酶活性。在 20 mL 刻度试管中，分别加入 pH=5.0 的醋酸缓冲液 1 mL、0.1% 邻甲氧基苯酚 1 mL 及酶液 1 mL（如酶活性较强，可稀释 10 倍后再取 1 mL），摇匀后，置于 30℃恒温水浴中 5 min 平衡后，加入 0.08%H_2O_2溶液 1 mL 并摇匀，立即用秒表开始计时，1 min 后生成红棕色的 4-邻甲氧基苯酚溶液。将溶液倒入比色杯中，到 2 min 时于 470 nm 处测定光密度。

同以上操作另作一份，用 1 mL 蒸馏水代替 0.08%H_2O_2，作为仪器调零对照。

酶活性用每分钟每克鲜重材料的光密度值表示，即

$$过氧化氢酶活性=\frac{OD_{470}\times\dfrac{酶液总体积（mL）}{测定酶液体积（mL）}}{样品重（g）\times反应时间（min）} \tag{5-7}$$

5. 结果与分析

（略）。

5.5 环境胁迫下的分子生物学检测实验

实验 49 毒物致染色体损伤的微核检测法（鱼类血红球微核检测）

1. 实验原理与目的

微核实验是在 20 世纪 70 年代由 Heddle[11]和 Schmid[12]分别独自创建的，是检测动物细胞遗传损伤的一个非常有用的指标和检测化学物质毒性的一种常规方法，微核实验与染色体畸变实验有良好的相关性。由于微核检测具有方法简单、观察容易、迅速、结果可靠等优点，目前一些国家和地区已经将其规定为新药、化妆品、食品添加剂等毒理安全性评价的必做实验。在研究水体污染对鱼类毒害工作中，微核测定是一种值得推荐的新方法。

2. 实验材料

实验动物：0.25 ~ 0.5 kg 鲤鱼（*Cyprinus carpio*）。

3. 主要药品与仪器

（1）主要试剂：

①甲醇 pH=6.98 磷酸缓冲液。

②吉姆隆（Glemsa）原液。

（2）主要仪器与实验用品：显微镜、载玻片、剪子、止血钳、注射器、解剖板、吹风机等。

4. 实验步骤与方法

（1）被测物剂量选择。微核实验也应该有微核作用带，如用药剂量太低，漏掉阳性物，用药剂量太大可致实验动物死亡，据报道：取受试物 1/5 LD_{50} ~ 1/50 LD_{50} 的 4 ~ 5 个剂量，以求确定微核最小作用剂量，并找到产生微核的最佳剂量，在这个剂量附近选几个剂量进行正式实验。

（2）染毒：按预备实验确定的浓度配好实验浓度，鱼放入实验液中饲养 3 周，每天换实验液一次，两天一次饵料。

（3）取血：取实验鱼放在解剖板上固定，解开腹壁，暴露心脏，用吸管取血后滴于载玻片上。

（4）推片：（按血液学常规推片）左手拇指与中指持载玻片两端。右手持一边光滑的推片与血滴前方，慢慢向后移动。接触血滴时稍停，血液即散开。以 30° ~ 45°角向前推去。用力要均匀，直至血液推进。用吹风机轻轻吹干血膜。

（5）固定：待血膜彻底干燥后，用甲醇固定 15 min。

（6）染色：pH 为 6.98 的磷酸缓冲液与吉姆隆（Glemsa）原液按 6∶1 混合，染色 13 ~ 15 min，水冲，干燥后镜检。

（7）微核测定。

①微核的形成。微核是有染色体断裂留下来的断片演化而成。在物理化学等因子作用下，染色体受到伤害，丧失着丝点的染色体或染色单体的断片，在细胞分裂后期，染色体移向纺锤体两极，但这些断片留在细胞中，末期后，这些断片形成规则的次核，也含在子细胞中，单独形成一个或几个次核，这些次核比主核小得多，故称微核。

②微核鉴别。典型的微核为原型，单个，边缘整齐。嗜色性与核一致，其直径相当于主核的 1/25 ~ 1/3。

注意：嗜殓性小体（中毒小粒）的产生也与染毒有关，并同微核的产生成正比关系。在鉴别适应时应加以区分，嗜殓性小体数量多，个体小直径为 0.72 μm，圆形，外有光圈嗜色性与主核不同。嗜殓性小体是由细胞原生质产生的。

③镜下观察和鉴别。先以低倍、高倍粗检。选择细胞分散均匀，无损染色好的区域，然后再换油镜计数，每个动物计数 1 000 个红细胞，观察并计数含有微核的红细胞数，畸变率以千分率表示，检出即定为阳性。

在观察微核过程中，有时发现类似微核的结构的异物。可能是染料颗粒或小体。

对嗜殓性小体也应做计数，每个动物计 100 个红细胞，以百分率表示，正常不超过 10%。

5. 结果与分析

报告被测微核检测结果、嗜殓性小体检测结果。

参考文献

[1] Levitt J. Responses of plants to environmental stresses[M]. Academic Press，1980.

[2] 陶大立，何兴元. 国内植物环境胁迫研究应注意的几个基本问题[J]. 生态学杂志，2009，28（1）：102-107.

[3] 喻方圆，徐锡增. 植物逆境生理研究进展[J]. 世界林业研究，2003，16（5）：6-11.

[4] Cannell M G R，Tabbush P M，Deans J D，et al. Sitka spruce and Douglas fir seedlings in the nursery and in cold storage：root growth potential，carbohydrate content，dormancy，frost hardiness and mitotic index[J]. Fores try，1990，63（1）：9-27.

[5] Hsiao T C. Plant responses to water stress[J]. Annual review of plant physiology，1973，24（1）：519-570.

[6] Schaffer B.，Andersen P. C.，Ploetz R. C. Responses of fruit crops to flooding[J]. Hort. Reviews，1992，13：257-313.

[7] 华东师范大学生物系植物生理教研室. 植物生理学实验指导[M]. 北京：高等教育出版社，1988.

[8] 张宪政. 作物生理研究法[M]. 北京：农业出版社，1990.

[9] 周艳明. 现代农业分析科学与技术[M]. 长春：吉林科学技术出版社，2002.

[10] Heddle J A. A rapid in vivo test for chromosomal damage[J]. Mutation Research/Fundamental and Molecular Mechanisms of Mutagenesis，1973，18（2）：187-190.

[11] Schmid W. The micronucleus test[J]. Mutation Research/Environmental Mutagenesis and Related Subjects，1975，31（1）：9-15.

第 6 章　环境生态毒理综合设计实验与案例

6.1　概述

环境生态毒理是一门实践性很强的学科，传统的验证性实验，比如急性毒性实验 LD_{50} 的测定、精子畸形实验、骨髓微核实验，可以使学生了解生态毒理学经典实验的内容和方法。为了全面提高学生的综合素质，在加强学生基本操作技能训练的基础上，还应开设综合设计性实验。综合设计性实验是将基础理论知识与多种实验技能和方法进行综合分析、归纳并相互渗透的实验形式。在综合设计性实验过程中，不仅能充分调动学生的主观能动性，培养学生的创造性思维和创新能力，还能促进学生拓展思路并独立思考，全面提高学生的综合素质，有利于高级应用型人才的培养。

6.1.1　实验类型的说明

（1）演示性实验：为加强学生对客观事物的认识，以直观演示的形式，使学生了解其事物的形态结构和相互关系、变化过程及其规律的教学过程。

（2）验证性实验：以加深学生对所学知识的理解，掌握实验方法与技能为目的，验证课堂所讲某一原理、理论或结论，以学生为具体实验操作主体，通过现象衍变观察、数据记录、计算、分析直至得出被验证的原理、理论或结论的实验过程。

（3）综合性实验：实验内容涉及本课程的综合知识或与本课程相关课程知识的实验。

（4）设计性实验：给定实验目的、要求和实验条件，由教师给定实验目标，学生自行设计实验方案并加以实现的实验。

6.1.2　综合性实验和设计性实验的界定

综合性实验是指实验内容涉及本课程的综合知识或与本课程相关课程知识的实验，是学生在具有一定知识和技能的基础上，运用某一门课程或多门课程的知识、技能和方法进行综合训练的一种复合型实验。根据定义，综合性实验内容应满足下列条件之一：①涉及本课程多个章节的知识点；②涉及多门课程的多个知识点；③多项实验内容的综合。

设计性实验一般是指导教师给出题目，由学生运用已掌握的基本知识、基本原理和实验技能，提出实验的具体方案、拟定实验步骤、选定仪器设备、独立完成操作、编程、记录实验数据、绘制图表、分析实验结果等。

在确定综合性、设计性实验的实验内容时应充分考虑课程教学大纲的要求和课程特点，可选择一些灵活性比较大，完成思路比较多，学生有发挥余地的内容作为综合性、设计性实验的实验内容，且难度不宜太大，操作不宜太复杂。综合性、设计性实验的实验学时一般在6～8学时，计划学时内不能完成的可在实验室的开放时间内完成。

6.2 设计性实验案例

设计性实验在规定明确的实验任务基础上，通过必要的提示和引导，以确保学生经思考能完成实验，但具体实验步骤不宜过多提及，为学生的发挥和创新留下足够的空间。

本课程开设的综合设计实验，是给学生设计一个课题，要求学生通过查阅文献，收集相关资料，独立写出实验设计方案，包括实验动物的选择与分组、实验试剂的种类和用量、相关实验器材及设备、实验方法的设计与步骤。指导教师对方案进行修改与完善后，学生再开展预实验和正式实验，对实验结果进行讨论和分析，并得出实验结论。

6.2.1 设计性实验方案撰写要求

在明确实验题目基础上，一般设计实验方案应包括实验目的、实验材料的选取，实验药品及器材，实验方法或步骤以及实验地点、时间安排等内容。

实验目的要明确，在理论上验证定理、公式、算法，并使实验者获得深刻和系统的理解，在实践上，掌握使用实验设备的技能技巧和方法。一般需说明是验证型实验，还是设计型实验；是创新型实验还是综合型实验。

明确写出实验生物材料的选取和实验所需的设备和材料。

要简明扼要地写出主要实验方法或操作步骤，如可能，还可画出实验流程图，能使实验报告简明扼要，清楚明白。

实验设计应遵循的主要基本原则有：

（1）科学性原则。实验是人为控制条件下研究事物（对象）的一种科学方法；是依据假设，在人为条件下对实验变量的变化和结果进行捕获、解释的科学方法。因此，在实验设计中必须有充分的科学依据。科学性原则包括实验原理的科学性、实验材料选择的科学性、实验方法的科学性、实验结果处理的科学性。

（2）平行重复原则。即控制某种因素的变化幅度，在同样条件下重复实验，观察其对实验结果影响的程度。任何实验都必须能够重复，这是具有科学性的标志。

（3）对照性原则。实验中的无关变量很多，必须严格控制，要平衡和消除无关变量对实验结果的影响，对照实验的设计是消除无关变量影响的有效方法。所谓对照实验是指除所控因素外其他条件与被对照实验完全相等的实验。科学、合理地设置对照可以使实验方案简洁、明了，且使实验结论更有说服力。对照实验设置的正确与否，关键就在于如何尽量去保证“其他条件的完全相等”。

设置对照组有 4 种方法：①空白对照：即不给对照组做任何处理。②条件对照：即虽给对照组施以部分实验因素，但不是所研究的实验处理因素；这种对照方法是指不论实验组还是对照组的对象都作不同条件的处理，目的是通过得出两种相对立的结论，以验证实验结论的正确性。③自身对照：指对照组和实验组都在同一研究对象上进行，不再另外设置对照组。④相互对照：不单独设置对照组，而是几个实验相互为对照。即实验与对照在同一对象上进行。

6.2.2　设计性实验报告撰写要求

实验报告一般应包括实验目的、实验材料（实验生物、药品、仪器、玻璃器皿、耗材等）、实验方法与步骤、结果与讨论。如需要也可以包括结论、参考文献、注意事项等内容。

实验报告中的实验目的、实验材料和实验方法与步骤等一般与实验方案一致。

6.2.2.1　实验结果

应包括实验现象的描述，实验数据的处理等。

对于实验结果的表述，一般有 3 种方法：

（1）文字叙述：根据实验目的将原始资料系统化、条理化，用准确的专业术语客观地描述实验现象和结果，要有时间顺序以及各项指标在时间上的关系。

（2）图表：用表格或坐标图的方式使实验结果突出、清晰，便于相互比较，尤其适合于分组较多，且各组观察指标一致的实验，使组间异同一目了然。每一图表应有表目和计量单位，应说明一定的中心问题。

（3）曲线图：应用记录仪器描记出的曲线图，这些指标的变化趋势形象生动、直观明了。

在实验报告中，可任选其中一种或几种方法并用，以获得最佳效果。

6.2.2.2　讨论或分析

根据相关的理论知识对所得到的实验结果进行解释和分析。如果所得到的实验结果和预期的结果一致，那么它可以验证什么理论？实验结果有什么意义？说明了什么问题？这些是实验报告应该讨论的。但是，不能用已知的理论或生活经验硬套在实验结果上，更不能由于所得到的实验结果与预期的结果或理论不符而随意取舍甚至修改实验结果，这时应该分析其异常的可能原因。如果本次实验失败了，应找出失败的原因。

6.2.2.3 结论

结论不是具体实验结果的再次罗列，也不是对今后研究的展望，而是针对这一实验所能验证的概念、原则或理论的简明总结，是从实验结果中归纳出的一般性、概括性的判断，要简练、准确、严谨、客观。

6.2.2.4 参考资料

详细列举在实验中所用到的参考资料。

格式：作者，书名，出版社，年代，页码。

作者，篇名，期刊名，年代。

6.2.2.5 实验应注意的事项

不要简单地复述课本上的理论而缺乏自己主动思考的内容。另外，也可以写一些本次实验的心得以及提出一些问题或建议等。

6.2.3 双酚 A（BAP）毒理效应设计性实验

6.2.3.1 任务的布置

双酚 A（BPA）的用途非常广泛：在工业生产中，BPA 被用作塑料单体和增塑剂；在食品包装中，BPA 能防止酸性食品腐蚀金属容器，被广泛用于罐头食品和饮料的包装；在农业活动中被添加到杀虫剂中等。BPA 在生产和使用过程中产生的工业废水的无序排放、废渣和污泥经过雨水冲刷和地表径流进入到水环境中。同时现有的研究表明，BPA 对多种生物均有不同程度的危害，人类如果长期饮用含有 BPA 的水会出现头晕、头疼、失眠、白细胞下降等不适症状。水是人类赖以生存的环境之一，是社会经济发展的重要保证。因此，有必要探究环境激素 BPA 在水环境中的潜在的生态风险。

设计任务：以生态毒理学理论为基础，探索 BPA 对藻类或鱼类的生态毒理效应，并探讨其致毒机理，为弄清 BPA 对水生生物的生态毒理效应提供科学依据。

任务布置一周后提交调查方案电子版，提交 3 天后老师返回修订后的实验方案，根据修订后的实验方案实施。

6.2.3.2 工作条件

电子天平、离心机、高压灭菌锅、紫外-可见分光光度计、光照培养箱、生物培养箱、微生物显微镜、液相色谱、气相色谱、离子色谱、烘箱等。

各种所需的玻璃容器和消耗品。

各种所需的化学试剂。

6.2.3.3 分组情况

每组 3～4 人（建议女生、男生混合组成）。

6.2.3.4 任务完成要求

各组在实验任务完成一周后提交修订版的实验方案和实验报告，根据各组的整体表现评价成绩。

6.2.4 设计性实验案例一：双酚 A（BAP）对藻类生态毒理效应的研究

6.2.4.1 实验方案

1. 实验目的

以生态毒理学理论为基础，通过对在 6 个不同质量浓度 BPA（0 mg/L、4 mg/L、8 mg/L、10 mg/L、12 mg/L、20 mg/L）中暴露或处理 4 d 的小球藻生物量和生长速率的测定，分析其对小球藻生长发育的影响，探索双酚 A（BAP）对藻类生态毒理效应的影响规律，为弄清 BPA 对水生生物的生态毒理效应提供科学依据。

2. 实验材料

（1）实验生物：小球藻（*chlorella*）。

小球藻是绿藻中最具代表性的一种，它在环境中分布广泛、适应能力强、易获得、繁殖快、对污染物质敏感、便于观察细胞水平上的中毒症状。

（2）实验药品：BPA、乙醇、培养基的组成药品。

（3）实验设备：高压灭菌锅、光照培养箱、显微镜、电子天平、血球计数板等。

（4）玻璃仪器：三角瓶、烧杯、试管、移液管等。

3. 实验方法与步骤

（1）取对数生长期的小球藻接种于培养液中，使母液稀释到 OD_{560}=0.05。培养液采用 OECD 指南 No.201 培养小球藻的培养基配方，其成分见表 6-1。

表 6-1 培养基成分

编号	成分	每 1 000 mL 用量
1	$(NH_4)_2SO_4$	0.200 g
2	$MgSO_4$	0.080 g
3	$NaHCO_3$	0.100 g
4	KCl	0.025 g
5	$Ca(H_2PO_4)_2 \cdot H_2O$ 饱和液	1.000 mL
6	$FeCl_3$（1%）	0.150 mL
7	土壤浸出液	0.500 mL

（2）分别取 100 mL 母液装入 250 mL 三角瓶中，添加不同体积的 BPA 于培养液中，分别得到 1 mg/L、4 mg/L、8 mg/L、10 mg/L、20 mg/L 5 个实验浓度处理，各浓度处理设 3 个平行，同时进行空白对照。小球藻置于光照培养箱中培养（光照强度为 3 000 lx，光暗比为 12 h∶12 h，培养温度为 25℃），每天摇晃 2 ~ 3 次。

（3）小球藻在 BPA 暴露处理共 4 d，每天分别测定各处理的小球藻细胞密度，在此基础上计算小球藻生物量和生长速率。

①小球藻生物量。以单位体积的小球藻细胞数量，即密度来表示。血球计数板法测定小球藻细胞数的具体步骤：取样前将藻液摇晃均匀，取 0.1 mm^3 藻液于血球计数板上，显微镜（×400）观察计数。计算公式如下[1]：

$$细胞数（个/mL）= N \cdot K \cdot d \tag{6-1}$$

式中：N——每小格中藻细胞平均数；

K——系数（4×10^6）；

d——藻液稀释倍数。

②生长速率。利用式（6-2）计算藻细胞的生长速率[1, 2]。

$$\mu（\cdot d^{-1}）=（\ln N_n - \ln N_0）/ t_n \tag{6-2}$$

式中：μ——藻细胞生长速率；

N_n——t_n 时的藻细胞密度；

N_0——藻细胞的初始密度；

t_n——培养时间。

4. 实验时间和地点

时间：实验方案批复后 2 周内完成。

地点：生态毒理综合实验室。

5. 实验组成员

列出成员组名单，明确小组组长和组员。

6. 注意事项

BPA 不溶于水，所以使用乙醇作助溶剂，使用时用超纯水稀释。

6.2.4.2 实验报告

1. 实验目的

双酚 A（bisphenol A，BPA）学名 2,2-二（4-羟基苯基）丙烷，白色针状晶体，它不溶于水，易溶于乙醇、丙酮、乙醚、苯及稀碱液等。BPA 化学结构式如图 6-1[1]所示。

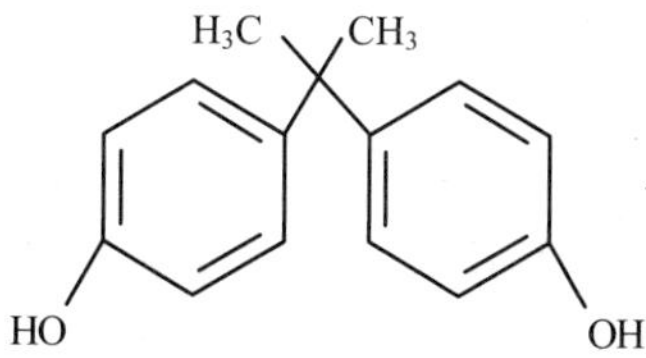

图 6-1　BPA 的化学结构式

BPA 的用途非常广泛，需求也急剧增加，世界每年对 BPA 的需求量约为 200 万 t[4, 5]。BPA 主要应用在 4 个方面[6]：①在工业生产中，BPA 被用作塑料单体和增塑剂；②在食品包装中，BPA 能防止酸性食品腐蚀金属容器，被广泛用于罐头食品和饮料的包装；③在医药中被用作杀真菌剂；④在农业活动中被添加到杀虫剂中。

本实验利用小球藻作为实验材料，以生态毒理学理论为基础，研究 BPA 对小球藻的生态毒理效应，确定 BPA 潜在的生态风险，为全面、客观地评价 BPA 在水环境中的生态风险建立一定的理论依据。

2. 实验材料

同 6.2.4.1 的实验材料。

3. 实验方法及步骤

同 6.2.4.1 的实验方法及步骤。

4. 结果与分析

（1）BPA 对小球藻生物量的影响。BPA 对小球藻的生物量的影响如图 6-2 所示。0～2 d 时，处理组 1 mg/L 生物量略高于对照组，3 d 以后则低于对照组，说明少量 BPA 对小球藻早期生长有一定的促进作用。除处理组 1 mg/L 外，其他处理组在整个暴露时间里生物量均低于对照组，其中，处理组 20 mg/L 小球藻生物量增长非常缓慢，4 d 与 0 d 相比差异不显著（$P > 0.05$），说明小球藻受到高浓度 BPA 的严重抑制而影响生长。

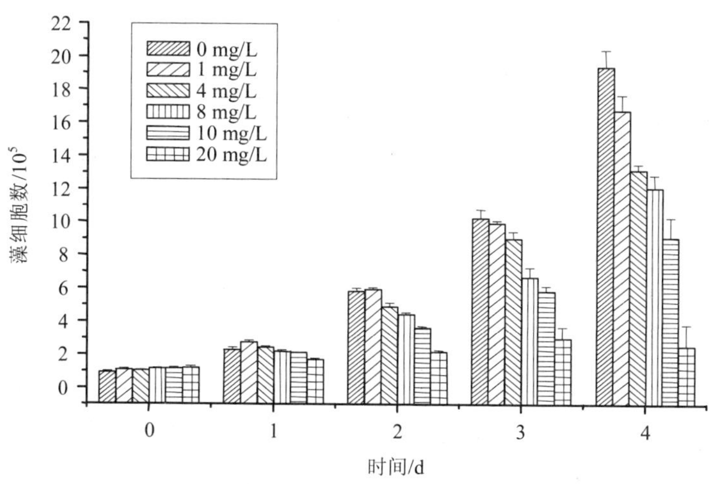

图 6-2　BPA 对小球藻生物量的影响

暴露在各处理 4 d 后的小球藻生长状况如图 6-3 所示[(a)对照,(b)1 mg/L,(c)4 mg/L,(d) 8 mg/L,(e) 10 mg/L,(f) 20 mg/L]。对照组 a 细胞数量明显多于其他处理组，细胞生长情况良好，藻液呈翠绿色。从 b 开始，细胞数量开始减少，藻液颜色逐渐变淡，呈现黄绿色。从 e 开始，细胞数量明显减少，藻液呈灰白色。f 细胞数量已明显少于其他各组，此时藻细胞大量死亡，没有生长活力，更直观地说明 BPA 质量浓度越高，对小球藻生长的抑制作用越明显。实验结果表明，低质量浓度的 BPA（<4 mg/L）对小球藻的早期生长有一定的促进作用，而随着 BPA 质量浓度的增加和暴露时间的延长，这种促进作用愈不明显。20.00 mg/L 处理组小球藻细胞的生长受到 BPA 的严重抑制而提前进入细胞衰亡期。

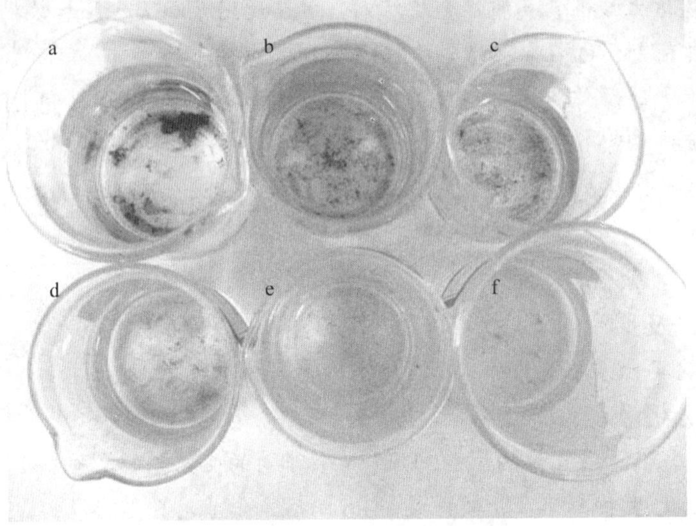

图 6-3　4 d 小球藻生物量的变化

（2）BPA 对小球藻生长速率的影响。图 6-4 为不同质量浓度 BPA 对小球藻生长速率的影响结果，从中可以看到：不同质量浓度的 BPA 对小球藻的生长速率有不同的影响。即使相同质量浓度的 BPA，暴露时间不同，对小球藻的生长速率的影响也呈现不同趋势。1 d 时，质量浓度大于 4 mg/L 以上的 BPA 对小球藻生长的抑制作用开始显现出来，处理组 1 mg/L 与 4 mg/L 相比没有显著差异（$P>0.05$），但是与 8 mg/L、20 mg/L 相比差异均显著（$P<0.05$）。2 d 时，处理组与 1 d 相比差异不显著，而对照组的生长速率与前一天相比只降低 3.125%。3 d 时，处理组生长速率较前一天相比均有所降低，分别降低 19.18%、21.13%、6.67%、9.80%、50.00%。4 d 时，处理组生长速率与 1 d 相比，分别降低 20.83%、38.71%、25.49%、27.27%、35.52%。对照组的生长速率降低 26.92%，说明 4 d 时，小球藻的本身的生长速率减慢，同时又受到 BPA 的影响，对照组小球藻的生长速率显著高于处理组。由此可以看出，BPA 对小球藻的生长速率有抑制作用，随着 BPA 质量浓度的增加，抑制作用越强。

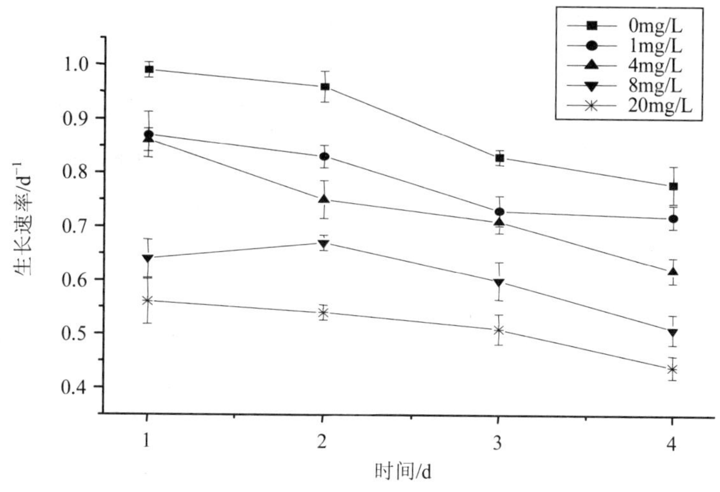

图 6-4　BPA 对小球藻生长速率的影响

6.2.5　设计性实验案例二：双酚 A 对鱼类生态毒理效应的研究

6.2.5.1　实验方案

1. 实验目的

以生态毒理学理论为基础，根据急性毒性实验结果确定 BPA 对斑马鱼的 96 h LC_{50}，在此基础上将 BPA 设置实验浓度分别为 1/6 LC_{50}、1/4 LC_{50}、1/3 LC_{50}、1/2 LC_{50}，各浓度设 3 个平行，同时进行对照实验。采取半静态换水方式，暴露 10 d 后，进行鱼肝脏指数(HSI)和微核率测定。探索 BPA 对鱼类的生态毒理效应，为弄清 BPA 对水生生物的生态毒理效应提供科学依据。

2. 实验材料

（1）实验生物。斑马鱼（*Zebrafish*）具有敏感度高、繁殖能力强、易于大量养殖等优点，被广泛应用于生命科学的研究。目前，国际上将斑马鱼作为环境毒性检测的标准鱼类，在胚胎发育、毒理学研究以及环境监测等方面都具有较为成熟的研究方法和技术手段。

（2）实验药品。BPA、KH_2PO_4、$Na_2HPO_4 \cdot 2H_2O$、过氧化氢（H_2O_2）、生理盐水、15%Giemsa 染液。

（3）实验仪器与实验用品。高压灭菌锅、电子显微镜、氧气泵、过滤器、加热棒、天平、鱼缸等。

3. 实验方法与步骤

（1）急性毒性实验。参考王宏[7]的方法进行急性毒性实验。实验质量浓度分别为 5.5 mg/L、6.5 mg/L、7.5 mg/L、8.5 mg/L、9.5 mg/L，每组 100 尾鱼，实验周期为 96 h，采取半静态换水方式，即每 24 h 更换全部实验液。观察死鱼症状，记录每组鱼死亡数目，并将死鱼及时捞出。以浓度对数为横坐标，死亡概率单位为纵坐标，进行线性回归。实验终点用半数致死浓度（LC_{50}）表示，安全浓度用 96 h $LC_{50} \times 0.1$ 表示[8, 9]。

（2）BPA 对鱼类生长的影响实验。根据急性毒性实验结果确定 BPA 对斑马鱼的 96 h LC_{50}，在此基础上将 BPA 设置实验质量浓度分别为 1/6 LC_{50}、1/4 LC_{50}、1/3 LC_{50}、1/2 LC_{50}，各质量浓度设 3 个平行，同时进行对照实验。每组 30 尾鱼，采取半静态换水方式。以 10 d 为暴露时间后，进行鱼肝脏指数（HSI）和微核率测定。

①鱼肝脏指数（HSI）的测定。每个处理组随机各取 5 尾鱼，擦干表面水分后分别进行称重、解剖，取肝脏进行称重，并计算肝脏指数（HSI）。HSI 的计算公式为[10, 11]：

$$\text{HSI} = \text{肝脏质量} \div \text{体质量} \times 100\% \tag{6-3}$$

②微核率测定。每个处理组分别随机取 5 尾斑马鱼，自来水冲洗后剪断尾柄采血，涂在载玻片上，自然干燥，甲醇固定 15 min，自然干燥 1 min。在室温下于 15%Giemsa 染液中染色，水洗，自然晾干，用显微镜对 20 000 个血红细胞的微核进行计数[12, 13]。微核率的计算方法如式 6-4 所示[14]。

$$\text{微核率} = \text{观察到的微核数} \div \text{观察血红细胞总数} \tag{6-4}$$

4. 实验时间和地点

时间：实验方案批复后 2 周内完成。

地点：选定的实验地点。

5. 实验组成员

列出成员组名单，明确小组组长和组员。

6. 注意事项

实验用斑马鱼需提前驯养。具体过程是：用曝气 2 d 的去氯自来水驯养斑马鱼一个月，水温 25℃左右，用 1.0 mol/L NaOH 溶液将 pH 调至 6.5 ~ 7.5，自然光照，昼夜供氧。每天上午定时投饵一次，实验前一天不予投饵，驯养期间及时将死鱼捞出。挑选体色正常、体质健康、反应灵敏、食欲好的成熟个体作为实验鱼。

6.2.5.2 实验报告

1. 实验目的

BPA 作为一种重要的工业原料，在环氧树脂、聚碳酸塑料中应用广泛，可以通过工业“三废”等途径进入到环境中，是水体污染的主要污染源之一。本研究利用斑马鱼作为实验材料，以生态毒理学理论为基础，研究 BPA 对斑马鱼的生态毒理效应，确定 BPA 潜在的生态风险，为全面、客观地评价 BPA 在水环境中的生态风险建立一定的理论依据。

2. 实验材料

同 6.2.5.1 实验材料。

3. 实验方法与步骤

同 6.2.5.1 实验方法与步骤。

4. 结果与分析

（1）BPA 对斑马鱼急性毒性实验。正常斑马鱼游动灵活，中毒的成鱼出现缺氧症状，表现为活动受到抑制、侧游或沉底，死鱼则体色发白，可导致水体浑浊有臭味。

急性毒性实验数据见表 6-2。依据 BPA 浓度对数与斑马鱼死亡率概率单位，求得两者间的回归方程为：

$$y=14.179x-8.555，R^2=0.986\ 3$$

式中：x——BPA 质量浓度的对数；

Y——死鱼数目概率单位。

通过该方程，求得 BPA 对斑马鱼 96 h LC_{50} 为 9.04 mg/L，安全质量浓度则为 0.904 mg/L。

表 6-2　BPA 对斑马鱼 96 h 急性毒性实验结果

质量浓度/（mg/L）	浓度对数	死亡率/%	死亡率概率单位
0	—	0	—
5.5	0.74	0.2	2.05
6.5	0.81	1.4	2.81
7.5	0.88	10.6	3.75
8.5	0.93	43.6	4.84
9.5	0.98	62.1	5.31

（2）BPA 对斑马鱼肝脏的影响。肝脏是鱼类重要的营养器官和进行物质代谢的重要场所，当机体营养不良或受到污染物质的损害时，肝脏的重量会发生变化。在毒理学实验中，HSI 常常作为研究药物对动物毒性作用的重要指标[15]。

由图 6-5 可知，暴露于不同浓度 BPA 中 10 d 后，随着 BPA 浓度的增加，HSI 不断增大。除 1/6 LC_{50} 处理组斑马鱼 HSI 与对照组相比无明显变化外，其余 3 个处理组的 HSI 均显著高于对照组（$P<0.05$），比空白对照组分别增加 69.93%，140.54%和 390.20%。这可能是由于肝脏受到 BPA 的影响而加重肝脏的负担，脂肪没有及时代谢而沉积在肝脏中，导致肝脏重量增加大于体重的增长，最终导致 HSI 上升。

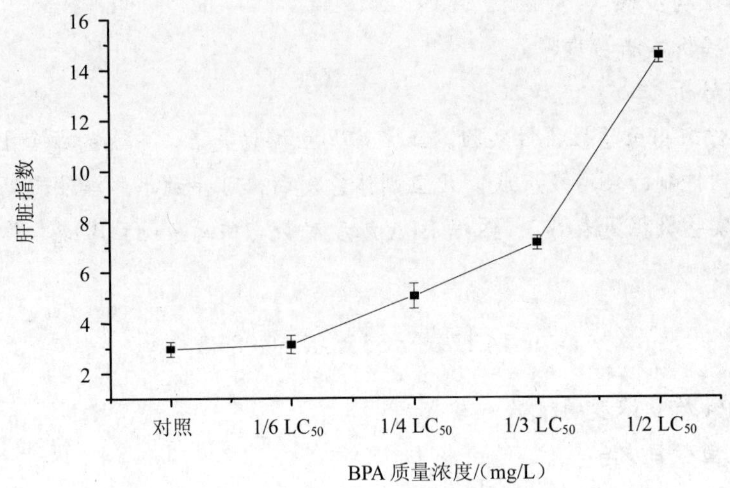

图 6-5 BPA 对斑马鱼 HSI 的影响

（3）BPA 对斑马鱼血红细胞微核率的影响。微核是细胞核受到损伤时在胞质中产生的微小核物质[16]。污染物质会抑制或阻止细胞的正常分裂，损坏染色体并抑制 DNA 复制，使许多断片残留在胞质内，形成微核[17]。微核率与染色体畸变率存在明显的正相关关系，可以反映鱼体遗传物质异常、损伤等状况[18]。图 6-6 为显微镜下的有微核的鱼血红细胞。

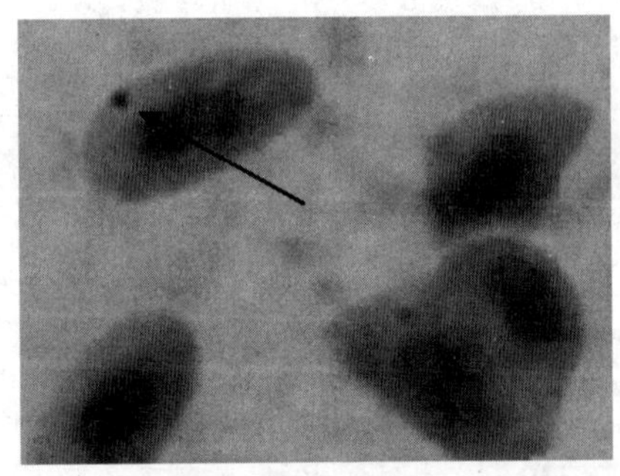

图 6-6 有微核的鱼血红细胞（1 000×）

微核实验结果见表 6-3，从中可见：处理组与对照组相比，微核率均有显著差异（$P<0.05$）。处理组微核率分别是对照组的 2.23 倍、3.41 倍、5.26 倍和 6.77 倍。实验结果说明，BPA 能诱导斑马鱼外周血红细胞产生微核，对血红细胞有致突变作用，并且这种致突变作用随着 BPA 质量浓度的升高而增大。BPA 质量浓度与微核率之间存在明显的剂量-效应关系。

表 6-3　BPA 对斑马鱼血红细胞微核率的影响

编号	BPA 质量浓度/（mg/L）	计数血红细胞数	微核率/‰	P值
1	对照	20 000	0.182	<0.05
2	1/6 LC_{50}	20 000	0.406	<0.05
3	1/4 LC_{50}	20 000	0.621	<0.05
4	1/3 LC_{50}	20 000	0.958	<0.05
5	1/2 LC_{50}	20 000	1.233	<0.05

5. 结论

（1）BPA 对斑马鱼 96 h LC_{50} 为 9.04 mg/L，安全质量浓度则为 0.904 mg/L。

（2）1/6 LC_{50} BPA 对斑马鱼肝脏的损伤作用不大，BPA 质量浓度在 1/4 LC_{50} 以上，对肝脏有一定的损伤作用，并且 BPA 的质量浓度越大，对斑马鱼肝脏的毒性效应越明显。

（3）BPA 能诱导斑马鱼外周血红细胞产生微核，BPA 质量浓度与微核率之间存在明显的正剂量-效应关系。

6.3　综合性实验案例

综合性实验应注意知识点之间的关联比较。在实验方案、步骤、实验结果、数据处理及结果讨论等方面要体现综合性的特点，并提出相应要求。

6.3.1　综合性实验方案撰写要求

实验方案应首先明确实验题目。根据实验内容需要，综合性实验任务可以包括现场（或野外）调查和室内检测与分析两部分。如有现场（或野外）调查内容，实验方案既要明确现场调查的具体安排，也要包括实验室检测与分析的具体步骤。实验方案应包括实验目的、现场调查与样品采集、实验室样品处理与检测的实验材料、方法与步骤、时间安排、注意事项等内容。

各项撰写具体要求可参照 6.2.1 设计实验方案。

任务布置一周后提交实验方案电子版，提交 3 天后老师返回修订后的实验方案，根据修订后的实验方案实施。

6.3.2　综合性实验报告撰写要求

一般实验报告应包括实验目的、现场调查与样品采集、实验室样品处理与检测的材料、方法与步骤、结果与分析等。

具体各项撰写要求可参照 6.2.2 设计实验报告。

6.3.3 河流水质生物评价综合性实验

6.3.3.1 任务的布置

浑河在汉唐以前称辽水、小辽水，辽代以后称浑河，因水流湍急，水色混浊而得名。浑河发源于抚顺市清原县湾甸子镇长白山支脉的滚马岭西侧。浑河流经清原、新宾、抚顺、沈阳、辽中、辽阳、海城、台安等市县，在三岔河与太子河汇流入大辽河，全长 415 km，流域面积约 1.14×10^4 km^2。

浑河也叫沈水，流经沈阳城南，沈阳由此得名。浑河目前已真正成为了造福于沈阳人民的母亲河。

设计任务为通过对浑河沈阳段的水体生物（藻类、底栖动物）调查，评价河流水质质量状况。请根据现有工作条件，拟定调查方案，并开展调查工作，最后撰出调查报告。

6.3.3.2 工作条件

（1）藻类调查与检测工作条件。

材料：软毛刷，250 mL、1 000 mL 塑料瓶，培养皿。

药品：甲醛，鲁戈氏液，硝酸，盐酸，乙醇，加拿大树胶，重铬酸钾，二甲苯。

仪器：光学显微镜，沙浴锅。

（2）大型底栖动物调查与检测工作条件。

材料：D-型网，60 目筛网，索伯网，小铁铲，桶，500 mL 塑料瓶。

药品：酒精。

仪器：光学显微镜、体式显微镜。

6.3.3.3 分组情况

每组 5～6 人（建议女生、男生混合组成）。

6.3.3.4 任务完成要求

各组在实验任务完成两周后提交修订版的实验方案和实验报告，根据各组的整体表现评价成绩。

6.3.4 综合性实验案例一：河流藻类调查及水质评价

6.3.4.1 实验方案

1. 实验目的

沈抚连接带位于沈阳市东部和抚顺市西部，即正在规划建设的沈抚新城，处于沈阳经济区的核心位置，也是沈抚两市同城化发展的先导区。沈抚连接带总规划面积 605.34 km^2，各个行政区域面积为：东陵区 132.54 km^2，望花区 104.16 km^2，顺城区 83.90 km^2，抚顺县 70.74 km^2，棋盘山风景区 203 km^2 以及浑河所占的 11 km^2。随着该区域社会经济发展，人与生态环境间的矛盾日益剧增。着生藻类因具有种类繁多，繁殖速度快，生长周期短，普遍存在于各种水体，易于采集等特点，所以是理想的水环境监测生物标本[19, 20]。监测着生藻类群落组成与结构，可更好地评价该流域水污染状况和栖息地环境质量状况。

在生物学和环境生物学的基础上，进一步加深对淡水水体藻类各门的形态特征认知和种类的鉴别能力。通过了解浑河沈抚段藻类，特别是着生藻类群落组成，计算藻类多样性指数，并利用多样性指数评价河流水质状况，为河流水污染状况生物评价提供基础数据与科学依据。

2. 实验材料

同 6.3.3.2（1）藻类调查与检测工作条件。

3. 现场调查与样品采集

（1）样点布设。调查范围确定为从高坎桥至长青桥浑河干流河段，共布设 6 个样点，各断面名称、编号、采样位置、经纬度、海拔见表 6-4，位置如图 6-7 所示。

表 6-4　调查点位信息

断面名称	断面编号	左/右岸	东经（E）	北纬（N）	海拔/m
长青桥	1#	左岸	123°29′40.71″	41°45′08.59″	40
新立堡	2#	左岸	123°33′15.44″	41°47′26.66″	47
东陵大桥	3#	左岸	123°34′27.42″	41°48′19.39″	48
伯官大桥	4#	左岸	123°37′39.66″	41°49′47.52″	55
高坎	5#	左岸	123°39′41.09″	41°49′49.47″	57
七间房	7#	右岸	123°37′11.03″	41°49′56.45″	57

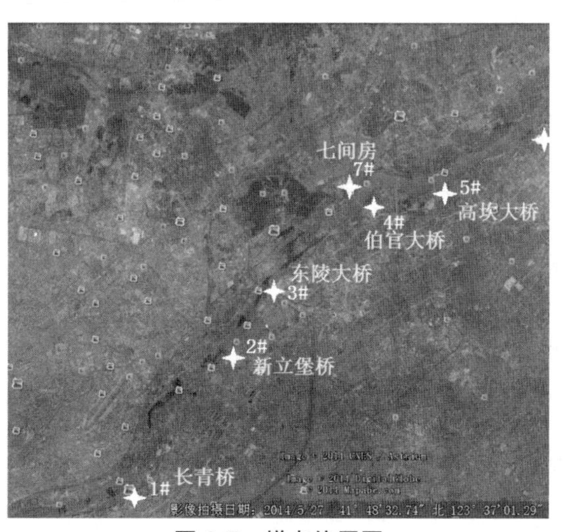

图 6-7　样点位置图

（2）样品采集。包括着生藻类的定性与定量采集。

着生藻类定性样品采用天然基质法进行采集：选择断面内几种典型栖息地，采集栖息地内各种植物根茎、大型水草、附有藻类的石头及枯枝落叶等，其中大型水草及枯枝落叶将全株直接装入 250 mL 塑料瓶中，加入 100 ~ 200 mL 蒸馏水，并用力摇晃瓶子；将附着在石头上的藻类用软毛刷刷入瓶中，并用蒸馏水冲洗石头表面和毛刷。用 4%甲醛固定。

定量样品采样天然基质法进行采集：选择附有藻类的形状规整、易于测量表面积的石块，量定一定表面积，用毛刷将基质上所着生的藻类全部刮到 250 mL 塑料瓶中，并用蒸馏水将基质冲洗多次，定容到 150 mL。若天然基质为泥沙等沉积物，则用培养皿扣取表面底泥，用蒸馏水将底泥冲刷至 250 mL 塑料瓶中，定容到 150 mL，用 15‰鲁戈氏液固定。样品瓶加贴标签，注明采样样点与时间。

4. 实验室样品处理与检测

（1）样品处理。

①着生藻类定性样品如果含泥沙较多，可将样品放置在表面皿中，搅动样品，沉淀去除泥沙。

②硅藻观察前预处理。取 1 mL 样品于大试管中，加入 1 mL 浓硝酸和 1 mL 浓盐酸，在沙浴锅中消解，至样品出现白色悬浮物，取一滴样品在低倍镜下观察，如硅藻壳内仍有细胞质，则加 1 mL 硝酸继续消解。待样品冷却后加入 1 mL 饱和重铬酸钾溶液，静置 24 h，用蒸馏水冲洗至样品 pH=7。将沉淀放入 75%乙醇中保存，用加拿大树胶封片保存。

封片保存的过程如下：

加拿大树胶用二甲苯稀释后静置，直至液体内部无气泡存在。用滴管取一滴前处理过的硅藻样品至盖玻片，用镊子在酒精灯上烤干后在显微镜下观察藻类数量，如数量过少可再取一滴样品，如数量过多导致藻类层叠可用乙醇稀释样品。用少量二甲苯浸湿盖玻片上的样品，取一滴稀释好的加拿大树胶于载玻片上，将盖玻片缓慢覆于树胶上，注意滴加树胶的量，应刚好充满盖玻片。将封片置于阴凉处自然风干一周。

（2）种类鉴定。

用 10 倍和 40 倍目镜观察普通样品，用 100 倍目镜观察硅藻样品。参考《中国淡水藻类》和《中国淡水藻志》，优势种鉴定至种或亚种，其他种类鉴定至属或种，绿藻门结合纲种类在非繁殖季节鉴定至属。

（3）生物密度计算。

定量计数：把样品充分摇匀后，吸取 0.1 mL 置 0.1 mL 的计数框里，在显微镜下横行移动计数框，逐行计算平行线内出现的各种藻类数。视藻类密度大小，一般计算 10 行、20 行、40 行以至全片。必须使优势种类计数的个体数在 100 个以上。

将定量计数中所记录的各种类的个体数，利用下面的计算公式，换算为每平方厘米上着生藻类的个体数：

$$N_i = \frac{C_1 \cdot L \cdot n_i}{C_2 \cdot R \cdot h \cdot S} \tag{6-5}$$

式中：N_i—— 单位面积第 i 种藻类的个体数，个/cm²；

C_1—— 标本定容水量数，mL；

C_2—— 实际计数的标本水量数，mL；

L—— 藻类计数框每边的长度，mm；

R—— 计算的行数；

h—— 视野中平行线间的距离，mm；

n_i—— 实际计数所得第 i 种藻类个体数；

S—— 刮取基质的总面积，cm²。

（4）评价方法。

藻类评价方法采用 Shannon-Weaver 多样性指数，评价分级见表 6-5。

$$H = -\sum_{i=1}^{s} \left(\frac{n_i}{N}\right) \mathrm{lb} \left(\frac{n_i}{N}\right) \tag{6-6}$$

式中：S——生物的种类数；

N——群落的个体总数；

n_i——i 种的个体数。

表 6-5　着生藻类多样性指数评价分级

	清洁	轻污染	中污染	重污染	严重污染
Shannon-Weaver 多样性指数	$H \geqslant 3$	$2 \leqslant H < 3$	$1 \leqslant H < 2$	$0 \leqslant H < 1$	无生物

5. 时间安排

（1）现场调查与样品采集：2014 年 10 月 18 日—19 日；

（2）实验室样品处理与检测：现场调查与样品采集后两周内完成。

6. 注意事项

用油镜观察硅藻封片后，利用二甲苯清理香柏油时不可触碰封片盖玻片边缘。

6.3.4.2　实验报告

1. 实验目的

藻类是植物界中一群最原始的低等类群，由于藻类含有叶绿素等光合色素，能进行光合作用，故称自养植物。根据藻类细胞内所含色素种类、细胞核的构造和细胞的成分，载色体的结构，不同的贮藏物、以及植物体的形态构造、繁殖方式、鞭毛的有无、数目、着生位置和类型、细胞壁成分及生活史等方面的差异，一般将藻类分为八个门。着生藻类也被称为底栖藻类，是附着在水体基质上的微型藻类，是水体的重要初级生产者之一[21]，是水生动物的重要食物来源[1]。由于着生藻类种类繁多，繁殖速度快，生长周期短，普遍存在于各种水体，易于采集，是理想的水环境监测生物标本[19]。因此，可以通过监测水体，如河流中着生藻类群落结构判断河流的综合水质状况[23]。

沈抚连接带位于沈阳市东部和抚顺市西部，即正在规划建设的沈抚新城，处于沈阳经济区的核心位置，也是沈抚两市同城化发展的先导区。沈抚连接带总规划面积 605.34 km^2，各个行政区域面积为：东陵区 132.54 km^2，望花区 104.16 km^2，顺城区 83.90 km^2，抚顺县 70.74 km^2，棋盘山风景区 203 km^2 以及浑河所占的 11 km^2。随着该区域社会经济发展，人与生态环境间的矛盾日益剧增，监测着生藻类群落可以掌握该流域水污染状况和栖息地环境质量状况。

2. 现场调查与样品采集

见实施方案。

3. 实验室样品处理与检测

见实施方案。

4. 结果与讨论

2014 年 10 月 18 日—19 日浑河各断面着生藻类名录见表 6-6。种类数高坎桥断面最多 19 种，东陵大桥断面最低 4 种。各断面优势种均为硅藻门藻类，其中东陵大桥优势种为扁圆卵形藻，指示中污染。

表 6-6 浑河各断面着生藻类名录

断面名称	种类数	属
长青桥	14	席藻、舟形藻、针杆藻、小环藻、纤维藻、异极藻、卵形藻、双菱藻、颤藻、栅藻、桥弯藻、盘星藻、刚毛藻、双眉藻
新立堡	6	针杆藻、小环藻、异极藻、舟形藻、弯楔藻、席藻
东陵大桥	4	舟形藻、席藻、微囊藻、卵形藻
七间房	10	胶毛藻、小环藻、针杆藻、异极藻、脆杆藻、色球藻、颤藻、星杆藻、舟形藻、鼓藻
伯官大桥	17	鼓藻、直链藻、针杆藻、舟形藻、颤藻、纤维藻、小环藻、异极藻、脆杆藻、丝藻、刚毛藻、席藻、栅藻、桥弯藻、菱形藻、甲藻、实球藻
高坎桥	19	拟小椿藻、小环藻、舟形藻、异极藻、针杆藻、弓形藻、席藻、直链藻、等片藻、星杆藻、微芒藻、栅藻、平裂藻、黄丝藻、颤藻、桥弯藻、纤维藻、刚毛藻

浑河各断面着生藻类生物密度对数值见图 6-8，从中可知：着生藻类生物密度对数值高坎桥断面最高达到 4.51，七间房断面最低 2.00。

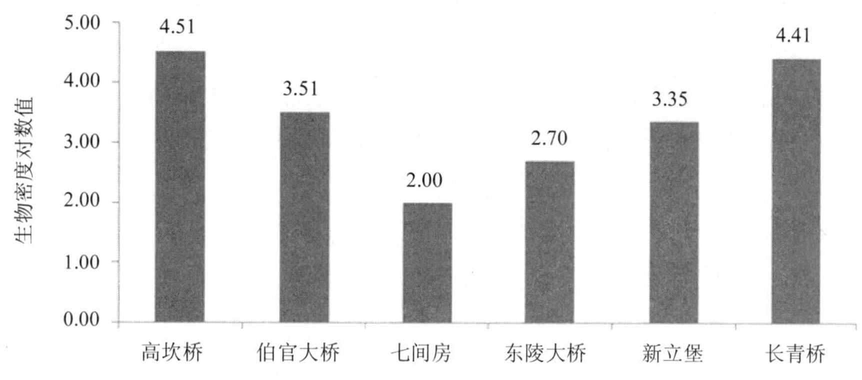

图 6-8 浑河各断面着生藻类生物密度对数值

多样性水质分析结果见表 6-7，显示 6 个断面的着生藻类多样性指数为 2.00 ~ 2.47，其中和平桥断面多样性指数最低，高坎桥断面最高。根据多样性指数评价，表明各断面水质均属于轻污染。

表 6-7 着生藻类多样性指数

断面名称	多样性指数	评价结果
长青桥	2.22	轻污染
新立堡	2.13	轻污染
东陵大桥	2.00	轻污染
七间房	2.33	轻污染
伯官大桥	2.41	轻污染
高坎桥	2.47	轻污染

6.3.5 综合性实验案例二：河流大型底栖动物调查及水质评价

6.3.5.1 实验方案

1. 实验目的

沈抚连接带位于沈阳市东部和抚顺市西部，即正在规划建设的沈抚新城，处于沈阳经济区的核心位置，也是沈抚两市同城化发展的先导区。沈抚连接带总规划面积 605.34 km^2，各个行政区域面积为：东陵区 132.54 km^2，望花区 104.16 km^2，顺城区 83.90 km^2，抚顺县 70.74 km^2，棋盘山风景区 203 km^2 以及浑河所占的 11 km^2。随着该区域社会经济发展，人与生态环境间的矛盾日益剧增。

大型底栖无脊椎动物（macroinvertebrate，又称大型底栖动物）指生活史全部或大部分时间聚居于水体底部或其他基质上的不能通过 0.5 mm（约 40 目）孔径筛网的水生无脊椎动物类群。因为大型底栖动物是河流生境中分布最广泛的生物之一[24]，各种类型的溪流中大型底栖动物均是河流水生生物群落的重要组成部分[25]；其全部或者绝大部分生活史均在河流生境中完成，不同类型的干扰与扰动直接作用于河流大型底栖动物，同时河流大型底栖动物种类多样，对于不同来源与不同强度的扰动，具有从最敏感的类群到最耐污的类群的各类群对干扰产生不同的适应性，最终群落结构的组成能直接反映人为活动的强度和程度。另外，大型底栖动物在河流中生活周期长，活动场所固定且易于采集和辨认[26]。因此，以大型底栖动物为研究对象，开展水生生物群落的调查与分析，具有较强的代表性和可操作性。

在普通生物学、环境生物学及环境生态毒理等基础上，通过对浑河沈抚段的大型底栖动物的调查，进一步加深对软体动物门，环节动物门、节肢动物门等的形态特征认知和动物种类的鉴别能力，了解浑河沈抚段大型底栖动物群落组成，计算大型底栖动物多样性指数，并利用该多样性指数评价河流水质状况，可对浑河河流生态系统的保护、利用、管理和恢复提供基础数据和技术支撑。

2. 实验材料

同 6.3.3.2（2）大型底栖动物调查与检测工作条件。

3. 现场调查与样品采集

（1）样点布设。同 6.3.4.1 中的样点布设。

（2）样品采集。

①定性样品采集。选用 D-型网采集，方法如下：

（a）将 D-型网紧贴河底，用脚搅动网前的底质，使其随水流进入网内；

（b）缓慢向前移动，确保 D-型网紧贴河底；

（c）搅动一定面积或一定时间后，选择不同类型生境继续采集；

（d）将网内所有底质转入桶中，搅动桶内所有底质，用 60 目筛网过滤；

（e）重复数次，直至目测大型无底栖动物随搅动漂浮于桶中为止，收集筛内所有大型底栖动物。

②定量样品采集。可选用索伯网或 Hess 网进行采集。本次选用索伯网，具体方法如下：

（a）将索伯网采样框紧贴河道底质，网口应顺水流方向，将采样框内较大的石块上的大型底栖动物全部装入网衣内；

（b）用小铁铲搅动采样框内 15 ~ 30 cm 的所有底质，装入网衣内；

（c）将网衣内所有底质和大型底栖动物倒入水桶内，加水搅动；

（d）将桶中掉落物洗净挑出，确保无大型底栖动物附着其上；

（e）搅动桶内所有底质，用 60 目筛网过滤；

（f）如此重复数次，直至目测无大型底栖动物随搅动漂浮于桶中为止，收集筛内所有大型底栖动物。

（3）样品处理。底栖动物样品采集后倒入样品瓶，尽量将水沥出，加入70%酒精固定。为防止由环境突变而引起动物标本身体的变形或弯曲，先加入少量70%酒精，几分钟后加70%酒精至瓶口，加盖密封。

样品瓶加贴标签，注明采样样点与时间，并用透明胶带封好，防止标签打湿。

运输过程中避免挤压、高温，运回实验室后立即进行分析。

4. 实验室样品处理与检测

（1）底栖动物种类鉴定前样品挑拣工作。

①将同一个样品挑选出来，核对无样品遗漏，在记录本上进行分样记录，标明挑拣人；

②将所有样品经60目筛网过滤，用水缓慢冲洗5 min，拣出体积稍大的杂质；

③将筛网内样品倒入白瓷盘中，挑拣所有底栖动物样品，放入样品贮存瓶中，挑拣完毕加70%酒精封闭保存，加贴与样品瓶同样信息的标签；

④未挑拣的样品放回原样品瓶中重新加入酒精保存，添加标签注明“挑拣剩余”，记录挑拣所使用的方法和比例；

⑤样品贮存瓶应定期更换酒精，以备长期保存。

（2）种类鉴定。底栖动物种类鉴定应保持一致的鉴定标准。鉴定的分类阶元越低，数据的可使用性越高，但准确性会下降，绝大多数的物种鉴定可参照表6-8进行。

表6-8　底栖动物分类鉴定基本要求

纲目	基本分类要求	推荐分类要求
蜻蜓目	科	属或种
襀翅目	科	属或种
毛翅目	科	属或种
蜉蝣目	科	属或种
鞘翅目	科	属
半翅目	属	属
广翅目	属	属
脉翅目	科	属
鳞翅目	科	属
膜翅目	科	属
双翅目（未包括摇蚊科）	属或者科	属或种
摇蚊科	亚科	属或种
寡毛类	纲	属或种
软体动物	属	属或种
虾、蟹	科	属

（3）评价方法。底栖动物评价方法采用 Shannon-Weaver 多样性指数，评价分级见表6-9。

$$H=-\sum_{i=1}^{s}\left(\frac{n_i}{N}\right)\mathrm{lb}\left(\frac{n_i}{N}\right) \tag{6-7}$$

式中：S——生物的种类数；

N——群落的个体总数；

n_i——i 种的个体数。

表 6-9 底栖动物多样性指数评价分级

指数	清洁	轻污染	中污染	重污染	严重污染
Shannon-Weaver 多样性指数	$H\geqslant 3$	$2<H\leqslant 3$	$1\leqslant H<2$	$0\leqslant H<1$	无生物

5. 时间安排

（1）现场调查与样品采集：2014 年 10 月 18 日—19 日；

（2）实验室样品处理与检测：现场调查与样品采集后两周内完成。

6.3.5.2 实验报告

1. 实验目的

沈抚连接带位于沈阳市东部和抚顺市西部，即正在规划建设的沈抚新城，处于沈阳经济区的核心位置，也是沈抚两市同城化发展的先导区。沈抚连接带总规划面积 605.34 km^2，各个行政区域面积为：东陵区 132.54 km^2，望花区 104.16 km^2，顺城区 83.90 km^2，抚顺县 70.74 km^2，棋盘山风景区 203 km^2 以及浑河所占的 11 km^2。随着该区域社会经济发展，人与生态环境间的矛盾日益剧增。流域内由于工农业生产、土地利用类型变更、城市化和水利工程建设等大规模人为活动对河流生态系统健康和人类的可持续发展均造成了严重的影响。大型底栖动物是河流生态系统的重要组成部分，其结构缺损是生态失衡的主要标志之一，健康完整的底栖动物群落是河流生态系统健康的重要体现。通过调查底栖动物群落，可以评价该流域水污染状况和栖息地环境质量状况，对浑河河流生态系统的保护、利用、管理和恢复提供基础数据和技术支撑。

2. 实验材料

同 6.3.5.1 实验方案。

3. 现场调查与样品采集

同 6.3.5.1 实施方案。

4. 实验室样品处理与检测

同 6.3.5.1 实施方案。

5. 结果与分析

2014 年 10 月 18 日—19 日浑河沈抚段各断面底栖动物名录见表 6-10。底栖动物类种类数长青桥断面最多，8 种，七间房断面最低 3 种。各断面均以基眼目动物为优势种。

表 6-10　浑河沈抚段各断面底栖动物名录

断面名称	种类数	名录
长青桥	8	箭蜓、梨形环棱螺、卵萝卜螺、黑龙江短沟蜷、椭圆萝卜螺、长角涵螺、中华齿米虾、巴蛭
新立堡	5	梨形环棱螺、卵萝卜螺、椭圆萝卜螺、鱼盘螺、中华齿米虾
东陵大桥	7	梨形环棱螺、椭圆萝卜螺、鱼盘螺、半球多脉扁螺、赤豆螺、中华齿米虾、巴蛭
七间房	3	梨形环棱螺、椭圆萝卜螺、长角涵螺
伯官大桥	4	梨形环棱螺、黑龙江短沟蜷、椭圆萝卜螺、鱼盘螺
高坎桥	4	梨形环棱螺、鱼盘螺、赤豆螺、纹沼螺

多样性指数分析与水质评价结果见表 6-11，从中可知：底栖动物多样性指数为 1.30～2.32，其中七间房断面多样性指数最低，东陵大桥断面最高。多样性指数评价结果显示沈阳境内的长青桥断面、新立堡断面和东陵大桥断面的水质为轻污染，而抚顺境内的七间房断面、伯官大桥断面、高坎桥断面的水质为中污染。表明工业生产造成的水体污染对底栖动物影响明显。

表 6-11　浑河沈抚段各断面大型底栖动物多样性指数分析与水质评价

断面名称	多样性指数	评价结果
长青桥	2.32	轻污染
新立堡	2.07	轻污染
东陵大桥	2.53	轻污染
七间房	1.30	中污染
伯官大桥	1.48	中污染
高坎桥	1.92	中污染

参考文献

[1] Krishnan A V，Stathis P，Permuth S F，et al. Bisphenol-A：An Estrogenic substance is released from polycarbonate flasks during autoclaving[J]. Endocrinology，1993，132：2279-2286.

[2] Zoeller R T，Bansal R，Parris C. Bisphenol-A，an environmental contaminant that acts as a thyroid hormone receptor antagonist in vitro，increases serum thyroxine，and alters RC3/neurogranin expression in the developing rat brain[J]. Endocrinology，2005，146（2）：607-612.

[3] Li Rui-xia.Environmental estrogens effects on animals and countermeasure[J]. Sichuan Journal of Zoology，2006，25（3）：673-675.

[4] 尹大强，胡双庆，朱坤宁，等. 双酚 A 和几种天然激素对鲫鱼淋巴细胞增殖的影响[J]. 中国环境科学，2002，22（5）：392-396.

[5] 周鸿，张晓健，王占生. 水环境中常见的雌激素之——双酚 A[J]. 中国给水排水，2003，19（12）：26-28.

[6] 邓茂先，吴德生. 环境雌激素双酚 A 的生殖毒理研究[J]. 环境与健康杂志，2001，18（3）：134-136.

[7] 王宏，沈英娃，卢玲，等. 几种典型有害化学品对水生生物的急性毒性[J]. 应用与环境生物学报，2003，9（1）：49-52.

[8] 段华波，黄启飞，王琪，等. 危险废物生态毒性鉴别指标研究[J]. 环境监测管理与技术，2006，18（6）：5-8.

[9] 杨丽华，方展强，郑文彪. 重金属对鲫鱼的急性毒性及安全浓度评价[J]. 华南师范大学学报：自然科学版，2003，2：101-106.

[10] 梦范平，李卓娜，赵顺顺，等. BDE-47 对 4 种海洋微藻抗氧化酶活性的影响[J]. 生态环境学报，2009，18（5）：1659-1664.

[11] 董霞. 纳米二氧化钛的体内生物毒理效应研究[D]. 杭州：浙江工业大学，2009.

[12] 姜雪，汝少国，田华. 内分泌扰乱化学物质对斑马鱼生长发育影响研究进展[J]. 科技导报，2008，26（23）：94-97.

[13] OECD Guideline for testing of Chemicals 1-14，OECD，2006.

[14] 李睿. 双酚 A 与深圳湾两种海洋微藻相互作用的研究[D]. 广州：中山大学，2008.

[15] 张宇，王萌，刘艳萍，等. 高效氯氟氰菊酯对普通小球藻的毒性[J].农药，2011，50（2）：125-127.

[16] 赵海军，马丽娟，朱玉莲，等. 双酚 A 对成年雄性小鼠体质量，摄食和肝功能的影响[J]. 国外医学：医学地理分册，2011，32（2）：91-94.

[17] 欧晓明，雷满香，王晓光，等. 小球藻对新杀虫剂 HNPC-A9908 的富集与降解[J]. 中国环境科学，2003，23（5）：475-479.

[18] 杨丽华，方展强，郑文彪. 重金属对鲫鱼的急性毒性及安全浓度评价[J]. 华南师范大学学报：自然科学版，2003，2：101-106.

[19] 裴国凤. 淡水湖泊底栖藻类的生态学研究[D]. 中国科学院研究生院（水生生物研究所），2006.

[20] 李芳芳，董芳，段梦，等. 大辽河水系夏季浮游植物群落结构特征及水质评价[J]. 生态学杂志，2011，30（11）：2489-2496.

[21] 王起华，林碧琴，丁明进，等. 大连石庙鲍育苗池冬，春季底栖藻类组成初探[J]. 海洋科学，1998，1：51-54.

[22] Wetzel R G. Primary productivity of aquatic macrophytes[J]. Verh. Internat. Verein. Limnol，1964，15：426-436.

[23] Baorong FU，Zhang RJ，Chengbin XU，et al. Assessment of Water Quality by Community Structure of

Periphytic Al gae in Qing River[J].

[24] Barbour M T，Gerritsen J，Snyder B D，et al. Rapid bioassessment protocols for use in streams and wadeable rivers：periphyton，benthic macroinvertebrates and fish（second edition），Washington DC，1999.

[25] Hall D L，Bergthold B S，Sites R W. The influence of adjacent land uses on macro-invertebrate communities of prairie streams in Missouri[J]. Journal of Freshwater Ecology，2003，18（1）：55-68.

[26] Rosenberg D M，Resh V H. Freshwater biomonitoring and benthic macroinvertebrates[M]. Chapman & Hall，1993.

附　录

附录 1：关于持久性有机污染物的斯德哥尔摩公约

《关于持久性有机污染物的斯德哥尔摩公约》通过于 2001 年 5 月 22 日，2004 年 5 月 17 日生效，11 月 11 日对中国生效。内容主要是为了保护人类健康和环境采取包括旨在减少和/或消除持久性有机污染物排放和释放的措施在内的国际行动。

1. 来源

铭记联合国环境规划署理事会 1997 年 2 月 7 日通过的第 19/13C 号决定，为保护人类健康和环境采取包括旨在减少和/或消除持久性有机污染物排放和释放的措施在内的国际行动，回顾有关的国际环境公约，特别是《关于在国际贸易中对某些危险化学品和农药采用事先知情同意程序的鹿特丹公约》《控制危险废物越境转移及其处置巴塞尔公约》以及在该公约第 11 条框架内缔结的各项区域性协定的相关条款，并回顾《关于环境与发展的里约宣言》和《21 世纪议程》中的有关规定，确认预防原则受到所有缔约方的关注，并体现于本公约之中。

2. 各国责任

依照《联合国宪章》和国际法原则，各国拥有依照其本国环境与发展政策开发其自有资源的主权，并有责任确保其管辖范围内的或其控制下的活动不对其他国家的环境或其国家管辖范围以外地区的环境造成损害。

考虑到发展中国家、特别是其中的最不发达国家以及经济转型国家的具体国情和特殊需要，特别是有必要通过转让技术、提供财政和技术援助以及推动缔约方之间的合作等手段，加强这些国家对化学品实行管理的国家能力，充分考虑到于 1994 年 5 月 6 日在巴巴多斯通过的《关于小岛屿发展中国家可持续发展的行动纲领》，注意到发达国家和发展中国家各自的能力以及《关于环境与发展的里约宣言》之原则 7 中确立的各国所负有的共同但有区别的责任。

3. 认识与强调内容

认识到私营部门和非政府组织可在减少和/或消除持久性有机污染物的排放和释放方面做出重要贡献，强调持久性有机污染物的生产者在减少其产品所产生的有害影响并向用户、政府和公众提供这些化学品危险特性信息方面负有责任的重要性，意识到需要采取措施，防止持久性有机污染物在其生命周期的所有阶段产生的不利影响，重申《关于环境与发展的里约宣言》之原则 16，各国主管当局应考虑到原则上应由污染者承担治理污染费用的方针，同时适当顾及公众利益和避免使国际贸易和投资发生扭曲，努力促进环境成本内部化，和各种经济手段的应用，鼓励那些尚未制订农药和工业化学品管制与评估方案的缔约方着手制订此种方案。

认识到开发和利用环境无害化的替代工艺和化学品的重要性，决心保护人类健康和环境免受持久性有机污染物的危害。

4. 兹协议如下

第 1 条　目标

本公约的目标是，铭记《关于环境与发展的里约宣言》之原则 15 确立的预防原则，保护人类健康和环境免受持久性有机污染物的危害。

第 2 条　定义

为本公约的目的：

（1）“缔约方”是指已同意受本公约约束、且本公约已对其生效的国家或区域经济一体化组织；

（2）“区域经济一体化组织”是指由一个特定区域的主权国家所组成的组织，它已由其成员国让渡处理本公约所规定事项的权限、且已按照其内部程序获得正式授权可以签署、批准、接受、核准或加入本公约；

（3）“出席并参加表决的缔约方”是指出席会议并投赞成票或反对票的缔约方。

第 3 条　旨在减少或消除源自有意生产和使用的排放的措施

（1）每一缔约方应：

（a）禁止和/或采取必要的法律和行政措施，以消除：

（i）附件 A 所列化学品的生产和使用，但受限于该附件的规定；和

（ii）附件 A 所列化学品的进口和出口，但应与第 2 款的规定相一致；和

（b）依照附件 B 的规定限制该附件所列化学品的生产和使用。

（2）每一缔约方应采取措施确保：

（a）对于附件 A 或 B 所列化学品，只有在下列情况下才予进口：

（i）按第 6 条第 1 款（d）项规定为环境无害化处置进行的进口；或

（ii）附件 A 或 B 规定准许该缔约方为某一用途或目的而进口；

（b）对于目前在任何生产或使用方面享有特定豁免的附件 A 所列化学品，或目前在任何生产或使用方面享有特定豁免或符合可予接受用途的附件 B 所列化学品，在计及现行国际事先知情同意程序各条约所有相关规定的同时，只有在下列情况下才予出口：

（i）按第 6 条第 1 款（d）项规定为环境无害化处置进行的出口；

（ii）出口到按附件 A 或 B 规定获准使用该化学品的某一缔约方；或

（iii）向并非本公约缔约方、但已向出口缔约方提供了一份年度证书的国家出口。此种证书应具体列明所涉化学品的拟议用途，并表明该进口国家针对所进口的此种化学品承诺：

①采取必要措施减少或防止排放，从而保护人类健康和环境；

②遵守第 6 条第 1 款的规定；和

③酌情遵守附件 B 第二部分第 2 款的规定。

此种证书中还应包括任何适当的辅助性文件，诸如立法、规章、行政或政策指南等。出口缔约方应自收到该证书之日起六十天内将之转交秘书处。

（c）如附件 A 所列某一化学品生产和使用之特定豁免对于某一缔约方已不再有效，则不得从该缔约方出口此种化学品，除非其目的是按第 6 条第 1 款（d）项规定进行环境无害化处置；

（d）为本款的目的，“非本公约缔约方国家”一语，就某一特定化学品而言，应包括那些尚未同意就该化学品受本公约约束的国家或区域经济一体化组织。

（3）业已针对新型农药或新型工业化学品制订了一种或一种以上管制和评估方案的每一缔约方应采取措施，以预防为目的，对那些参照附件 D 第 1 款所列标准显示出持久性有机污染物特性的新型农药或新型工业化学品的生产和使用实行管制。

（4）业已制订了关于农药和工业化学品的一种或一种以上管制和评估方案的每一缔约方应在对目前正在使用之中的农药和工业化学品进行评估时，酌情在这些方案中考虑到附件 D 第 1 款中所列标准。

（5）除非本公约另有规定，第 1 和第 2 款不应适用于拟用于实验室规模的研究或用作参照标准的化学品。

（6）按照附件 A 享有某一特定豁免或按照附件 B 享有特定豁免或某一可接受用途的任何缔约方应采取适当措施，确保此种豁免或用途下的任何生产或使用都以防止或尽最大限度减少人类接触和向环境中排放的方式进行。对于涉及在正常使用条件下有意向环境中排放的任何豁免使用或可接受用途，应考虑到任何适用的标准和准则，把此种排放控制在最低程度。

第 4 条　特定豁免登记

（1）兹建立一个登记簿，用以列明享有附件 A 或 B 所列特定豁免的缔约方。登记簿不应用于列明那些对所有缔约方都适用的附件 A 或 B 规定的缔约方。登记簿应由秘书处负责保存并向公众开放。

（2）登记簿应包括：

（a）从附件 A 和 B 中复制的特定豁免类型的清单；

（b）享有附件 A 或 B 所列特定豁免的缔约方名单；和

（c）每一登记在册的特定豁免的终止日期清单。

（3）任何国家均可在成为缔约方时，以向秘书处发出书面通知的形式，登记附件 A 或 B 所列一种或多种的特定豁免。

（4）除非一缔约方在登记簿中另立一更早终止日期，或依照下述第 7 款被准予续展，否则，就某一特定化学品而言，所有特定豁免登记的有效期均应自本公约生效之日起五年后终止。

（5）缔约方大会第一次会议应就登记簿中条目的审查程序作出决定。

（6）在对登记簿中的条目进行审查之前，有关缔约方应向秘书处提交一份报告，说明其有必要继续得到该项豁免的理由。该报告应由秘书处分发给所有缔约方。应根据所得到的所有信息对所登记的各项豁免进行审查。缔约方大会可就此向所涉缔约方提出适当建议。

（7）缔约方大会可应所涉缔约方的请求，决定续展某一项特定豁免的终止日期，但最长不超过五年。缔约方大会在作出决定时，应适当地考虑到发展中国家缔约方和经济转型国家缔约方的特殊情况。

（8）缔约方可随时向秘书处提交书面通知，从登记簿中撤销某一特定豁免条目。此种撤销应自该书面通知中所具体指定的日期开始生效。

（9）若某一特定类别的特定豁免已无任何登记在册的缔约方，则不得就该项豁免进行新的登记。

第 5 条　减少或消除源自无意生产的排放的措施

每一缔约方应至少采取下列措施以减少附件 C 中所列的每一类化学物质的人为来源的排放总量，其目的是持续减少并在可行的情况下最终消除此类化学品：

（a）自本公约对该缔约方生效之日起两年内，作为第 7 条中所列明的实施计划的一个组成部分，制订并实施一项旨在查明附件 C 中所列化学物质的排放并说明其特点和予以处理、以及便利实施以下第（b）至（e）项所规定的行动计划，或酌情制订和实施一项区域或分区域行动计划。此种行动计划应包括下列内容：

（i）考虑到附件 C 所确定的来源类别，对目前和预计的排放进行的评估，包括编制和保持排放来源清册和对排放量进行估算；

（ii）评估该缔约方对此种排放实行管理的有关法律和政策的成效；

（iii）考虑到本项第（i）和（ii）目所规定的评估，制定旨在履行本款所规定的义务的战略；

（iv）旨在促进这些战略的教育、培训和提高认识的措施；

（v）每五年对这些战略及其在履行本款所规定义务方面的成效进行审查，并将审查情况列入依照第 15 条提交的报告之中；

（vi）实施这一行动计划，包括其中列明的各种战略和措施的时间表。

（b）促进实行可尽快实现切实有效的方式切实减少排放量或消除排放源的可行和切合实际的措施；

（c）考虑到附件 C 中关于防止和减少排放措施的一般性指南和拟由缔约方大会决定通过的准则，促进开发和酌情规定使用替代或改良的材料、产品和工艺，以防止附件 C 中所列化学品的生成和排放；

（d）按照行动计划的实施时间表，促进并要求针对来源类别中缔约方认定有必要在其行动计划内对之采取此种行动的新来源采用最佳可行技术，同时在初期尤应注重附件 C 第二部分所确定的来源类别。对于该附件第二部分所列类别中的新来源的最佳可行技术的使用，应尽快、并在不迟于本公约对该缔约方生效之日起四年内分阶段实施。就所确定的类别而言，各缔约方应促进采用最佳环境实践。在采用最佳可行技术和最佳环境实践时，各缔约方应考虑到附件 C 关于防止和减少排放措施的一般性指南和拟由缔约方大会决定予以通过的关于最佳可行技术和最佳环境实践的指南；

（e）依据其行动计划，针对以下来源，促进采用最佳可行技术和最佳环境实践：

（i）附件 C 第二部分所列来源类别范围内以及诸如附件 C 第三部分所列来源类别范围内的各种现有来源；

（ii）诸如附件 C 第三部分中所列来源类别中任一缔约方尚未依据本款（d）项予以处理的各种新来源。

在采用最佳可行技术和最佳环境实践时，缔约方应考虑到附件 C 中所列关于防止和减少排放措施的一般性指南和拟由缔约方大会决定予以通过的关于最佳可行技术和最佳环境实践的指南。

（f）为了本款和附件 C 之目的：

（i）“最佳可行技术”是指所开展的活动及其运作方式已达到最有效和最先进的阶段，从而表明该特定技术原则上具有切实适宜性，可为旨在防止和在难以切实可行地防止时，从总体上减少附件 C 第一部分中所列化学品的排放及其对整个环境的影响的限制排放奠定基础。在此方面：

（ii）“技术”包括所采用的技术以及所涉装置的设计、建造、维护、运行和淘汰的方式；

（iii）“可行”技术是指应用者能够获得的、在一定规模上开发出来的、并基于其成本和效益的考虑、在可靠的经济和技术条件下可在相关工业部门中采用的技术；和

（iv）“最佳”是指对整个环境实行高水平全面保护的最有效性。

（v）“最佳环境实践”是指环境控制措施和战略的最适当组合方式的应用。

（vi）“新的来源”是指至少自下列日期起一年之后建造或发生实质性改变的任何来源：

①本公约对所涉缔约方生效之日；或

②附件 C 的修正对所涉缔约方生效之日、且所涉来源仅因该项修正而受本公约规定的约束。

（g）缔约方可使用排放限值或运行标准来履行其依照本款在最佳可行技术方面所作出的承诺。

第 6 条　减少或消除源自库存和废物的排放的措施

（1）为确保以保护人类健康和环境的方式对由附件 A 或 B 所列化学品构成或含有此类化学品的库存、和由附件 A、B 或 C 所列某化学品构成、含有此化学品或受其污染的废物，包括即将变成废物的产品和物品实施管理，每一缔约方应：

（a）制订适当战略以便查明：

（i）由附件 A 或 B 所列化学品构成或含有此类化学品的库存；和

（ii）由附件 A、B 或 C 所列某化学品构成、含有此化学品或受其污染的正在使用中的产品和物品以及废物；

（b）根据（a）项所提及的战略，尽可能切实可行地查明由附件 A 或 B 所列化学品构成或含有此类化学品的库存；

（c）酌情以安全、有效和环境无害化的方式管理库存。除根据第 3 条第 2 款允许出口的库存之外，附件 A 或 B 所列化学品的库存，在按照附件 A 所列任何特定豁免或附件 B 所列特定豁免或可接受的用途已不再允许其使用之后，应被视为废物并应按照以下（d）项加以管理；

（d）采取适当措施，以确保此类废物、包括即将成为废物的产品和物品：

（i）以环境无害化的方式予以处置、收集、运输和储存；

（ii）以销毁其持久性有机污染物成分或使之发生永久质变的方式予以处置，从而使之不再显示出持久性有机污染物的特性；或在永久质变并非可取的环境备选方法或在其持久性有机污染物含量低的情况下，考虑到国际规则、标准和指南、包括那些将依照第 2 款制订的标准和方法、以及涉及危险废物管理的有关全球和区域机制，以环境无害化的其他方式予以处置；

（iii）不得从事可能导致持久性有机污染物回收、再循环、再生、直接再利用或替代使用的处置行为；和

（iv）不得违反相关国际规则、标准和指南进行跨越国界的运输。

（e）努力制订用以查明受到附件 A、B 或 C 所列化学品污染的场址的适宜战略；如对这些场所进行补救，则应以环境无害化的方式进行。

（2）缔约方大会应与《控制危险废物越境转移及其处置巴塞尔公约》的有关机构密切合作，尤其要：

（a）制定进行销毁和永久质变的必要标准，以确保附件 D 第 1 款中所确定的持久性有机污染物特性不被显示；

（b）确定它们认可的上述对环境无害化的处置方法；和

（c）酌情制定附件 A、B 和 C 中所列化学物质的含量标准，以界定第 1 款（d）（ii）项中所述及的持久性有机污染物的低含量。

第 7 条　实施计划

（1）每一缔约方应：

（a）制定并努力执行旨在履行本公约所规定的各项义务的计划；

（b）自本公约对其生效之日起，两年内将其实施计划送交缔约方大会；和

（c）酌情按照缔约方大会决定所具体规定的方式定期审查和更新其实施计划。

（2）为便于制定、执行和更新其实施计划，各缔约方应酌情直接或通过全球、区域和分区域组织开展合作，并征求其国内的利益相关者、包括妇女团体和儿童保健团体的意见。

（3）各缔约方应尽力利用、并于必要时酌情将有关持久性有机污染物的国家实施计划纳入其可持续发展战略。

第 8 条　向附件 A、B 和 C 增列化学品

（1）任一缔约方均可向秘书处提交旨在将某一化学品列入本公约附件 A、B 和/或 C 的提案。提案中应包括附件 D 所规定的资料。缔约方在编制提案时可得到其他缔约方和/或秘书处的协助。

（2）秘书处应核实提案中是否包括附件 D 所规定的资料。如果秘书处认定提案中包括所规定的资料，则应将之转交持久性有机污染物审查委员会。

（3）审查委员会应以灵活而透明的方式审查提案和适用附件 D 所规定的筛选标准，同时综合兼顾和平衡地考虑到所提供的所有资料。

（4）如果审查委员会决定：

（a）它认定提案符合筛选标准，则应通过秘书处向所有缔约方和观察员通报该提案和委员会的评价，并请它们提供附件 E 所规定的资料；或

（b）它认定提案不符合筛选标准，则应通过秘书处就此通知所有缔约方和观察员，并向所有缔约方通报该提案和委员会的评价，并将该提案搁置。

（5）任一缔约方可再次向审查委员会提交曾被其根据上述第 4 款搁置的提案。再次提交的提案可包括该缔约方所关注的任何问题以及提请该委员会对之作进一步考虑的理由。如果经过这一程序后，审查委员会再次搁置该提案，该缔约方可对审查委员会的决定提出质疑，而缔约方大会应在下一届会议上考虑该事项。缔约方大会可根据附件 D 所列筛选标准并考虑到审查委员会的评价以及任一缔约方或观察员提交的补充资料，决定继续审议该提案。

（6）如果审查委员会认定提案符合筛选标准，或缔约方大会决定应继续审议该提案，则委员会应计及所收到的相关附加资料，对提案进行进一步的审查，并应根据附件 E 拟订风险简介草案。委员会应通过秘书处将风险简介草案提交所有缔约方和观察员，收集它们的技术性评议意见，并在计及这些意见后，完成风险简介的编写。

（7）如果审查委员会基于根据附件 E 所做的风险简介，决定：

（a）该化学品由于其远距离的环境迁移而可能导致对人类健康和/或环境的不利影响因而有理由对之采取全球行动，则应继续审议该提案。即使缺乏充分的科学确定性，亦不应

妨碍继续对该提案进行审议。委员会应通过秘书处请所有缔约方和观察员提出与附件 F 所列各种考虑因素有关的资料。委员会继而应拟订一项风险管理评价报告，其中包括按照附件 F 对该化学品可能实行的管制措施进行的分析；或

（b）不应继续审议该项提案，则它应通过秘书处将风险简介提供给所有缔约方和观察员，并搁置该项提案。

（8）对根据上述第 7 款（b）项搁置的任何提案，缔约方均可要求缔约方大会考虑审查委员会请提案缔约方和其他缔约方在不超过一年的期限内提供补充资料。在该期限之后，委员会应在所收到的任何资料的基础上，按缔约方大会决定的优先次序，根据上述第 6 款重新考虑该提案。如果经过这一程序之后，审查委员会再次搁置该提案，则所涉缔约方可对审查委员会的决定提出质疑，并应由缔约方大会在其下一届会议上考虑该事项。缔约方大会可根据按照附件 E 所编写的风险简介，并考虑到审查委员会的评价及任何缔约方和观察员提交的补充资料，决定继续审议该提案。如果缔约方大会决定应继续审议该提案，审查委员会则应编写风险管理评价报告。

（9）审查委员会应根据上述第 6 款所述风险简介和上述第 7 款（a）项或第 8 款所述风险管理评价，提出建议是否应由缔约方大会审议该化学品以便将其列入附件 A、B 和/或 C。缔约方大会在适当考虑到该委员会的建议、包括任何科学上的不确定性之后，根据预防原则，决定是否将该化学品列入附件 A、B 和/或 C，并为此规定相应的管制措施。

第 9 条 信息交流

（1）每一缔约方应促进或进行关于下列事项的信息交流：

（a）减少或消除持久性有机污染物的生产、使用和排放；和

（b）持久性有机污染物的替代品，包括有关其风险和经济与社会成本的信息。

（2）各缔约方应直接地或通过秘书处相互交流上述第 1 款所述信息。

（3）每一缔约方应指定一个负责交流此类信息的国家联络点。

（4）秘书处应成为一个有关持久性有机污染物的信息交换所，所交换的信息应包括由缔约方、政府间组织和非政府组织提供的信息。

（5）为本公约的目的，有关人类健康与安全和环境的信息不得视为机密性信息。依照本公约进行其他信息交流的缔约方应按相互约定，对有关信息保密。

第 10 条 公众宣传、认识和教育

（1）每一缔约方应根据其自身能力促进和协助：

（a）提高其政策制定者和决策者对持久性有机污染物问题的认识；

（b）向公众提供有关持久性有机污染物的一切现有信息，为此应考虑到第 9 条第 5 款的规定；

（c）制定和实施特别是针对妇女、儿童和文化程度低的人的教育和公众宣传方案，宣传关于持久性有机污染物及其对健康和环境所产生的影响，和替代品方面的知识；

（d）公众参与处理持久性有机污染物及其对健康和环境所产生的影响、并参与制定妥善的应对措施，包括使之有机会在国家一级对本公约的实施提供投入；

（e）对工人、科学家、教育人员以及技术和管理人员进行培训；

（f）在国家和国际层面编制并交流教育材料和宣传材料；和

（g）在国家和国际层面制定并实施教育和培训方案；

（2）每一缔约方应根据其自身能力，确保公众有机会得到上述第1款所述的公共信息，并确保随时对此种信息进行更新。

（3）每一缔约方应根据其自身能力，鼓励工业部门和专门用户促进和协助在国家层面以及适当时在次区域、区域和全球各层面提供上述第1款所述的信息。

（4）在提供关于持久性有机污染物及其替代品的信息时，缔约方可使用安全数据单、报告、大众媒体和其他通信手段，并可在国家和区域层面建立信息中心。

（5）每一缔约方应积极考虑建立一些机制，例如建立污染物排放和转移的登记册等，用以收集和分发关于附件A、B或C所列化学品排放或处置年估算量方面的信息。

第11条　研究、开发和监测

（1）各缔约方应根据其自身能力，在国家和国际层面，就持久性有机污染物和其相关替代品，以及潜在的持久性有机污染物，鼓励和/或进行适当的研究、开发、监测与合作，包括：

（a）来源和向环境中排放的情况；

（b）在人体和环境中的存在、含量和发展趋势；

（c）环境迁移、转归和转化情况；

（d）对人类健康和环境的影响；

（e）社会经济和文化影响；

（f）排放量的减少和/或消除；和

（g）制订其生成来源清单的统一方法学和测算其排放量的分析技术。

（2）在按照上述第1款采取行动时，各缔约方应根据其自身能力：

（a）支持并酌情进一步发展旨在界定、从事、评估和资助研究、数据收集和监测工作的国际方案、网络和组织，并注意尽可能避免重复工作；

（b）支持旨在增强国家科学和技术研究能力、特别是增强发展中国家和经济转型国家的此种能力的国家和国际努力，并促进数据及分析结果的获取和交流；

（c）考虑发展中国家和经济转型国家各方面的关注和需要，特别是在资金和技术资源方面的关注和需要，并为提高它们参与以上（a）和（b）项所述活动的能力开展合作；

（d）开展研究工作，努力减轻持久性有机污染物对生育健康的影响；

（e）使公众得以及时和经常地获知本款所述的研究、开发和监测活动的结果；和

（f）针对在研究、开发和监测工作中所获的信息的储存和保持方面，鼓励和/或开展合作。

第 12 条 技术援助

（1）缔约方认识到，应发展中国家缔约方和经济转型国家缔约方的要求，向它们提供及时和适当的技术援助对于本公约的成功实施极为重要。

（2）缔约方应开展合作，向发展中国家缔约方和经济转型国家缔约方提供及时和适当的技术援助，考虑到它们的特殊需要，协助它们开发和增强履行本公约规定的各项义务的能力。

（3）在此方面，拟由发达国家缔约方以及由其他国家缔约方根据其能力提供的技术援助，应包括适当的和共同约定的与履行本公约所规定的各项义务有关的能力建设方面的技术援助。缔约方大会应在此方面提供进一步的指导。

（4）缔约方应酌情就向发展中国家缔约方和经济转型国家缔约方提供与履行本公约有关的技术援助和促进相关的技术转让做出安排。这些安排应包括区域和次区域层面的能力建设和技术转让中心，以协助发展中国家缔约方和经济转型国家缔约方履行本公约规定的各项义务。缔约方大会应在此方面提供进一步的指导。

（5）缔约方应在本条的范畴内，在其为提供技术援助而采取的行动中充分顾及最不发达国家和小岛屿发展中国家的具体需要和特殊国情。

第 13 条 资金资源和机制

（1）每一缔约方承诺根据其自身的能力，并依照其国家计划、优先目标和方案，为那些旨在实现本公约目标的国家活动提供资金支持和激励。

（2）发达国家缔约方应提供新的和额外的资金资源，以便使发展中国家缔约方和经济转型国家缔约方得以偿付受援缔约方与参与第 6 款中所阐明的机制的实体之间共同商定的、为履行本公约为之规定的各项义务而采取的实施措施所涉全部增量成本。其他缔约方亦可在自愿基础上并根据其自身能力提供此种财政资源。同时亦应鼓励来自其他来源的捐助。在履行这些义务时，应考虑需要确保资金的充足性、可预测性和及时支付性，并考虑各捐助缔约方共同负担的重要性。

（3）发达国家缔约方、以及其他缔约方亦可根据其自身能力，并按照其国家计划、优先事项和方案，通过其他双边、区域和多边来源或渠道向发展中国家缔约方和经济转型国家缔约方提供资金援助；发展中国家缔约方和经济转型国家缔约方可利用此种资金资源，以协助它们实施本公约。

（4）发展中国家缔约方在何种程度上有效地履行其在本公约下的各项承诺，将取决于发达国家缔约方有效地履行其在资金资源、技术援助和技术转让诸方面于本公约下所作出的承诺。在适当地考虑保护人类健康和环境的需要的同时，应充分考虑到可持续的经济和社会发展以及根除贫困是发展中国家缔约方的首要的和压倒一切的优先目标。

（5）缔约方在其供资行动中应充分顾及最不发达国家和小岛屿发展中国家的具体需要和特殊国情。

（6）兹确立一套以赠款或减让方式为协助发展中国家缔约方和经济转型国家缔约方实施本公约而向它们提供充足和可持续的资金资源的机制。为了本公约的目的，这一资金机制应酌情在缔约方大会的权力和指导之下行使职能，并向缔约方大会负责。这一资金机制的运作应委托给可由缔约方大会予以决定的一个或多个实体包括既有的国际实体进行。这一机制还可包括提供多边、区域和双边资金和技术援助的其他实体。对这一机制的捐助应属于依照第 2 款规定向发展中国家缔约方和经济转型国家缔约方提供的其他资金转让之外的额外捐助。

（7）依照本公约各项目标以及本条第 6 款的规定，缔约方大会应在第一次会议上通过拟向这一机制提供的适当指导，并应与参与资金机制的实体共同商定使此种指导发生效力的安排。此种指导尤其要涉及以下事宜：

（a）确定有关获得和使用资金资源的资格的政策、战略、方案优先次序以及明确和详细的标准和指南，包括对此种资源的使用进行的监督和定期评价；

（b）由参与实体定期向缔约方大会提交报告，汇报为实施与本公约的有关活动提供充分和可持续的资金的情况；

（c）促进从多种来源获得资金的办法、机制和安排；

（d）以可预测的和可确认的方式，且铭记逐步消除持久性有机污染物的可能需要持久的供资，确定实施本公约所必要的和可获得的供资额度的方法，以及应定期对这一额度进行审查的条件；和

（e）向有兴趣的缔约方提供需求评估帮助、现有资金来源以及供资形式方面信息的方法，以便于它们彼此相互协调。

（8）缔约方大会最迟应在第二次会议上，并嗣后定期审查依照本条确立的资金机制的成效、其满足发展中国家缔约方和经济转型国家缔约方不断变化的需要的能力、上述第 7 款述及的标准和指南、供资额度，以及受委托负责这一资金机制运作的实体的工作成效。缔约方大会应在此种审查的基础上，视需要为提高这一机制的成效采取适宜的行动，包括就为确保满足缔约方的需要而提供充分和可持续的资金的措施提出建议和指导。

第 14 条　临时资金安排

依照《关于建立经结构改组的全球环境基金的导则》运作的全球环境基金的组织结构，应自本公约开始生效之日起直至缔约方大会第一次会议这一时期内，或直至缔约方大会决定将依照第 13 条决定指定哪一组织结构来负责资金机制的运作时为止的这一时期内，临时充当受委托负责第 13 条所述资金机制运作的主要实体。全球环境基金的组织结构应考虑到可能需要为这一领域的工作做出新的安排，通过采取专门涉及持久性有机污染物的业务措施来履行这一职能。

第 15 条　报告

（1）每一缔约方应向缔约方大会报告其已为履行本公约规定所采取的措施和这些措施在实现本公约各项目标方面的成效。

（2）每一缔约方应向秘书处提供：

（a）关于其生产、进口和出口附件 A 和 B 所列每一种化学品的总量的统计数据，或对此种数据的合理估算；

（b）在切实可行的范围内，提供向它出口每一种此类物质的国家名单和接受它出口每一种此类物质的国家名单。

（3）此种报告应按拟由缔约方大会第一次会议确定的时间间隔和格式进行。

第 16 条 成效评估

（1）缔约方大会应自本公约生效之日起四年内，并嗣后按照缔约方大会所决定的时间间隔定期对本公约的成效进行评估。

（2）为便于此种评估的进行，缔约方大会应在其第一次会议上着手做出旨在使它获得关于附件 A、B 和 C 所列化学品的存在、及在区域和全球环境中迁移情况的可比监测数据的安排。这些安排：

（a）应由缔约方酌情在区域基础上并视其技术和资金能力予以实施，同时尽可能利用既有的监测方案和机制，并促进各种方法的一致性；

（b）考虑到各区域的具体情况及其开展监测活动的能力方面存在的差别，视需要予以补充；和

（c）应包括按照拟由缔约方大会具体规定的时间间隔向缔约方大会汇报在区域和全球层面开展监测活动的成果。

（3）上述第 1 款所述评估应根据现有的科学、环境、技术和经济信息进行，其中包括：

（a）根据第 2 款提供的报告和其他监测结果信息；

（b）依照第 15 条提交的国家报告；和

（c）依据第 17 条所订立的程序提供的不遵守情事方面的信息。

第 17 条 不遵守情事

缔约方大会应视实际情况尽快制定并批准用以确定不遵守本公约规定的情事和处理被查明不遵守本公约规定的缔约方的程序和组织机制。

第 18 条 争端解决

（1）缔约方应通过谈判或其自行选择的其他和平方式解决它们之间因本公约的解释或适用而产生的任何争端。

（2）非区域经济一体化组织的缔约方在批准、接受、核准或加入本公约时，或于其后任何时候，可在交给保存人的一份书面文书中声明，对于本公约的解释或适用方面的任何争端，承认在涉及接受同样义务的任何其他缔约方时，下列一种或两种争端解决方式具有强制性：

（a）按照拟由缔约方大会视实际情况尽早通过的、载于某一附件中的程序进行仲裁；

（b）将争端提交国际法院审理。

（3）若缔约方系区域经济一体化组织，则它可对按照第 2 款（a）项所述程序作出的裁决，发表类似的声明。

（4）根据第 2 款或第 3 款所作的声明，在其中所规定的有效期内或自其撤销声明的书面通知交存于保存人之后三个月内，应一直有效。

（5）除非争端各方另有协议，声明的失效、撤销声明的通知或作出新的声明不得在任何方面影响仲裁庭或国际法院正在进行的审理。

（6）如果争端各方尚未根据第 2 款接受同样的程序或任何程序，且它们未能在一方通知另一方它们之间存在争端后的十二个月内解决其争端，则应根据该争端任何一方的要求将之提交调解委员会。调解委员会应提出附有建议的报告。调解委员会的增补程序应列入最迟将在缔约方大会第二次会议上予以通过的一项附件之中。

第 19 条　缔约方大会

（1）兹设立缔约方大会。

（2）缔约方大会第一次会议应在本公约生效后一年内由联合国环境规划署执行主任召集。此后，缔约方大会的例会应按缔约方大会所确定的时间间隔定期举行。

（3）缔约方大会的特别会议可在缔约方大会认为必要的其他时间举行，或应任何缔约方的书面请求并得到至少 1/3 缔约方的支持而举行。

（4）缔约方大会应在其第一次会议上以协商一致方式议定、并通过缔约方大会及其任何附属机构的议事规则和财务细则以及有关秘书处运作的财务规定。

（5）缔约方大会应不断审查和评价本公约的实施情况。它应履行本公约为其指定的各项职责，并应为此目的：

（a）除第 6 款中所作规定之外，设立它认为实施本公约所必需的附属机构；

（b）酌情与具有资格的国际组织以及政府间组织和非政府组织开展合作；和

（c）定期审查根据第 15 条向缔约方提供的所有资料，包括审查第 3 条第 2 款（b）（iii）项的成效；

（d）考虑并采取为实现本公约各项目标可能需要的任何其他行动。

（6）缔约方大会应在其第一次会议上设立一个名为持久性有机污染物审查委员会的附属机构，以行使本公约为其指定的职能。在此方面：

（a）持久性有机污染物审查委员会的成员应由缔约方大会予以任命。委员会应由政府指定的化学品评估或管理方面的专家组成。委员会成员应在公平地域分配的基础上予以任命。

（b）缔约方大会应就该委员会的职责范围、组织和运作方式作出决定；且

（c）该委员会应尽一切努力以协商一致方式通过其建议。如果为谋求协商一致已尽了一切努力而仍未达成一致，则作为最后手段，应以出席并参加表决的成员的 2/3 多数票通过此类建议。

（7）缔约方大会应在其第三次会议上评价是否继续需要实施第 3 条第 2 款（b）项规定的程序及其成效。

（8）联合国及其专门机构、国际原子能机构以及任何非本公约缔约方的国家均可作为观察员出席缔约方大会的会议。任何其他组织或机构，无论是国家或国际性质、政府或非政府性质，只要在本公约所涉事项方面具有资格，并已通知秘书处愿意以观察员身份出席缔约方大会的会议，均可被接纳参加会议，除非有至少 1/3 的出席缔约方对此表示反对。观察员的接纳和参加会议应遵守缔约方大会所通过的议事规则。

第 20 条　秘书处

（1）兹设立秘书处。

（2）秘书处的职能应为：

（a）为缔约方大会及其附属机构的会议作出安排并为之提供所需的服务；

（b）根据要求，为协助缔约方，特别是发展中国家缔约方和经济转型国家缔约方实施本公约提供便利；

（c）确保与其他有关国际组织的秘书处进行必要的协调；

（d）基于按照第 15 条收到的信息以及其他可用信息，定期编制和向缔约方提供报告；

（e）在缔约方大会的全面指导下，作出为有效履行其职能所需的行政和合同安排；以及

（f）履行本公约所规定的其他秘书处职能以及缔约方大会可能为之确定的其他职能。

（3）本公约的秘书处职能应由联合国环境规划署执行主任履行，除非缔约方大会以出席会议并参加表决的缔约方的 3/4 多数决定委托另一个或几个国际组织来履行此种职能。

第 21 条　公约的修正

（1）任何缔约方均可对本公约提出修正案。

（2）本公约的修正案应在缔约方大会的会议上通过。对本公约提出的任何修正案文均应由秘书处至少在拟议通过该项修正案的会议举行之前六个月送交各缔约方。秘书处还应将该项提议的修正案送交本公约所有签署方，并呈交保存人阅存。

（3）缔约方应尽一切努力以协商一致的方式就对本公约提出的任何修正案达成协议。如为谋求协商一致已尽了一切努力而仍未达成协议，则作为最后手段，应以出席会议并参加表决的缔约方的 3/4 多数票通过该修正案。

（4）该修正案应由保存人送交所有缔约方，供其批准、接受或核准。

（5）对修正案的批准、接受或核准应以书面形式通知保存人。依照上述第 3 款通过的修正案，应自至少 3/4 的缔约方交存批准、接受或核准文书之日后的第九十天起对接受该修正案的各缔约方生效。其后任何其他缔约方自交存批准、接受或核准修正案的文书后的第九十天起，该修正案即开始对其生效。

第 22 条　附件的通过和修正

（1）本公约的各项附件构成本公约不可分割的组成部分，除非另有明文规定，凡提及本公约时，亦包括其所有附件在内。

（2）任何增补附件应仅限于程序、科学、技术或行政事项。

（3）下列程序应适用于本公约任何增补附件的提出、通过和生效：

（a）增补附件应根据第 21 条第 1、2 和 3 款规定的程序提出和通过；

（b）任何缔约方如不能接受某一增补附件，则应在保存人就通过该增补附件发出通知之日起一年内将此种情况书面通知保存人。保存人应在接获任何此类通知后立即通知所有缔约方。缔约方可随时撤销先前对某一增补附件提出的不予接受的通知，据此该附件即应根据（c）项的规定对该缔约方生效；和

（c）在保存人就通过一项增补附件发出通知之日起一年后，该附件便应对未曾依（b）项规定提交通知的本公约所有缔约方生效。

（4）对附件 A、B 或 C 的修正案的提出、通过和生效均应遵守本公约增补附件的提出、通过和生效所采用的相同程序，但如果任何缔约方已按照第 25 条第 4 款针对关于附件 A、B 或 C 的修正案作出了声明，则这些修正案便不得对该缔约方生效，在此种情况下，任何此种修正案应自此种缔约方向保存人交存了其批准、接受、核准或加入此种修正案的文书后第九十天起开始对之生效。

（5）下列程序应适用于对附件 D、E 或 F 的修正案的提出、通过和生效：

（a）修正案应按照第 21 条第 1 和 2 款所列程序提出；

（b）缔约方应以协商一致方式就附件 D、E 或 F 的修正案作出决定；和

（c）保存人应迅速将修正附件 D、E 或 F 的决定通知各缔约方。该修正案应在该项决定所确定的日期对所有缔约方生效。

（6）如果一项增补附件或对某一附件的修正案与对本公约的一项修正案相关联，则该增补附件或修正案不得在本公约的该项修正案之前生效。

第 23 条　表决权

（1）除第 2 款规定外，本公约每一缔约方均应拥有一票表决权。

（2）区域经济一体化组织对属于其权限范围内的事项行使表决权时，其票数应与其作为本公约缔约方的成员国数目相同。如果此类组织的任何成员国行使表决权，则该组织便不得行使表决权，反之亦然。

第 24 条　签署

本公约应于 2001 年 5 月 23 日在斯德哥尔摩，并自 2001 年 5 月 24 日至 2002 年 5 月 22 日在纽约联合国总部开放供所有国家和区域经济一体化组织签署。

第 25 条　批准、接受、核准或加入

（1）本公约须经各国和各区域经济一体化组织批准、接受或核准。本公约应从签署截止之日后开放供各国和各区域经济一体化组织加入。批准、接受、核准或加入文书应交存于保存人。

（2）任何已成为本公约缔约方，但其成员国却均未成为缔约方的区域性经济一体化组织应受本公约下一切义务的约束。如果此类组织的一个或多个成员国为本公约的缔约方，

则该组织及其成员国便应决定其各自在履行公约义务方面的责任。在此种情况下，该组织及其成员国无权同时行使本公约所规定的权利。

(3) 区域经济一体化组织应在其批准、接受、核准或加入文书中声明其在本公约所规定事项上的权限。任何此类组织还应将其权限范围的任何有关变更通知保存人，再由保存人通知各缔约方。

(4) 任何缔约方均可在其批准、接受、核准或加入文书中作出如下声明：就该缔约方而言，对附件 A、B 或 C 的任何修正案，只有在其针对该项修正案交存了其批准、接受、核准或加入文书之后才能对其生效。

第 26 条　生效

(1) 本公约应自第五十份批准、接受、核准或加入文书交存之日后第九十天起生效。

(2) 对于在第五十份批准、接受、核准或加入的文书交存之后批准、接受、核准或加入本公约的每一国家或区域经济一体化组织，本公约应自该国或该区域经济一体化组织交存其批准、接受、核准或加入文书之日后第九十天起生效。

(3) 为第 1 和 2 款的目的，区域经济一体化组织所交存的任何文书不应视为该组织成员国所交存文书之外的额外文书。

第 27 条　保留

不得对本公约作任何保留。

第 28 条　退出

(1) 自本公约对一缔约方生效之日起三年后，该缔约方可随时向保存人发出书面通知，退出本公约。

(2) 任何此种退出应在保存人收到退出通知之日起一年后生效，或在退出通知中可能指定的一个更晚日期生效。

第 29 条　保存人

联合国秘书长应为本公约保存人。

第 30 条　作准文本

本公约正本应交存于联合国秘书长，其阿拉伯文、中文、英文、法文、俄文和西班牙文文本同等作准。

下列签字人，经正式授权，在本公约上签字，以昭信守。

公元二〇〇一年五月二十二日谨订于斯德哥尔摩。

附件 A：

消除

第一部分

化学品 活动 特定豁免

艾氏剂* 生产 无

化学文摘号：

309-00-2 使用 当地使用的杀体外寄生物药杀虫剂

氯丹* 生产 限于登记簿所列缔约方被允许的豁免

化学文摘社编号：

57-74-9 使用 当地使用的杀体外寄生物药

杀虫剂

杀白蚁剂

建筑物和堤坝中使用的杀白蚁剂

公路中使用的杀白蚁剂

胶合板黏合剂中的添加剂

狄氏剂* 生产 无

化学文摘社编号：

60-57-1 使用 农业生产

异狄氏剂* 生产 无

化学文摘社编号：

72-20-8 使用 无

七氯* 生产 无

化学文摘社编号：

76-44-8 使用 杀白蚁剂

房屋结构中使用的杀白蚁剂

杀白蚁剂（地下的）

木材处理

用于地下电缆线防护盒

六氯代苯 生产 限于登记簿所列缔约方被允许的豁免

化学文摘社编号：

118-74-1 使用 中间体

农药溶剂

有限场地封闭系统内的中间物

灭蚁灵* 生产 限于登记簿所列缔约方被允许的豁免

化学文摘社编号：

2385-85-5 使用 杀白蚁剂

毒杀芬* 生产 无

化学文摘社编号：

8001-35-2 使用 无

多氯联苯* 生产 无

使用根据本附件第二部分的规定正在使用的物品

注：

（i）除非本公约中另有规定，在产品和物品中作为无意的痕量污染物出现的化学品不应视为本附件所列；

（ii）本条目的附注不得视作就第3条第2款的目的而言某一生产和用途的特定豁免。在某一化学品的相关义务生效之日或该日期之前已生产或已在用的物品中作为组分存在的该化学品数量不应视为本附件所列之生产国或使用国的特定豁免，条件是某一缔约方已通知秘书处，说明某一特定物品在该缔约方内仍在使用。秘书处应将此种通知向公众开放；

（iii）本条目的附注不适用于列于本附件第一部分化学品栏目中附有星号的化学品，且不得视作就第3条第2款的目的而言某一生产和用途的特定豁免。鉴于在生产和使用一种有限场地封闭系统内的中间体的过程中，某种化学品预期不会与人或环境发生大量接触，一缔约方在通知秘书处后，可以允许生产和使用一定数量本附件所列某一化学品，作为一种有限场地封闭系统内的中间体，其在制造其他化学品过程中发生化学变化，而考虑到附件D第1款所列标准，那些化学品并未显示出持久性有机污染物的特性。此种通知应列有有关此种化学品生产和使用总量的信息或此种信息的合理估计数，以及关于有限场地封闭系统生产工艺的性质的信息，包括在最终产品中持久性有机污染物初始原料所有未发生变化的和无意的痕量污染物的数量。除本附件另有具体规定外，这一程序均适用。秘书处应将此种通知提交缔约方大会并向公众开放。此种生产或使用不应视为生产或使用的特定豁免。此种生产和使用应在一个十年期限之后停止，除非有关缔约方再次向秘书处提交一份新的通知，在此情况下该期限将再续延十年，但缔约方大会在审查了有关生产和使用后作出另外决定者除外。此通知程序可以重复；

（iv）已根据第4条就有关豁免进行了登记的缔约方均可实行本附件中所列的所有特定豁免，但根据本附件第二部分的规定而由在用物品使用的多氯联苯例外，所有缔约方均可实行与该化学品有关的特定豁免。

第二部分 多氯联苯

每一缔约方应：

（a）关于在2025年之前消除在设备（例如变压器、电容器或含有液体存积量的其他容贮器）中所使用的多氯联苯，经缔约方大会审查后，各缔约方应按下列优先事项采取行动：

（i）作出坚决努力，以查明、标明和消除多氯联苯含量大于 10%而容量大于 5 L 的在用设备；

（ii）作出坚决努力，以查明、标明和消除含有超过 0.05%的多氯联苯而容量大于 5 L 的在用设备；

（iii）尽力查明和消除含有超过 0.005%的多氯联苯而容量大于 0.05 升的在用设备；

（b）按照上述（a）项的优先事项，促进旨在减少接触和减少风险的下列措施，以控制这些多氯联苯的使用：

（i）仅在不触动的且不渗漏的设备中使用，而且仅在可将环境排放的风险降至最低并可迅速加以补救的地区使用；

（ii）不准在涉及食品或饲料生产或加工领域的设备中使用；

（iii）在包括学校和医院在内的居民区使用时，采取一切合理措施，防止出现可能引发火灾的电路故障，并经常检查此种设备有无渗漏；

（c）尽管有第 3 条第 2 款的规定，仍应确保不出口或进口上述（a）项所述含有多氯联苯的设备，除非其目的在于实行环境无害化的废物管理；

（d）除非为维修和服务操作之目的，不允许回收多氯联苯含量高于 0.005%的液体再度用于其他设备；

（e）作出坚决努力，以便尽快、但不迟于 2028 年，按照第 6 条第 1 款对含有多氯联苯的液体和被多氯联苯污染且其多氯联苯含量高于 0.005%的设备进行环境无害化的废物管理。这方面的努力将由缔约方大会予以审查；

（f）作为本附件第一部分附注（ii）的替代，力求查明含有多于 0.005%多氯联苯的其他物品（例如电缆漆皮、凝固的嵌缝膏和涂漆物件）并按照第 6 条第 1 款加以处理；

（g）每五年提出一份消除多氯联苯方面的进展情况报告，并依照第 15 条向缔约方大会提交此报告；

（h）上述（g）项所述的报告应在适当情况下由缔约方大会在其关于多氯联苯的审查中加以审议。缔约方大会应每五年或酌情按其他时间间隔考虑此种报告的具体内容，审查关于消除多氯联苯方面的进展情况。

附件 B：

限制

第一部分

化学品　活动　可接受用途或特定豁免

滴滴涕（1,1,1-三氯-2,2-二（对-氯苯基）乙烷）　生产　可接受用途：

根据本附件第二部分用于病媒控制

化学文摘社编号：50-29-3 特定豁免：

三氯杀螨醇生产中的中间体

中间体

使用可接受用途：

根据本附件第二部分用于病媒控制

特定豁免：

三氯杀螨醇生产

中间体

注：

（i）除本公约另有规定外，在产品和物品中作为无意痕量污染物出现的某一化学品的数量不应视为本附件所列；

（ii）本条目的附注不应视为就第 3 条第 2 款而言的生产和使用的可接受用途或特定豁免。在某一化学品的相关义务生效之日或该日期之前生产或已在用的物品中作为其组分出现的该化学品不应视为本附件所列，条件是某一缔约方已通知秘书处，告知某一特定类别的物品在该缔约方内仍在使用。秘书处应将此种通知向公众开放；

（iii）本条目的附注不应视为就第 3 条第 2 款的目的而言某一生产和用途的特定豁免。鉴于在生产和使用某一有限场地封闭系统内的中间物过程中，预计不会发生该化学品大量接触人体和环境，因此，某一个缔约方在通知秘书处之后，可允许生产和使用一定数量本附件所列的某一化学品，作为一种有限场地封闭系统内的中间物，该化学品在制造其他化学品过程中发生化学变化，而考虑到附件 D 第 1 款所列标准，并未显示出持久性有机污染物的特性。此种通知应列有关于此种化学品的总生产量和使用量的信息或此种数量信息的合理估计，以及有关有限场地封闭系统生产工艺的性质的信息，包括在最终产品中持久性有机污染物初始原料所有未发生变化的和无意的痕量污染物的数量。除本附件另有具体规定外，这一程序均适用。秘书处应将此种通知提供缔约方大会并向公众开放。此种生产或使用不应视为一项生产和使用的特定豁免。此种生产和使用应在一个十年期限之后停止，除非有关缔约方再次向秘书处提交一份新通知，在此情况下该期限将再续延十年，但缔约方大会在审查了有关生产和使用情况后作出另外决定者除处。此通知程序可以重复；

（iv）凡根据第 4 条规定作出了特定豁免登记的缔约方，均可实行本附件中所列所有特定豁免。

第二部分 滴滴涕（1,1,1-三氯-2,2-二（对-氯苯基）乙烷）

（1）滴滴涕的生产和使用应予取缔，但已通知秘书处、告知其生产和/或使用此种化学品意图的缔约方除外。兹建立一个滴滴涕登记簿，并应向公众开放。滴滴涕登记簿由秘书处负责保管。

（2）生产和/或使用滴滴涕的每一缔约方应按照世界卫生组织有关使用滴滴涕的建议和指南，将其生产和/或使用限于病媒控制，而且在所涉缔约方无法在当地得到安全、有效且可负担的替代品时方可使用。

（3）未列入滴滴涕登记簿的某一个缔约方若决定需要得到滴滴涕进行病媒控制，应尽快将此事通知秘书处，以便将其名字列入滴滴涕登记簿。与此同时，还应将此事告知世界卫生组织。

（4）使用滴滴涕的每一缔约方应每三年，以拟由缔约方大会与世界卫生组织协商后决定的格式，向秘书处和世界卫生组织提供关于其使用数量、使用条件的资料，并阐明其与该缔约方疾病控制战略的相关性。

（5）为了减少和最终消除滴滴涕的使用，缔约方大会应鼓励：

（a）使用滴滴涕的每一缔约方制定和实施行动计划，作为其执行第 7 条所述计划的一部分。这一行动计划应包括：

（i）建立管制机制和其他机制，确保滴滴涕的使用只限于病媒控制方面；

（ii）执行适宜的替代品、方法和战略，包括以抵抗性控制战略来确保这些替代品的持续有效性；

（iii）采取措施加强卫生保健并减少疾病发生率。

（b）各缔约方在其能力范围内，促进为使用滴滴涕的缔约方研究和开发安全的替代化学品和非化学品、方法和战略，此种研究和开发应符合那些国家的国情并以减少疾病给人和经济带来的负担为目标。在考虑替代品或替代品的组合时应重视此种替代品的人类健康风险和可能带来的环境问题等因素。滴滴涕的可行替代品对人类健康和环境所构成的风险应相对较小，但同时应根据有关缔约方的情况使之适用于疾病控制而且有监测数据作为依据。

（6）自缔约方大会第一次会议开始，嗣后至少每三年，缔约方大会应与世界卫生组织协商，根据可得的科学、技术、环境和经济信息，评价是否继续有必要使用滴滴涕来控制病媒，上述信息应包括：

（a）滴滴涕的生产和使用情况及上述第 2 款规定的条件；

（b）滴滴涕替代品的可行性、适宜性和应用情况；和

（c）在加强各国能力、使其顺利过渡到基本上使用替代品方面的进展情况。

（7）缔约方均可随时向秘书处提交书面通知，要求将其从滴滴涕登记簿中撤销。此项撤销应于该通知所确定的日期生效。

附录 2：OECD/OCDE 202

Adopted：

13 April 2004

OECD GUIDELINE FOR TESTING CHEMIGALS

Daphnia sp .，Acute Immobillisation Test

INTRO DU CTION

1. OECD Guidelines for the Testing of chemicals are periodically reviewed in the light of scientific progress.Guideline 202 on "Daphnia sp.，Acute Immobilisation Test and Reproduction Test"，adopted in April 1984，included two parts：Part I -the 24 h EC_{50} acute immobilisation test and Part II -the reproduction test（at least 14 days）. Revision of the reproduction test has resulted in the adoption and publication of Test Guideline 211 on "Daphnia magna Reproduction Test" in September 1998. Consequently，the new version of Guideline 202 is restricted to the acute immobilisation test.

2. This guideline describes an acute toxicity test to assess effects of chemicals towards daphnids.Existing test methods were used to the extent possible（1）（2）（3）.The main differences in comparison with the earlier version are the extension of the test duration to 48 hours，the provision for more information on recommended culture and test media，and the introduction of a limit test at 100 mg/L of test substance.

PRINCIPLE OF THE TEST

3. Young daphnids，aged less than 24 hours at the start of the test，are exposed to the test substance at a range of concentrations for a period of 48 hours.Immobilisation is recorded at 24 hours and 48 hours and compared with control values.The results are analysed in order to calculate the EC_{50} at 48 h（see Annex 1 for definitions）.Determination of the EC_{50} at 24 h is optional.

INFORMATION ON THE TEST SUBSTANCE

4. The water solubility and the vapour pressure of the test substance should be known and a reliable analytical method for the quantification of the substance in the test solutions with reported recovery efficiency，and limit of determination should be available.Useful information includes the structural formula，purity of the substance，stability in water and light，P_{ow} and results of a test for ready biodegradability（see Guideline 301）.

Note：Guidance for testing substances with physical chemical properties that make them difficult to test is provided in a separate document（4）.

REFERENCE SUBSTANCES

5. A reference substance may be tested for EC_{50} as a means of assuring that the test conditions are reliable.Toxicants used in international ring-tests（1）（5）are recommended for this purpose1.Test（s）with a reference substance should be done preferably every month and at least twice a year.

VALIDITY OF THE TEST

6. For a test to be valid，the following performance criteria apply：

- In the control，including the control containi ng the solubilising agent，not more that 10 percent of the daphnids should have been immobilised；
- The dissolved oxygen concentration at the end of the test should be≥3 mg/L in control and test vessels.

Note：For the first criterion，not more than 10 percent of the control daphnids should show immobilisation or other signs of disease or stress，for example，discoloration or unusual behaviour such as trapping at surface of water.

DESCRIPTION OF THE METHOD

Apparatus

7. Test vessels and other apparatus that will come into contact with the test solutions should be made entirely of glass or other chemically inert material.Test vessels will normally be glass test tubes or beakers；they should be cleaned before each use using standard laboratory procedures.Test vessels should be loosely covered to reduce the loss of water due to evaporation and to avoid the entry of dust into the solutions.Volatile substances should be tested in completely filled closed vessels large enough to prevent oxygen becoming limiting or too low（see paragraphs 6 and 22）.

8. In addition some or all of the following equipment will be used：oxygen-meter（with microelectrode or other suitable equipment for measuring dissolved oxygen in low volumes samples）；pH-meter；adequate apparatus for temperature control；equipment for the determination of total organic carbon concentration（TOC）；equipment for the determination of chemical oxygen demand（COD）；equipment for the determination of hardness，etc.

Test organism

9. Daphnia magna Straus is the preferred test species although other suitable Daphnia species can be used in this test （e.g.Daphnia pulex）.At the start of the test，the animals should be less than 24 hours old and，to reduce variability，it is strongly recommended they are not first brood progeny. They should be derived from a healthy stock（i.e.showing no signs of stress such as high mortality，presence of males and ephippia，delay in the production of the first brood，

discoloured animals，etc.）. All organisms used for a particular test should have originated from cultures established from the same stock of daphnids. The stock animals must be maintained in culture conditions （light，temperature，medium）similar to those to be used in the test. If the daphnids culture medium to be used in the test is different from that used for routine daphnids culture，it is good practice to include a pre-test acclimation period. For that，brood daphnids should be maintained in dilution water at the test temperature for at least 48 hours prior to the start of the test.

Holding and dilution water

10. Natural water（surface or ground water），reconstituted water or dechlorinated tap water are acceptable as holding and dilution water if daphnids will survive in it for the duration of the culturing，acclimation and testing without showing signs of stress.Any water which conforms to the chemical characteristics of an acceptable dilution water as listed in Annex 2 is suitable as a test water. It should be of constant quality during the period of the test.Reconstituted water can be made up by adding specific amounts of reagents of recognised analytical grade to deionised or distilled water. Examples of reconstituted water are given in（1）（6）and in Annex 3.Note that media containing known chelating agents，such as M4 and M7 media in Annex 3，should be avoided for testing substances containing metals.The pH should be in the range of 6 to 9. Hardness between 140 and 250 mg/L（as $CaCO_3$）is recommended for Daphnia magna，while lower hardness may be also appropriate for other Daphnia species.The dilution water may be aerated prior to use for the test so that the dissolved oxygen concentration has reached saturation.

11. If natural water is used，the quality parameters should be measured at least twice a year or whenever it is suspected that these characteristics may have changed significantly（see paragraph 10 and Annex 2）. Measurements of heavy metals（e.g. Cu，Pb，Zn，Hg，Cd，Ni）should also be made.If dechlorinated tap water is used，daily chlorine analysis is desirable. If the dilution water is from a surface or ground water source，conductivity and total organic carbon（TOC）or chemical oxygen demand（COD）should be measured.

Test solutions

12. Test solutions of the chosen concentrations are usually prepared by dilution of a stock solution.Stock solutions should preferably be prepared by dissolving the test substance in the dilution water.As far as possible，the use of solvents，emulsifiers or dispersants should be avoided.However，such compounds may be required in some cases in order to produce a suitably concentrated stock solution.Guidance for suitable solvents，emulsifiers and dispersants is given in（4）.In any case，the test substance in the test solutions should not exceed the limit of solubility in the dilution water.

13.The test should be carried out without the adjustment of pH.If the pH does not remain in the range 6-9，then a second test could be carried out，adjusting the pH of the stock solution to that of the dilution water before addition of the test substance. The pH adjustment should be made in such a way that the stock solution concentration is not changed to any significant extent and that no chemical reaction or precipitation of the test substance is caused. HCl and NaOH are preferred.

PROCEDURE

Conditons of exposure

Test groups and controls

14. Test vessels are filled with appropriate volumes of dilution water and solutions of test substance.Ratio of air/water volume in the vessel should be identical for test and control groups.Daphnids are then placed into test vessels. At least 20 animals，prefer ably divided into four groups of five animals each，should be used at each test concentration and for the controls. At least 2 mL of test solution should be provided for each animal（i.e.a volume of 10 mL for five daphnids per test vessel）.The test may be carried out using semi-static renewal or flow-through system when the concentration of the test substance is not stable.

15. One dilution-water control series and also，if relevant，one control series containing the solubilising agent（solvent control）at the level used in treatments must be run in addition to the treatment series.

Test concertrations

16. A range-finding test may be conducted to determine the range of concentrations for the definitive test unless information on toxicity of the test substance is available. For this purpose，the daphnids are exposed to a series of widely spaced concentrations of the test substance.Five daphnids should be exposed to each test concentration for 48 hours or less，and no replicates are necessary. The exposure period may be shortened（e.g.24 hours or less）if data suitable for the purpose of the range-finding test can be obtained in less time.

17. At least five test concentrations should be used. They should be arranged in a geometric series with a separation factor preferably not exceeding 2.2. Justification should be provided if fewer than five concentrations are used .The highest concentration tested should preferably result in 100 percent immobilisation，and the lowest concentration tested should preferably give no observable effect.

Incubation conditions

18. The temperature should be within the range of 18℃and 22℃，and for each single test it should be constant within±1℃. A 16-hour light and 8-hour dark cycle is recommended. Complete darkness is also acceptable，especially for test substances unstable in light.

19. The test vessels must not be aerated during the test. The test is carried out without

adjustment of pH. The daphnids should not be fed during the test.

Duration

20. The test duration is 48 hours.

Observations

21. Each test vessel should be checked for immobilised daphnids at 24 and 48 hours after the beginning of the test.（see Annex 1 for definitions）. In addition to immobility，any abnormal behaviour or appearance should be reported.

Analytical measurements

22. The dissolved oxygen and pH are measured at the beginning and end of the test in the control（s）and in the highest test substance concentration.The dissolved oxygen concentration in controls should be in compliance with the validity criterion（see paragraph 6）.The pH should normally not vary by more than 1.5 units in any one test.The temperature is usually measured in control vessels or in ambient air and it should be recorded preferably continuously during the test or，as a minimum，at the beginning and end of the test.

23. The concentration of the test substance should be measured，as a minimum，at the highest and lowest test concentration，at the beginning and end of the test（4）. It is recommended that results be based on measured concentrations. However，if evidence is available to demonstrate that the concentration of the test substance has been satisfactorily maintained within ±20 percent of the nominal or measured initial concentration throughout the test，then the results can be based on nominal or measured initial values.

LIMIT TEST

24. Using the procedures described in this Guideline，a limit test may be performed at 100 mg/L of test substance or up to its limit of solubility in the test medium（whichever is the lower）in order to demonstrate that the EC_{50} is greater than this concentration.The limit test should be performed using 20 daphnids（preferably divided into four groups of five），with the same number in the control（s）.If the percentage of immobilisation exceeds 10% at the end of the test，a full study should be conducted.Any observed abnormal behaviour should be recorded.

DNTA AND REPORTING

Data

25. Data should be summarised in tabular form，showing for each treatment group and control，the number of daphnids used，and immobilisation at each observation.The percentages immobilised at 24 hours and 48 hours are plotted against test concentrations.Data are analysed by appropriate statistical methods（e.g.probit analysis，etc.）to calculate the slopes of the curves and the EC_{50} with 95% confidence limits（$p = 0.95$）（7）（8）.

26. Where the standard methods of calculating the EC_{50} are not applicable to the data

obtained， the highest concentration causing no immobility and the lowest concentration producing 100 percent immobility should be used as an approximation for the EC_{50}（this being considered the geometric mean of these two concentrations）.

Test report

27. The test report must include the following:

Test substance:

- physical nature and relevant physical-chemical properties;
- chemical identification data， including purity.

Test species:

- source and species of Daphania，supplier of source（if known）and the culture conditions used（including source， kind and amount of food， feeding frequency）.

Test conditions:

- description of test vessels: type and volume of vessels，volume of solution，number of daphnids per test vessel， number of test vessels（replicates）per concentration:
- methods of preparation of stock and test solutions including the use of any solvent or dispersants， concentrations used;
- details of dilution water: source and water quality characteristics（pH，hardness，Ca/Mg ratio，Na/K ratio，alkalinity，conductivity，etc.）; composition of reconstituted water if used:
- incubation conditions: temperature，light intensity and periodicity，dissolved oxygen，pH，etc.

Results:

- the number and percentage of daphnids that were immobilised or showed any adverse effects（including abnormal behaviour）in the controls and in each treatment group，at each observation time and a description of the nature of the effects observed;
- results and date of test performed with reference substance， if available;
- the nominal test concentrations and the result of all analyses to determine the concentration of the test substance in the test vessels; the recovery efficiency of the method and the limit of determination should also be reported;
- all physical-chemical measurements of temp erature，pH and dissolved oxygen made during the test;
- the EC_{50} at 48 h for immobilisation with confidence intervals and graphs of the fitted model used for their calculation， the slopes of the dose-response curves and their standard error; statistical procedures used for determination of EC_{50};（these data items for immobilisation at 24 h should also be reported when they were measured.）
- explanation for any deviation from the Test Guideline and whether the deviation

affected the test results.

LITERATURE

（1）ISO 6341.（1996）.Water quality -Determination of the inhibition of the mobility of Daphnia magna Straus（Cladocera，Crustacea）-Acute toxicity test.Third edition，1996.

（2）EPA OPPTS 850.1010.（1996）.Ecological Effects Te st Guidelines -Aquatic Invertebrate Acute Toxicity Test，Freshwater Daphnids.

（3）Environment Canada.（1996）Biological test method.Acute Lethality Test Using Daphnia spp，EPS 1/RM/11. Environment Canada，Ottawa，Ontario，Canada.

（4）Guidance Document on Aquatic Toxicity Testing of Difficult Substances and Mixtures.OECD Environmental Health and Safety Publication.Series on Testing and Assessment.No.23.Paris 2000.

（5）Commission of the European Communities.Study D8369.（1979）.Inter-laboratory Test Programme concerning the study of the ecotoxicity of a chemical substance with respect to Daphnia.

（6）OECD Guidelines for the Testing of Chemicals.Guideline 211：Daphnia magna Reproduction Test，adopted September 1998.

（7）Stephan C.E.（1977）.Methods for calculating an LC50.In Aquatic Toxicology and Hazard Evaluation（edited by F.I.Mayer and J.L.Hamelink）.ASTM STP 634 -American Society for Testing and Materials. pp65-84.

（8）Finney D.J.（1978）.Statistical Methods in Biological Assay.3rd ed.London.Griffin，Weycombe，UK.

OECD/OCDE

ANNEX 1

DEFINITIONS

In the context of this guideline，the following definitions are used：

EC_{50} is the concentration estimated to immobilise 50 percent of the daphnids within a stated exposure period.If another definition is used，this must be reported，together with its reference.Immobilisation：Those animals that are not able to swim within 15 seconds，after gentle agitation of the test vessel are considered to be immobilised（even if they can still move their antennae）.

OECD/OCDE

ANNEX 2

SOME CHEMICAL CHEARACTERISTICS OF AN ACCEPTE DILUTION WATER

Substance	Concentration
Particulate matter	<20 mg/L
Total organic carbon	<2 mg/L
Unionised ammonia	<1 μg/L
Residual chlorine	<10 μg/L
Total organophosphorus pesticides	<50 ng/L
Total organochorine pesticides plus polychlorinated biphenyls	<50 ng/L
Total organic chlorine	<25 ng/L

OECD/OCDE

ANNEX 3

EXAMPLES OF SUITABLE RECONSTITUTED TEST WATER

ISO Test water（1）

Stock solutions（single substance）		To perpare the reconstituted water, add the following volumes of stock solutions to 1 litre water*
Substance	Amount added to 1 litre water*	
Calcium chloride $CaCl_2$，$2H_2O$	11.76 g	25 mL
Magnesiums $MgSO_4$，$7H_2O$	4.93 g	25 mL
Sodium bicarbonate $NaHCO_3$	2.59 g	25 mL
Potassium chloride KCl	0.23 g	25 mL

* Water of suitable purity，for example deionised，distilled or reverse osmosis with conductivity preferably not exceeding 10 μS/cm.

OECD/OCDE

ANNEX 3（Cont.）

Elendt M7 and M4 medium

Acclimation to Elendt M7 and M4 medium

Some laboratories have experienced difficulty in directly transferring Daphnia to M4 and M7 media. However，some success has been achieved with gradual acclimation，i.e.moving from own medium to 30% Elendt，then to 60% Elendt and then to 100% Elendt. The acclimation periods may need to be as long as one month.

Preparation

Trace element

Separate stock solutions（Ⅰ）of individual trace elements are first prepared in water of suitable purity，for example deionised，distilled or reverse osmosis. From these different stock solutions（Ⅰ）a second single stock solution（Ⅱ）is prepared，which contains all trace elements（combined solution），i.e.

Stock solution（s）I（singlesubstance）	Amount added to water（mg/L）	Concentration（related to medium M4）	To prepare the combined stocksolution Ⅱ，add the following amount of stock solution I to water（mL/L）	
			M4	M7
H_3BO_3	57 190	20 000-fold	1.0	0.25
$MnCl_2 \cdot 4H_2O$	7 210	20 000-fold	1.0	0.25
LiCl	6 120	20 000-fold	1.0	0.25
RbCl	1 420	20 000-fold	1.0	0.25
$SrCl_2 \cdot 6H_2O$	3 040	20 000-fold	1.0	0.25
NaBr	320	20 000-fold	1.0	0.25
$Na_2MoO_4 \cdot 2H_2O$	1 230	20 000-fold	1.0	0.25
$CuCl_2 \cdot 2H_2O$	335	20 000-fold	1.0	0.25
$ZnCl_2$	260	20 000-fold	1.0	1.0
$CoCl_2 \cdot 6H_2O$	200	20 000-fold	1.0	1.0
KI	65	20 000-fold	1.0	1.0
Na_2SeO_3	43.8	20 000-fold	1.0	1.0
NH_4VO_3	11.5	20 000-fold	1.0	1.0
$Na_2EDTA \cdot 2H_2O$	5 000	2 000-fold	-	-
$FeSO_4 \cdot 7H_2O$	1 991	2 000-fold	-	-

Both Na_2EDTA and $FeSO_4$ solutions are prepared singly，poured together and autoclaved immediately. This gives：

21 Fe-EDTA solution		1 000-fold	20.0	5.0

M4 and M7 media

M4 and M7 media are prepared using stock solution II，the macro-nutrients and vitamin as follows：

	Amount added to water（mg/L）	Concentration（related to medium M4）	Amount of stock solution II added to prepare medium（mL/L）	
			M4	M7
Stock solution II（combined trace elements）		20-fold	50	50
Macro nutrient stock solutions （single substance）				
$CaCl_2 \cdot 2H_2O$	293 800	1 000-fold	1.0	1.0
$MgSO_4 \cdot 2H_2O$	246 600	2 000-fold	0.5	0.5
KCl	58 000	10 000-fold	0.1	0.1
$NaHCO_3$	64 800	1 000-fold	1.0	1.0
$Na_2SiO_3 \cdot 9H_2O$	50 000	5 000-fold	0.2	0.2
$NaNO_3$	2 740	10 000-fold	0.1	0.1
KH_2PO_4	1 430	10 000-fold	0.1	0.1
K_2HPO_4	1 840	10 000-fold	0.1	0.1
Combined Vitamin stock		10 000-fold	0.1	0.1
The combined vitamin stock solution is prepared by adding the 3 vitamin to 1 litre water，as shown below：				
Thiamine hydrochloride	750	10 000-fold		
Cyanocobalamine（B12）	10	10 000-fold		
Biotine	7.5	10 000-fold		

The combined vitamin stock is stored frozen in small aliquots. Vitamins are added to the media shortly before use.

N.B： To avoid precipitation of salts when preparing the complete media，add the aliquots of stock solutions to about 500～800 mL deionised water and then fill up to 1 litre.

N.N.B： The first publication of the M4 medium can be found in Elendt，B.P.（1990）.Selenium deficiency in crustacea；an ultrastructual approach to antennal damage in Daphnia magna Straus.Protoplasma，154，25-33.

附录 3：OECD/OCDE 203

Adopted:
17.07.92

OECD GUIDELINE FOR TESTING CHEMIGALS

Adopted by the Council on 17th July 1992
Fish， Acute Toxicity Test

INTRODUCTION

1. This new version of the guideline， originally adopted in 1981 and first updated in 1984， isbased on a proposal from the United Kingdom to reduce the numbers of fish in tests of acute aquatictoxicity.The proposal was discussed at a meeting of OECD experts convened at Medmenham（United Kingdom）in November 1988.

2. The main differences in comparison with the earlier versions are the reduction in group-size allowing the use of seven fish pergroup， the extension of the concen tration range by allowing a spacing factor of 2.2 instead of 2 and the introduction of a limit test at 100 mg/L of test substance

PRINCIPLE OF THE TEST

3. The fish are exposed to the test substance preferably for a period of 96 hours. Mortalities arerecorded at 24， 48， 72 and 96 hours and the concentrations which kill 50 percent of the fish（LC_{50}）are determined where possible.

INFORMATION ON THE TEST SUBSTANCE

4. It is necessary to know the water solubility of the substance under the conditions of the test.A reliable analytical method for the quantification of the substance in the test solutions must also be available.

5. Useful information includes the structural formula， purity of the substance， stability in waterand light， pK_a， P_{ow}， vapour pressure and results of a test for ready biodegradability（see Guideline 301）.Solubility and vapour pressure can be used to calculate Henry's constant which will indicate if losses of the test substance may occur.

VALIDRRY OF THE TEST

6. For a test to be valid the following conditions should be fulfilled:

-the mortality in the control（s）should not exceed 10 percent（or one fish if less than ten are used）at the end of the test;

-constant conditions should be maintained as far as possible through out the test and, if necessary, semi-static or flow-through procedures should be used (see Annex 1 for definitions);

-the dissolved oxygen concentration must have been at least 60 percent of the air saturation value through out the test;

-there must be evidence that the concentration of the substance being tested has been satisfactorily main tained, and preferably it should be at least 80 percent of the nominal concentration throughout the test.If the deviation from the nominal concentration is greater than 20 percent, results should be based on the measured concentration.

DESCRIPTION OF THE METHOD

Apparatus

7. Normal laboratory equipment and especially the following is necessary:

(a) oxygen meter;

(b) equipment for determination of hardness of water;

(c) adequate apparatus for temperature control;

(d) tanks made of chemically in ert material and of a suitable capacity in relation to the recommended loading.

Selection of species

8. One or more species may be used, the choice being at the discretion of the testing laboratory.It is suggested that the species used be selected on the basis of suchim portant practical criteria as, for example, their ready availability through out the year, ease of maintenance, convenience for testing and any relevant economic, biological or ecological factors.The fish should be in good health and free from any apparent malformation.

9. Examples of fish recommended for testing are given in the Table.The fish mentioned in the Table are easy to rear and/or widely available through out the year. They can be bred and cultivated either in fish farms or in the laboratory, under disease-and parasite-controlled conditions, so that the test fish will be healthy and of known parentage. These fish are available in many parts of the world.If other species fulfilling the above criteria are used, the test method should be adapted in such a way as to provide suitable test conditions.

Holding of fish

10. All fish must be obtained and held in the laboratory for at least 12 days before they are used for testing. They must be held in water of the quality to be used in the test for at least seven days immediately before testing and under the following conditions:

Light: 12 to 16 hours photoperiod daily;

Temperature: appropriate to the species (see Table);

Oxygen

concentration： at least 80 percent of air saturation value；

Feeding： three times per week or daily until 24 hours before the test is started.

11. Following a 48-hour settling-in period， mortalities are recorded and the following criteria applied：

-mortalities of greater than 10 percent of population in seven days： rejection of entire batch；

-mortalities of between 5 and 10 percent of population： acclim atisation continued for seven additional days；

-mortalities of less than 5 percent of population： acceptance of batch.

Water

12. Good quality natural water or reconstituted water（see Annex 2）is preferred， although drinking water（dechlorinated if necessary）may also be used. Waters with total hardness of between 10 and 250 mg $CaCO_3$ per liter， and with a pH 6.0 to 8.5 are preferable. The reagents used for the preparation of recons tituted water should be of analytical grade and the deionised or distilled water should be of conductivity equal to or less than 10 μS/cm.

Test solutions

13. Test solutions of the chosen concentrations are prepared by dilution of a stock solution.Stock solutions of substances of low water solubility may be prepared by ultrasonic dispersion or other suitable physical means. If necessary， vehicles such as organic solvents， emulsifiers or dispersants of low toxicity to fish may be used. When such vehicles are used an additional control should be exposed to the same concentration of the vehicle as that used in the most concentrated solution of the test substance. The concentration of organic solvents， emulsifiers or dispersants should not exceed 100 mg/L.

14. The test should be carried out without adjustment of pH. If there is evidence of marked change in the pH of the tank water after addition of the test substance， it is advisable that the test be repeated， adjusting the pH of the stock solution to that of the tank water before addition of the test substance. This pH adjustment should be made in such a way that the stock solution concentration is not changed to any significant extent and that no chemical reaction or precipitation of the test substance is caused. HCl and NaOH are preferred.

PROCEDURE

Conditions of exposure

15. Duration： preferably 96 hours.

Loading： maximum loading of 1.0 g fish/litre for static and semi-static tests is Recommended： for flow-through systems higher loading can be accepted.

Light： 12 to 16 hours photoperiod daily.

Temperature：appropriate to the species（see Table）and constant within a range of 2°C.

Oxygen

concentration：not less than 60 percent of the air saturation value. Aeration can be used provided that it does not lead to a significant loss of test substance.

Feeding：none.

Disturbance：disturbances that may change the behaviour of the fish should be avoided.

Number of fish

16. At least 7 fish must be used at each test concentration and in the controls.

Test concentrations

17. At least five concentrations in a geometric series with a factor preferably not exceeding 2.2.A range-finding test properly conducted before the definitive test enables the choice of the appropriate concentration range.

Controls

18. One blank and，if relevant，one control containing the solubilising agent are run in addition to the test series.

Observations

19. The fish are inspected at least after 24，48，72 and 96 hours. Fish are considered dead if there is no visible movement（e.g.gill movements）and if touching of the caudal peduncle produces no reaction.Dead fish are removed when observed and mortalities are recorded. Observations at three and six hours after the start of the test are desirable. Records are kept of visible abnormalities（e.g.loss of equilibrium，swimming behaviour，respiratory function，pigmentation，etc.）.Measurement of pH，dissolved oxygen and temperature should be carried out at least daily.

LIMIT TEST

20. Using the procedures described in this Guideline，a limit test may be performed at 100 mg（active ingredient）/L in order to demonstrate that the LC_{50} is greater than this concentration.The limit test should be performed using a minimum of 7 fish，with the same number in the control（s）.（Binomial theory dictates that when 10 fish are used with zero mortality，there is a 99.9% confidence that the LC_{50} is greater than 100 mg/L. With 7，8 or 9 fish，the absence of mortality provides at least 99% confidence that the LC_{50} is greater than the concentration used in the limit test.）If any mortalities occur，a full study should be conducted. If sublethal effects are observed，these should be recorded.

DATA AND REPORTING

Treatme of results

21. The cumulative percentage mortality for each exposure period is plotted against

concentration on logarithmic probability paper.Normal statistical procedures are then employed to calculate the LC_{50} for the appropriate exposure period. Confidence limits（$p = 0.95$）for the calculated LC_{50} values are determined using standard procedures（1）（2）（3）（4）（5）.

22. Where the data obtained are inadequate for the use of standard methods of calculating the LC_{50}，the highest concentration causing no mortality and the lowest concentration producing 100 percent mortality should be used as an approximation for the LC_{50}（this being considered the geometric mean of these two concentrations）.

Test report

23. The test report must include the following in formation:

Test substance:

-physical nature and，where relevant，physicochemical properties;

-identification data.

Test fish:

-scientific name，strain，size，supplier，any pretreatment，etc.

Test conditions:

-test procedure used（e.g.static，semi-static，flow-through; aeration; fish loading; etc.）;

-water quality characteristics（pH，hardness，temperature）;

-dissolved oxygen concentration，pH values and temperature of the test solutions at 24 hour intervals（in semi-static systems the pH should be measured prior to and after water renewal）;

-methods of preparation of stock and test solutions;

-concentrations used;

-information on concentrations of the test substance in the test solutions;

-number of fish in each test solution.

Results:

-maximum concentration causing no mortality within the period of the test;

-minimum concentration causing 100 per cent mortality within the period of the test;

-cumulative mortality at each concentration at the recommended observation times;

-LC_{50} values，with 95 percent confidence limits，at each of the recommended observation times，if possible;

-graph of the concentration-mortality curve at the end of the test;

-statistical procedures used for determining the LC_{50} values;

-mortality in the controls;

-incidents in the course of the test which might have influenced the results;

-abnormal responses of the fish.

Discussion of the results.

TABLE FISH SPECIES RECOMMENDED FOR TESTING

Recommended species	Recommended test temperature range/ ℃	Recommended total length of test fish/ cm
Brachy daniorerio （Teleostei，Cyprinidae）（Hamilton-Buchanan）Zebra-fish	21～25	2.0±1.0
Pimephales promelas （Teleostei，Cyprinidae） （Rafines que）Fat head Minnow	21～25	2.0±1.0
Cyprinus carpio （Teleostei，Cyprin idae）（Linnaeus）Common carp	20～24	3.0±1.0
Oryzias latipes （Teleostei，Cyprinodon tidae） （Temminck and Schlegel）Ricefish	21～25	2.0±1.0
Poecilia reticulata （Teleostei，Poeciliidae）（Peters）Guppy	21～25	2.0±1.0
Lepomis macrochirus （Teleostei，Centrarch idae） （Rafines que）Bluegill	21～25	2.0±1.0
Oncorhynchus mykiss （Teleostei，Salmonidae）（Walbaum）Rainbow trout	13～17	5.0±1.0

LITERATURE

（1）Litch field J.T.and Wilcoxon F.（1949）. A simplified method of evaluating dose-effect experiments.J.Pharmacol and Exper.Ther.，96，99-113.

（2）Sprague J.B.（1969）.Measurement of pollutant toxicity to fish. I Bioassay methods for acute toxicity.Water Res.3，793-821.

（3）Sprague J.B.（1970）. Measurement of pollutant toxicity to fish. Ⅱ Utilising and applying bioassay results. Water Res.4，3-32.

（4）Stephan C.E.（1977）. Methods for calculating an LC_{50}. In Aquatic Tox icology and Hazard Evaluation（edited by Mayer F.I.and Hamelink J.L.）. ASTM STP 634，pp 65-84, American Society for Testing and Materials.

（5）Finney D.J.（1978）. Statistical Methods in Biological Assay. Griffin，Weycom be, U.K.

ANNEX 1

DEFINITIONS

Static test is a test with aquatic organisms in which no flow of test solution occurs. Solutions remain unchanged through out the duration of the test.

Semi-static test is a test without flow of solution，but with occasional batchwise renewal of the test solution after prolonged periods（e.g.24 hours）.

Flow-through test is a test in which solutions are autom atically and continually renewed in the test chambers，the displaced solutions running to waste.

LC_{50} in this Test Guideline is the median lethal concentration，i.e.that concentration of the test substance in water which kills 50 percent of a test batch of fish within a particular period of exposure（which must be stated）.

ANNEX 2

EXAMPLE OF A SUITABLE RECONSTITUTED WATER（ISO 6341-1982）

（a）Calcium chloride solution

Dissolve 11.76 g $CaCl_2 \cdot 2H_2O$ in deionised water；make up to 1 litre with deionised water

（b）Magnesium sulphate solution Dissolve 4.93 g $MgSO_4 \cdot 7H_2O$ in deionised water；make up to 1 litre with deionised water

（c）Sodium bicarbonate solution Dissolve 2.59 g $NaHCO_3$ in deionised water；make up to 1 litre with deionised water

（d）Potassium chloride solution Dissolve 0.23 g KCl in deionised water；make up to 1 litre with deionised water

All chemicals must be of analytical grade.

The conductivity of the distilled or deionised water should not exceed 10 μS/cm.

25 mL each of solutions（a）to（d）are mixed and the total volume made up to 1 litre with deionised water. The sum of the calcium and magnesium ions in this solutions is 2.5 mmol/L.

The proportion Ca：Mg ions is 4：1 and Na：K ions 10：1. The acid capacity $K_{S4.3}$ of this solution is 0.8 mmol/l.

Aerate the dilution water until oxygen saturation is achieved，then store it for about two days without further aeration before use.

附录4：畜、禽肉中土霉素、四环素、金霉素残留量的测定（高效液相色谱法）（GB/T 5009.116—2003）

1. 范围

本标准规定了畜禽肉中土霉素、四环素、金霉素残留量的检测方法。

本标准适用于各种畜禽肉中土霉素、四环素、金霉素残留量的测定。

本标准检出限为土霉素 0.15 mg/kg、四环素 0.20 mg/kg、金霉素 0.65 mg/kg。

2. 原理

试样经提取，微孔滤膜过滤后直接进样，用反相色谱分离，紫外检测器检测，与标准比较定量，出峰顺序为土霉素、四环素、金霉素。标准加法定量。

3. 试剂

3.1 乙腈（分析纯）

3.2 0.01 mol/L 磷酸二氢钠溶液：称取 1.56 g（精确到±0.01 g）磷酸二氢钠（$NaH_2PO_4 \cdot 2H_2O$）溶于蒸馏水中，定容到 100 mL，经微孔滤膜（0.45 μm）过滤，备用。

3.3 土霉素（OTC）标准溶液：称取土霉素 0.010 0 g（精确到±0.000 1 g），用 0.1 mol/L 盐酸溶液溶解并定容 10.00 mL，此溶液每毫升含土霉素 1 mg。

3.4 四环素（TC）标准溶液：称取四环素 0.010 0 g（精确到±0.001 g），用 0.01 mol/L 盐酸溶液溶解并定容 10.00 mL，此溶液每毫升含四环素 1 mg。

3.5 金霉素（CTC）标准溶液：称取金霉素 0.010 0 g（精确到±0.000 1 g），溶于蒸馏水并定容成 10.00 mL，此溶液每毫升含金霉素 1 mg。

以上标准品均按 1 000 单位/mg 折算，3.3～3.5 溶液应于 4℃以下保存，可使用 1 周。

3.6 混合标准溶液：取 3.3、3.4 标准溶液 1.00 mL，取 3.5 标准溶液 2.00 mL，置于 10 mL 容量瓶中，加蒸馏水至刻度，此溶液每毫升含土霉素、四环素各 0.1 mg，金霉素 0.2 mg，临用时现配。

3.7 5%高氯酸溶液

4. 仪器

高效液相色谱仪（HPLC）；具紫外检测器。

5. 色谱条件

5.1 柱：ODS-C_{18}（5 μm）6.2 mm×15 cm。

5.2 检测波长：355 nm。

5.3 灵敏度：0.002AUFS。

5.4 柱温：室温。

5.5 流速：1.0 mL/min。

5.6 进样量：10 μL。

5.7 流动相：乙腈+0.01 mol/L 磷酸二氢钠溶液（用 30%硝酸溶液调节 pH 2.5）−35+65，使用前用超声波脱气 10 min。

6. 分析步骤

6.1 试样测定：称取 5.00 g（±0.01 g）切碎的肉样（＜5 mm），置于 50 mL 锥形烧瓶中，加入 5%高氯酸 25.0 mL，于振荡器上振荡提取 10 min，移入到离心管中，以 2 000 r/min 离心 3 min，取上清液经 0.45 μm 滤膜过滤，取溶液 10 μL 进样，记录峰高，从工作曲线上查得含量。

6.2 工作曲线：分别称取 7 份切碎的肉样，每份 5.00 g（精确到±0.01 g），分别加入混合标准溶液 0 μL、25 μL、50 μL、100 μL、150 μL、200 μL、250 μL（含土霉素、四环素各为 0 μg、2.5 μg、5 μg、10 μg、15 μg、20 μg、25 μg，含金霉素 0 μg、5 μg、10 μg、20 μg、30 μg、40 μg、50 μg），按 6.1 方法操作、峰高为纵坐标，以抗生素含量为横坐标，绘制工作曲线。

6.3 结果计算

按下式计算：

$$X=A\times 1\,000/m\times 1\,000$$

式中：X——试样中抗生素含量，单位为毫克每千克（mg/kg）；

A——试样溶液测得抗生素质量，单位为微克（μg）；

m——试样质量，单位为克（g）。

7. 精密度

在重复性条件下获得的两次独立测定结果的绝对差值不得超过算数平均值的 10%。

附录 5：动物源性食品中磺胺类药物残留测定方法放射受体分析法（GB/T 21173—2007）

1. 范围

本标准规定了肉类和水产品中磺胺类药物残留测定的制样和放射受体分析方法。

本标准适用于肉类和水产品中磺胺类药物残留的筛选测定。

2. 规范性引用文件

下列文件中的条款通过本标准的引用而成为本标准的条款。凡是注日期的引用文件，其随后所有的修改单（不包括勘误的内容）或修订版均不适用于本标准，然而，鼓励根据本标准达成协议的各方研究是否可使用这些文件的最新版本。凡是不注日期的引用文件，其最新版本适用于本标准。

GB/T 6682 分析实验室用水规格和试验方法（GB/T 6682—1992，neq ISO 3696：1987）

3. 试样制备和保存

3.1 试样制备

从原始样品中取出部分代表性样品，应尽可能将脂肪剔除，将可食部分放入高速组织捣碎机均质，充分混匀，用四分法缩分不少于 500 g 试样，装入清洁容器内，并标明标记。

制样操作过程中应防止样品受到污染或发生残留物含量的变化，用于测定的样品细菌数不能超过 10^6 个/g。

3.2 试样保存

试样于−18℃以下保存，新鲜或冷冻的组织样品可在 2～6℃贮存 72 h。

4. 测定方法

4.1 原理

测定的基础是竞争性受体免疫反应。[^{3}H]标记的磺胺二价嘧啶和样品中残留的磺胺类药物与微生物细胞上的特异性受体竞争性结合。用液体闪烁计数仪测定样品中[^{3}H]含量的计数值（cpm），计数值与样品中磺胺类药物残留量成反比。

4.2 试剂和材料

除非另有说明，所用试剂均为分析纯，水为 GB/T 6682 规定的一级水。

4.2.1 CharmⅡ组织中的磺胺类药物测定试剂盒。

4.2.1.1 阴性对照浓缩干粉：贮存于 2～6℃，使用时用 10 mL 水溶解，配制成阴性组织液。阴性组织液可在 2～6℃中保存 48 h，如长时间不用，可于−15℃以下冷冻保存 2 个月，使用时将其解冻，解冻后的溶液可在 2～6℃保存 24 h。

4.2.1.2 MSU 多种抗生素标准品：贮存于 2～6℃，使用时用 10 mL 水溶解，配制成 MSU 多种抗生素标准溶液（其中磺胺二甲嘧啶浓度为 1 000 μg/L），MSU 多种抗生素标准溶液保存方法同 4.2.1.1。

4.2.1.3 MSU 萃取缓冲液浓缩干粉：使用时用 1 000 mL 水溶解，配制成 MSU 萃取缓冲液，可在 2～6℃保存 2 个月。

4.2.1.4 M2 缓冲液浓缩干粉：使用时用 50 mL 水溶解，配制成 M2 缓冲液，可在 2～6℃保存 2 个月。

4.2.1.5 受体试剂片剂：白色药片，于-15℃以下冷冻保存。

4.2.2 1 mol/L 盐酸：8.32 mL 浓盐酸加水定容至 1 000 mL。

4.2.3 闪烁液。

4.2.4 pH 试条。

4.2.5 离心管：50 mL。

4.2.6 硅硼酸盐玻璃试管及试管塞。

4.2.7 药片压杆。

4.3 仪器和设备

4.3.1 CharmⅡ液体闪烁计数仪。

4.3.2 离心机：4 000 r/min。

4.3.3 高速组织捣碎机。

4.3.4 涡旋混合器。

4.3.5 加热器：90℃。

4.3.6 移液器：1～5 mL，100～1 000 μL。

5. 分析步骤

5.1 对照液的配制

5.1.1 阴性对照液的配制：取 2 mL 阴性组织液（4.2.1.1），加入 6 mL MSU 萃取缓冲液（4.2.1.3）中混匀，制成阴性对照液，该对照液可在室温下保存 6 h。

5.1.2 阳性对照液的配制：取 0.3 mL MSU 多种抗生素标准溶液（4.2.1.2），加入 6 mL 阴性组织液（4.2.1.1）中混匀，然后从中取 2 mL 混合溶液加入到 6 mL MSU 萃取缓冲液（4.2.1.3）中混匀，制成阳性对照液，该对照液可在室温下保存 6 h。

5.2 试样提取

5.2.1 称取 10 g（精确到 0.1 g）均质好的试样于 50 mL 离心管，加入 30 mL MSU 萃取缓冲液（4.2.1.3），涡旋振荡 5 min。

5.2.2 将离心管置（80±2）℃孵育器内孵育 45 min，再将离心管置冰水内 10 min 后，3 300 r/min 离心 10 min。

5.2.3 吸出上清液，注意不要将漂浮的脂肪颗粒混入上清液内，恢复室温后，用 pH 试条检查 pH 是否为 7.5。如不准确，用 M2 缓冲液（4.2.1.4）或 1 mol/L 盐酸调整至 pH 7.5，即为样品测试液。

5.3 测定

5.3.1 用药片压杆的平端将受体试剂片剂(4.2.1.5)压入一洁净的玻璃试管内，加 300 μL

水到试管内用涡旋混合器振荡 10 s，使药片振碎均匀。

5.3.2 用移液器加 4 mL 样品测试液，或阴性对照液（5.1.1）或阳性对照液（5.1.2）到试管内。

5.3.3 用药片压杆的平端压入[^{3}H]标记的磺胺二甲嘧啶药物片剂（4.2.1.6），用涡旋混合器振荡 15 s，上下来回 10 次，置（65±1）℃孵育器内，孵育 3 min。

5.3.4 取出试管，于 3 300 r/min 离心 3 min，离心停止后立即取出试管，倒掉上清液，用吸水材料吸干管口边缘处的污渍。

5.3.5 加 300 μL 水到试管内，振荡并混合均匀，再加入 3 mL 闪烁液（4.2.3）到试管内，将试管塞盖上后，涡旋混匀。

5.3.6 将试管放入液体闪烁计数仪内，读[^{3}H]项的计数值。

注：建议 1 次同时进行 6 支试管以下的测定。

5.4 控制点的确定

5.4.1 控制点是判断样品阴性与初筛阳性的一个界定值，可根据筛选水平自行设定。

5.4.2 筛选水平为 20 μg/kg 时，控制点设定步骤：称取 10 g 均质好的同类空白组织样品，加入 0.2 mLMSU 多抗生素标准溶液，充分混匀制成标准样品，按 4.2 和 4.3 进行测定。测定 6 个非重复的加标样品的计数值，求出平均值乘上系数 1.2，即为筛选水平 20 μg/kg 的控制点。

5.4.3 当筛选水平大于 20 μg/kg 的样品，可将样品测试液适当稀释后测定。

5.5 结果判定

5.5.1 当样品的计数值大于控制点时，判定为“阴性”。

5.5.2 当样品的计数值小于或等于控制点时，应重新测定样品，且同时需要测定阴性对照液和阳性对照液。阴性对照液和阳性对照液的计数值，需在正常范围波动。当重新测定样品的计数值大于控制点时，判定为“阴性”；小于或等于控制点时，则判定为“初筛阳性”。

6. 确证

本方法为初筛方法，阳性结果应用其他方法进行确证。

7. 检测限

在肉类和水产品中，本方法检测限以磺胺二甲嘧啶计磺胺类药物（包括磺胺甲基嘧啶、磺胺二甲基嘧啶、磺胺间甲氧嘧啶、磺胺间二甲氧嘧啶、磺胺喹噁啉、磺胺甲塞二唑、磺胺吡啶、磺胺异噁唑、磺胺甲基异噁唑、磺胺嘧啶、磺胺甲氧哒嗪、磺胺氯哒嗪）总量为 20 μg/kg。

附录 A

（规范性附录）
仪器和试剂日常监测

A.1 Charm Ⅱ液体闪烁计数仪零点校准

取空的专用试管放入液体闪烁计数仪计数，计数值需小于 50，否则需调零。如测得的计数值偏大，可能由于液体闪烁计数仪有大量静电存在所引起，可用湿抹布将试管外壁湿润后放入液体闪烁计数仪进地测定，重复几次后可以达到正常值。

A.2 [^{3}H]通道校准

取[^{3}H]标记的磺胺二甲嘧啶药物片剂加入玻璃试管，加 300 μL 水到试管内，振荡使沉淀物完全破碎。加 3 mL 闪烁液到试管内涡旋混匀至试管内没有不均一的云状物。将试管放入液体闪烁计数仪内，读[^{3}H]项和[^{14}C]项的计数值。[^{3}H]项的计数值应大于 15 000，且[^{14}C]项与[^{3}H]项的计数值的比值应小于 0.1。

A.3 试剂监测

A.3.1 对每一批新的试剂需测定零质控标准，测定 3 次阴性对照液计数值，其平均值即为零质控标准。当遇到样品怀疑“初筛阳性”时，通过测定阴性对照液和阳性对照液计数值与作为零质控标准的计数值比较，可确定试剂和液体闪烁计数仪是否正常。

A.3.2 正常情况下，阴性对照液计数值在零质控标准计数值上下波动，幅度约±20%。

A.3.3 正常情况下，阳性对照液计数值小于控制点。

A.3.4 如果测定结果与 A.3.2 或 A.3.3 不相符，应重新测定零质控标准和控制点，并重新测定样品。

附录 6：动物源性食品中四环素类兽药残留量检测方法液相色谱-质谱/质谱高效液相色谱法（GB/T 21317—2007）

1. 范围

本标准规定了动物源性食品中四环素类兽药残留量检测的制样方法、高效液相色谱检测方法和液相色谱-质谱/质谱确证方法。

本标准适用于动物肌肉、内脏组织、水产品、牛奶等动物源性食品中二甲胺四环素、土霉素、四环素、去甲基金霉素、金霉责、甲烯土霉素、强力霉素 7 种四环素类兽药残留量的高效液相色谱测定和二甲胺四环素、差向土霉素、土霉素、差向四环素、四环素、去甲基金霉素、差向金霉素、金霉素、甲烯土霉素、强力霉素 10 种四环素类药物残留量的液相色谱-质谱/质谱测定。

2. 规范性引用文件

下列文件中的条款通过标准的引用而成为本标准的条款。凡是注日期的引用文件，其随后所有的修改单（不包括勘误的内容）或修订版均不适用于本标准，然而，鼓励根据本标准达成协议的各方研究是否可使用这些文件的最新版本。凡是不注日期的引用文件，其最新版本适用于本标准。

GB/T 6682 分析实验室用水规格和试验方法（GB/T 6682—1992，ncq ISO 3696：1987）

3. 原理

试样中四环素类抗生素残留用 0.1 mol/LNa_2EDTA-Mellvaine 缓冲液提取，经过滤和离心后，上清液用 HLB 固相萃取柱净化，高效液相色谱仪测定，外标峰面积法定量。

4. 试剂和材料

除另有说明外，所用试剂均为分析纯，水为 GB/T 6682 规定的一级水。

4.1 甲醇：高效液相色谱纯。

4.2 乙腈：高效液相色谱纯。

4.3 乙酸乙酯。

4.4 乙二胺四乙酸二钠。

4.5 三氯乙酸。

4.6 柠檬酸。

4.7 磷酸氢二钠。

4.8 0.1 mol/L 柠檬酸溶液：称取 21.01 g 柠檬酸，用水溶解，定容至 1 000 mL。

4.9 0.2 mol/L 磷酸氢二钠溶液：称取 28.41 g 磷酸二氢钠，用水溶解，定容至 1 000 mL。

4.10 Mellvaine 缓冲液：将 1 000 mL0.1 mol/L 柠檬酸溶液与 625 mL0.2 mol/L 磷酸氢二钠溶液（4.9）混合，必要时用氢氧化钠或盐酸调节 pH=4.0±0.05。

4.11 0.1 mol/LNa2EDTA-Mellvaine 缓冲液：称取 60.5 g 乙二胺四乙酸二钠（4.4）放入

1 625 mL Mellvaine 缓冲溶液（4.10）中，使其溶解，摇匀。

4.12 甲醇+水：量取 5 mL 甲醇（4.1）与 95 mL 水混合。

4.13 甲醇+乙酸乙酯（1+9）：量取 10 mL 甲醇（4.1）与 90 mL 乙酸乙酯（4.15）混合。

4.14 OasisHLB 固相萃取柱：60 mg，3 mL，使用前分别用 5 mL 甲醇和 5 mL 水预处理，保持柱体湿润。

4.15 三氯乙酸水溶液（10 mmol/L）：准确吸取 0.765 mL 三氯乙酸 1 000 mL 容量瓶中，用水溶解定容至刻度。

4.16 甲醇+三氯乙酸水溶液（1+9）：量取 50 mL 甲醇（4.1）与 950 mL 三氯乙酸水溶液（4.15）混合。

4.17 标准物质：二甲胺四环素（minocyclinc，CAS：10118-90-8），土霉素（oxytetracyclinc，CAS：6153-64-6），四环素（tetracyclinc，CAS：60-54-8），去甲基金霉素（dcmcclocyclinc，CAS：127-33-3），金霉素（chlortctracyclinc，CAS：57-62-5），甲烯土霉素（methacyclinc，CAS：914-00-1），强力霉素（doxycyclinc，CAS：564-25-0），差向四环素（4-cpitctracyclinc，CAS：64-75-5），差向土霉素（4-cpioxytctracyclinc，CAS：35259-39-3），差向金霉素（4-epichlortctracy-cline，CAS：14297-93-9）。纯度均大于等于95%。

4.18 标准溶液

4.18.1 标准储备溶液：准确称取按其纯度折算为 100%质量的土霉素、四环素、金霉素各 10.0 mg，分别用甲醇溶解并定容至 100 mL，浓度相当于 100 mg/L，储备液在−18℃以下贮存于棕色瓶中，可稳定 12 个月以上。

4.18.2 混合标准工作溶液：根据需要，用甲醇+三氟乙酸水溶液（4.16）将标准储备溶液（4.18.1）配制为适当浓度的混合标准工作溶液，混合标准工作溶液应使用前配制。

5. 仪器

5.1 液相色谱串联四极杆质谱仪或相当者，配电喷雾离子源。

5.2 高效液相色谱仪：配二极管陈列检测器或紫外检测器。

5.3 分析天平。

5.4 旋涡混合器。

5.5 低温离心机：最高转速 5 000 r/min，控温范围为−40℃至室温。

5.6 吹氮浓缩仪。

5.7 固相萃取真空装置。

5.8 pH 计。

5.9 组织捣碎机。

5.10 超声提取仪。

6. 样品制备与储存

制样操作过程中应防止样品受到污染或残留物含量发生变化。

6.1 动物肌肉、肝脏、肾脏和水产品

从所取全部样品中取出约 500 g，充分混匀，装入洁净容器中，密封并标明标记，于−18℃以下冷冻存放。

6.2 牛奶样品

从所取全部样品中取出约 500 g，充分混匀，装入洁净容器中，密封，并标明标记，于−18℃以下冷冻存放。

7. 测定步骤

7.1 提取

7.1.1 动物肌肉、肝脏、肾脏和水产品

称取均质样品 5 g（精确至 0.01 g），置于 50 mL 聚丙烯离心管中，分别用约 20 mL、20 mL、10 mL 0.1 mol/L EDTA-Mellvaine 缓冲液冰水浴超声提取三次，每次旋涡混合 1 min，超声提取 10 min，3 000 r/min 离心 5 min（温度低于 15℃），合并上清液（总提取液的体积不超过 50 mL），定容至 50 mL，混匀，5 000 r/min 离心 10 min（温度低于 15℃），用快速滤纸过滤，待净化。

7.1.2 牛奶

称取混匀试样 5 g（精确至 0.01 g），置于 50 mL 比色管中，用 0.1 mol/L EDTA-Mellvaine 缓冲液溶解并定容至 50 mL，旋涡混合 1 min，冰水浴超声 10 min，转移至 50 mL 聚丙烯离心管中，冷却至 0～4℃，5 000 r/min 离心 10 min（温度低于 15℃），用快速滤纸过滤，待净化。

7.2 净化

准确吸取 10 mL 提取液，以 1 滴/s 的速度过 HLB 固相萃取柱（4.14），待样液完全流出后，依次用 5 mL 水和 5 mL 甲醇+水（4.12）淋洗，弃去全部流出液。2.0 hPa 以下减压抽干 5 min，最后用 10 mL 甲醇+乙酸乙酯（4.13）洗脱。将洗脱液吹氮浓缩至干（温度低于 40℃），用 0.5 mL 甲醇+三氟乙酸水溶液（4.16）溶解残渣，过 0.45um 滤膜，待测定。

7.3 测定

7.3.1 液相色谱-质谱/质谱法

7.3.1.1 液相色谱条件

a）色谱柱：IncrtsilC8-3，5um，150 mm×2.1 mm（内径），或相当者；

b）流动相：甲醇（4.1）+10 mmol/L 三氟乙酸（4.15），梯度洗脱（梯度时间表见表 1）

表 1 分离 10 种四环素类药物的液相色谱洗脱梯度

时间/min	甲醇/%	10 mmol/L 三氟乙酸/%
0	5	95
5	30	70
10	33.5	66.5

时间/min	甲醇/%	10 mmol/L 三氟乙酸/%
12	65	35
17.5	65	35
18	5	95
25	5	95

c）流速：300 μL/min

d）柱温：30℃

e）进样量：30 μL

7.3.1.2 质谱条件

离子化模式：电喷雾电离正离子模式；质谱扫描方式：多反应监测；分辨率：单位分辨率。

7.3.1.3 定性测定

7.3.1.3.1 保留时间

待测样品中化合物色谱峰的保留时间与标准溶液相比变化范围应在±2.5%之内。

7.3.1.3.2 信噪比

待测化合物的定性离子的重构离子色谱峰的信噪比应大于等于 3（S/N≥3），定量离子的重构离子色谱峰的信噪比应大于等于 10。

7.3.1.3.3 定量离子、定性离子及子离子丰度比

每种化合物的质谱定性离子必须出现，至少应包括一个母离子和两个子离子。而且同一检测批次，对同一化合物，样品中目标化合物的两个子离子的相对丰度比与浓度相当的标准溶液相比，其允许差不超过表 2 规定的范围。

表 2 定性时相对离子丰度的最大允许偏差

相对离子丰度	＞50%	＞20%～50%	＞10%～20%	≤10%
允许的相对偏差	±20%	±25%	±30%	±50%

7.3.1.4 定量测定

根据样液中被测四环素类兽药残留的含量情况，选定峰高相近的标准工作溶液。标准工作溶液和样液中四环素类兽药残留的响应值均应在仪器的检测线性范围内。对标准工作溶液和样液等体积参插进样测定。各种四环素类药物的参考保留时间如下土霉素 11.8 min、四环素 11.9 min、金霉素 15.7 min。

7.3.2 高效液相色谱

7.3.2.1 液相色谱条件

a）色谱柱：IncrtsilC8-3，5 μm，250 mm×4.6 mm（内径），或相当者。

b）流动相：甲醇（4.1）+ 乙腈（4.2）+ 10 mmol/L 三氟乙酸（4.15），洗脱梯度见表3（柱平衡时间 5 min）

表 3 分离 7 种四环素药物的液相色谱流动相洗脱梯度

时间/min	甲醇/%	乙腈/%	10 mmol/L 三氟乙酸/%
0	1	4	95
5	6	24	70
9	7	28	65
12	0	35	65
15	0	35	65

c）流速：1.5 mL/min

d）柱温：30℃

e）进样量：100 μL

f）检测波长：350 nm

7.3.2.2 高效液相色谱测定

根据样液中被测四环素类药物残留的含量情况，选定峰高相近的标准工作溶液，标准工作溶液和样液中四环素类药物残留的响应值均应在仪器的检测线性范围内。对标准工作溶液和样液等体积参插进样测定。在上述色谱条件下，二甲胺四环素、土霉素、四环素、去甲基金霉素、金霉素、甲烯土霉素、强力霉素的参考保留时间分别约为 6.3 min、7.5 min、7.9 min、8.7 min、9.8 min、10.4 min、10.8 min。

8. 空白实验

除不加试样外，均按上述测定步骤进行。

9. 结果计算

采用外标法定量，按下式计算四环素类药物残留量

$$X=A_x\times C_s\times V/（A_s\times m）$$

式中：X——样品中待测组分的含量，μg/kg；

A_x——测定液中待测组分的峰面积；

C_s——标准液中待测组分的含量，μg/L；

V——定容体积，mL；

A_s——标准液中待测组分的峰面积；

m——最终样液所代表的样品质量，g。

10. 测定低限、回收率和精密度

10.1 测定低限

10.1.1 液相色谱-质谱/质谱法

二甲胺四环素、差向土霉素、土霉素、差向四环素、四环素、去甲基金霉素、差向金

霉素、金霉素、甲烯土霉素和强力霉素的测定低限均为 50.0 μg/kg。

10.1.2 高效液相色谱法

二甲胺四环素、土霉素、四环素、去甲基金霉素、金霉素、甲烯土霉素和强力霉素的测定低限均为 50.0 μg/kg。

10.2 回收率和精密度

方法的回收率和精密度的试验数据见表 C.1（略）。

附录 7：动物源性食品中抗生素类药物残留检测方法微生物抑制法（SN/T 1750—2006）

1. 范围

本标准规定了动物源性食品中β-内酰胺类、四环素类、大环内酯类和氨基糖苷类药物残留检测的试样制备、保存和微生物抑制检测方法。

本标准适用于肉类、蛋、鱼和虾中的抗生素残留筛选检测，阳性结果须用其他方法进行确证。

2. 试样制备和保存

2.1 试样制备

肉、鱼和虾：从原始样品中取出部分有代表性样品，将可食部分放入高速组织捣碎机均质，充分混匀，用四分法缩分不少于 500 g 试样。装入清洁容器内，并标明标记。

蛋：从原始样品中，随机分出一半（不少于 500 g），鲜蛋需去壳。将蛋黄和蛋白于混合器中充分混匀，装入清洁容器内，作为试样，并标明标记。

制样操作过程中必须防止样品受到污染或发生残留物含量的变化。

2.2 试样保存

肉、鱼、虾和蛋：试样于−18℃以下保存。

3. 测定方法

3.1 方法提要

试样经缓冲液提取、温育和离心后，取上清液进行测定。利用抗生素对敏感菌的抑制作用来判别试样中是否含有抗生素。

3.2 设备和材料

3.2.1 恒温箱：（30±1）℃，水平隔层。

3.2.2 离心机。

3.2.3 高速组织捣碎机。

3.2.4 恒温水浴锅。

3.2.5 涡旋振荡器。

3.2.6 显微镜：10×～100×。

3.2.7 游标卡尺：测量范围 0～200 mm，精度 0.02 mm 或抑制圈测量仪。

3.2.8 灭菌平皿：直径 90 mm，底部平整的玻璃或一次性塑料灭菌平皿。

3.2.9 圆形滤纸片：直径 10 mm，厚 1.1 mm。日本 Toyo Roshi Kaisha，Ltd.产品，或相当者。

3.2.10 克氏瓶。

3.2.11 可调移液器：10～100 μL，100～1 000 μL。

3.3 菌种和培养基

3.3.1 菌种

3.3.1.1 藤黄微球菌 *Micrococcus luteus* ATCC9341。

3.3.1.2 枯草芽孢杆菌 *Bacillus subtilis* ATCC6633。

3.3.1.3 蜡样芽孢杆菌覃状变种 *Bacillus cereus* var. *mycoides* ATCC11778。

3.3.2 培养基

3.3.2.1 保存及传代用细菌培养基：蛋白胨 10.0 g、牛肉膏 3.0 g、氯化钠 5.0 g、琼脂 15.0 g、蒸馏水 1 000 mL，pH 7.3±0.1。将各成分加热溶解，分装试管，121℃高压灭菌 15 min，制成斜面。

3.3.2.2 增菌用液体培养基：蛋白胨 10.0 g、牛肉膏 3.0 g、氯化钠 5.0 g、蒸馏水 1 000 mL，pH 7.3±0.1。将各成分加热溶解，分装每管 5 mL，121℃高压灭菌 15 min。

3.3.2.3 增菌用固体培养基：牛肉膏 15 g、酵母膏 3.0 g、胰酪蛋白 4.0 g、蛋白胨 6.0 g、葡萄糖 1.0 g、琼脂 15.0 g、蒸馏水 1 000 mL，pH 6.55±0.05。将各成分加热溶解，分装 300 mL 于克氏瓶内，121℃高压灭菌 15 min。

3.3.2.4 检定用培养基：

抗生素培养基 5 号（AM5）：牛肉膏 1.5 g、酵母膏 3.0 g、蛋白胨 6.0 g、琼脂 15.0 g、蒸馏水 1 000 mL，pH 7.9±0.1。将各成分加热溶解，分装每瓶 100 mL，121℃高压灭菌 15 min。

抗生素培养基 8 号（AM8）：牛肉膏 1.5 g、酵母膏 3 g、蛋白胨 6 g、琼脂 15 g、蒸馏水 1 000 mL，pH 6.85±0.05。将各成分加热溶解，分装每瓶 100 mL，121℃高压灭菌 15 min。

3.4 试剂

本方法所用化学试剂为分析纯，实验用水为蒸馏水或去离子水，实验用水应符合 GB/T 6682 的规定。

3.4.1 缓冲液

3.4.1.1 柠檬酸-丙酮缓冲液

a）0.2 mol/L 柠檬酸溶液：称取柠檬酸 4.2 g，用无菌蒸馏水溶解并定容至 100 mL。

b）0.5 mol/L 氢氧化钾溶液：称取氢氧化钾 2.8 g，用无菌蒸馏水溶解并定容至 100 mL。

c）混合液：0.2 mol/L 柠檬酸溶液和 0.5 mol/L 氢氧化钾溶液等量混合。

d）柠檬酸-丙酮缓冲液：按混合液+丙酮+蒸馏水=35+35+30 比例制备。

3.4.1.2 pH 4.5 磷酸盐缓冲液：称取 13.6 g 磷酸二氢钾用蒸馏水溶解并定容至 1 000 mL，121℃高压灭菌 15 min。

3.4.1.3 pH 6.0 磷酸盐缓冲液：称取 8.0 g 磷酸二氢钾及 2.0 g 磷酸氢二钾，用蒸馏水溶解并定容至 1 000 mL，121℃高压灭菌 15 min。

3.4.1.4 pH 8.0 磷酸盐缓冲液：称取 0.523 g 磷酸二氢钾及 16.73 g 磷酸氢二钾，用蒸馏水溶解并定容至 1 000 mL，121℃高压灭菌 15 min。

3.4.2 抗生素标准溶液

3.4.2.1 氨苄西林标准储备液：称取一定量的氨苄西林标准品，用灭菌去离子水溶解并定容至 1 000 μg/mL，置 2～8℃冰箱保存，贮存期 2 d。

3.4.2.2 氨苄西林标准工作液：吸取一定量的氨苄西林标准储备液，用 pH 6.0 磷酸盐缓冲液稀释成 0.025 μg/mL 的标准工作液，须当日配制使用。

3.4.2.3 卡那霉素标准储备液：称取一定量的卡那霉素标准品，用灭菌去离子水溶解并定容至 1 000 μg/mL，置 2～8℃冰箱保存，贮存期 1 个月。

3.4.2.4 卡那霉素标准工作液：吸取一定量的卡那霉素标准储备液，用 pH 8.0 磷酸盐缓冲液稀释成 0.5 μg/mL 的标准工作液，须当日配制使用。

3.4.2.5 土霉素标准储备液：：称取一定量的土霉素标准品，用 0.1 mol/L 盐酸溶解并定容至 1 000 μg/mL，置 2～8℃冰箱保存，贮存期 7 d。

3.4.2.6 土霉素标准工作液：吸取一定量的土霉素标准储备液，用 pH 4.5 磷酸盐缓冲液稀释成 0.1 μg/mL 的标准工作液，须当日配制使用。

3.4.2.7 红霉素标准储备液：称取一定量的红霉素标准品，用少量 30%甲醇溶解，再用 pH 8.0 磷酸盐缓冲液定容至 1 000 μg/mL，置 2～8℃冰箱保存，贮存期 7 d。

3.4.2.8 红霉素标准工作液：吸取一定量的红霉素标准储备液，用 pH 8.0 磷酸盐缓冲液稀释成 0.05 μg/mL 的标准工作液，须当日配制使用。

3.5 测定步骤

3.5.1 样液提取

称取 10 g 均质好的试样于 50 mL 离心管中，加入柠檬酸-丙酮缓冲液 20 mL，用涡旋振荡器充分振荡 3 min，于 70～75℃水浴保温 20 min 后，2 000 g 离心 15 min 取上清液作为样液。

3.5.2 菌悬液的制备

3.5.2.1 藤黄微球菌 ATCC9341 菌悬液：将复活的菌种接种于盛有增菌用固体培养基的克氏瓶中，30℃培养 18～24 h 后，用灭菌生理盐水洗下菌苔，制成菌悬液。置 2～8℃冰箱保存，贮存期 15 d。

3.5.2.2 枯草芽孢杆菌 ATCC6633 和蜡样芽孢杆菌 ATCC11778 菌悬液：将复活的菌种分别接种于盛有增菌用固体培养基的克氏瓶中，30℃培养 7 d，镜检芽孢数达 80%以上（如果达不到，可再培养数日，如培养 10 d 以上，芽孢数仍达不到要求，菌种可能变异，不可使用），用灭菌生理盐水洗下菌苔，使其悬浮于生理盐水中，65℃水浴加热 30 min，经 2 000 g 离心 20 min，弃去上清液，如此重复洗涤芽孢两次。然后用适量灭菌生理盐水制成菌悬液。置 2～8℃冰箱保存，贮存期 30 d。

3.5.3 检定用平板的制备

3.5.3.1 藤黄微球菌 ATCC9341 平板

每批菌悬液按下法测定其最适宜用量：把不同浓度藤黄微球菌 ATCC9341 菌悬液加入

AM5 培养基中，30℃培养 18 h 后，使 0.025 μg/mL 氨苄西林标准工作液可产生（14±1）mm 清晰、完整的抑菌圈。

无菌吸取 1 mL 适宜浓度的菌悬液加到 100 mL 溶化后冷却至 50℃左右的灭菌 AM5 中充分混匀后，取 8 mL 注入灭菌平皿内，保持水平使其凝固。制备好的平板置 2～8℃冰箱保存，贮存期 2～3 d。

3.5.3.2 枯草芽孢杆菌 ATCC6633 平板

每批菌悬液按下法测定其最适宜用量：把不同浓度枯草芽孢杆菌 ATCC6633 菌悬液加入 AM5 培养基中，30℃培养 18 h 后，使 0.5 μg/mL 卡那霉素标准工作液可产生（14±1）mm 清晰、完整的抑菌圈。

无菌吸取 1 mL 适宜浓度的菌悬液加到 100 mL 溶化后冷却至 50℃左右的灭菌 AM5 中充分混匀后，取 8 mL 注入灭菌平皿内，保持水平使其凝固。制备好的平板置 2～8℃冰箱保存，贮存期 2～3 d。

3.5.3.3 蜡样芽孢杆菌 ATM 1778 平板

每批菌悬液按下法测定其最适宜用量：把不同浓度蜡样芽孢杆菌 ATCC11778 菌悬液加入 AM8 培养基中，30℃培养 18 h 后，使 0.1 μg/mL 土霉素标准工作液可产生（14±1）mm 清晰、完整的抑菌圈。

无菌吸取 1 mL 适宜浓度的菌悬液加到 100 mL 溶化后冷却至 50℃左右的灭菌 AM8 中充分混匀后，取 8 mL 注入灭菌平皿内，保持水平使其凝固。所用平板须当天制备。

3.5.4 测定

取制备好的三种检定用平板各两个，在平板底部做好标记，把滤纸片适当间隔置于平板上，每个平板最多不超过 6 个，用镊子轻压使其固定，在每片滤纸上滴加 100 mL 样液或标准工作液，冷藏放置 30 min 后，30℃培养 18 h 后观察，用游标卡尺测量抑菌圈直径大小。每份样品做两个平板上的平行实验。

3.6 检测结果的判定和报告

如样液在三种平板上均无抑菌圈，标准工作液的抑菌圈达到（14±1）mm，即报告“阴性”。

如样液在三种任一平板上呈现抑菌圈，抑菌圈直径在 12 mm 以上，即报告“初筛阳性”。

如样液在三种任一平板上呈现抑菌圈，抑菌圈直径小于 12 mm，大于 10 mm 视为可疑，必要时重新测试后判定，也可以根据下表中实验菌的敏感性初步判定抗生素种类后，采用其他方法进行确认。

实验平板			可检出抗生素种类
ATCC6633	ATCC9341	ATCC11778	
+ 或-	++ +	- -	大环内酯类 或β-内酰胺类
+ 或-	- -	++ +	四环素类
++ 或+	- -	+ -	氨基糖苷类

注 1："+"为阳性，抑菌圈直径 12～14 mm；"++"为强阳性，抑菌圈直径≥14 mm；"-"为阴性，无抑菌圈。

2：除表 1 所列的情况外，如果一个试样同时在多个平板上呈阳性（+）或者强阳性（++），则表示可能同时含有多类抗生素残留。例如：在 ATCC11778 平板上为++，同时在 ATCC9341 平板上为++或+，则可能同时含有四环素和大环内酯类或β-内酰胺类残留。如果在 ATCC6633 上同时为++，则可能同时含有上述 3～4 类抗生素残留。

4. 检测限

本方法的检测限为：

β-内酰胺类：0.05 mg/kg；

四环素类：0.1 mg/kg；

大环内酯类：0.05 mg/kg；

氨基糖苷类：0.5 mg/kg。

附录 8：动物源性食品中大环内酯类抗生素残留量测定方法 第 1 部分：放射受体分析法（SN/T 1777.1—2006）

1. 范围

SN/T 1777 的本部分规定了肉类组织、内脏和水产品中大环内酯类抗生素残留的放射受体分析方法。

本部分适用于肉类组织、内脏和水产品中大环内酯类抗生素残留的测定方法。

2. 试样的制备与保存

2.1 试样的制备

从全部样品中取有代表性，用四分法缩分出不小于 1 000 g 试样，剔除脂肪后充分绞碎、混匀，分成两份，装入洁净容器，加封并做标识。

脂肪是干扰物质，应尽可能将其剔除；制样过程应保证萃取前肉类不被微生物污染。

2.2 试样的保存

将样品于−20～−18℃条件下保存，新鲜或冷冻的组织样品（内脏除外）可在 2～6℃贮存 72 h。

3. 测定方法

3.1 试剂和材料

3.1.1 大环内酯类检测试剂盒：

a）组织阴性对照浓缩干粉：干粉贮存于 2～6℃，使用时取浓缩干粉按标签上标记配制成阴性对照溶液；配制好的溶液可在 2～6℃冰箱或冰浴中保存 48 h。如长时间不用或估计 2 d 内用不完，可将全部或部分溶液保存于−15℃以下的冰箱中，使用时将其解冻。解冻后的溶液在 2～6℃冰箱或冰浴中保存 24 h。

b）MSU 多抗生素标准品：干粉贮存于 2～6℃，使用时取浓缩干粉按标签标记配制成抗生素标准溶液，溶液的保存方法同上。

c）缓冲溶液干粉：包括肉类组织萃取缓冲溶液（MSU 萃取缓冲溶液）干粉和调节 pH 值得 M2 缓冲干粉，贮存于 2～6℃，使用时按标签配制成缓冲液，可在 2～6℃下保存两个月。

d）大环内酯类受体药片：白色，−15℃以下的条件保存。

e）红霉素氚标记药片：绿色，−15℃以下的条件保存。

3.1.2 闪烁液

3.1.3 甲醇

3.1.4 磷酸二氢钠

3.1.5 磷酸

3.1.6 磷酸盐缓冲液 1：0.1 mol/L 磷酸二氢钠，以磷酸调节 pH 至 2.5。

3.1.7 磷酸盐缓冲液 2：0.1 mol/L 磷酸二氢钠，以磷酸调节 pH 至 4.0。

3.1.8 磷酸盐缓冲液 3：0.1 mol/L 磷酸二氢钠，以磷酸调节 pH 至 9.0。

3.1.9 SCX 小柱（3 mL）。

3.2 仪器

3.2.1 Charm Ⅱ7600 分析仪

3.2.2 孵育器：（55±1）℃。

3.2.3 离心机：3 300 r/min，6 000 r/min。

3.2.4 均质器。

3.2.5 移液器。

3.2.6 涡旋振荡器。

3.3 分析步骤

3.3.1 对照液的配制

3.3.1.1 阴性对照液的配制

取 2 mL 组织阴性对照溶液，加至 6 mLMSU 萃取缓冲溶液中制成阴性对照液，在室温下混匀，该对照液可在室温下保持 6 h 以上。

3.3.1.2 阳性对照液的配制

取 0.3 mL 抗生素标准溶液，加至 7.5 mL 组织阴性对照溶液中，然后从中取 2 mL 混合液加入到 6 mLMSU 萃取缓冲液中制成阳性对照液，在室温下混合均匀，该对照液可在室温下保持 6 h 以上。

3.3.2 提取

3.3.2.1 肉类组织、水产品

称取均质组织 10.0 g（精确到 0.1 g）于 50 mL 试管中，加入 30 mLMSU 萃取缓冲液；混合振荡后将试管放置于（80±2）℃温浴 45 min，然后冰水浴 10 min；于 3 300 r/min 条件下离心 10 min，取出上清液。注意除去浮在液体表层的脂肪颗粒，用 M2 缓冲液调节 pH 值至 7.5 左右。

3.3.2.2 肝、肾样品

称取 2.0 样品（精确到 0.1 g）于 50 mL 试管中，加入 2 mL 磷酸盐缓冲液 1，混合后加入 3 mL 甲醇和 15 mL 水，混合振荡 10 min，6 000 r/min 离心 10 min，取上清液至 SCX 柱，待溶液完全流出后，依次以 4 mL 水、2 mL 磷酸盐缓冲液 3、0.1 mL30%甲醇洗柱，最后负压抽干柱子，以 2 mL 甲醇洗脱，收集洗脱液于缓和氮气流下吹干，以 6 mLMSU 缓冲液溶解吹干物，并加入 2 mL 组织阴性对照液，用 M2 缓冲液调节 pH 值至 7.5 左右。

3.3.3 测定

3.3.3.1 取出检测试剂片，用压杆将白色受体药片推出到空的试管中，用移液器取 300 μL 水至试管中，用涡旋振荡器混合 10 s 将药片打碎。

3.3.3.2 加 4 mL 样品萃取液或阴性对照液或阳性对照液，用涡旋振荡器混合 10 s。

3.3.3.3 将试管置于（55±1）℃的孵育器保温 2 min。

3.3.3.4 取出试管，将绿色红霉素氘标记药片推至试管中，用涡旋振荡器混合 10 s。

3.3.3.5 将试管置于（55±1）℃的孵育器保温 2 min。

3.3.3.6 取出试管，在 3 300 r/min 的离心力下离心 3 min，立即弃去上清液，用吸水物将测试管边缘的水渍吸干。

3.3.3.7 加 300 μL 水，用涡旋振荡器混合 10 s 将沉淀物打碎。

3.3.3.8 加 3 mL 闪烁液至试管中，加盖，混匀，在 CharmⅡ7600 分析仪上以[^{14}C]频道上进行 1 min 计数（cpm）。

3.4 控制点的确定

控制点是界定样品阴性与初筛阳性的一个界限值，对于同一批号的试剂，正常情况下只需测定一次控制点。在筛选水平红霉素、泰乐菌素 100 μg/kg，螺旋霉素、交沙霉素 200 μg/kg，替米考星 50 μg/kg 时，控制点设置如下：

对于肉类组织和水产品，称取 10 g 空白样品，加入 100 μLMSU 多抗生素标准品；

对于内脏，称取 2 g 空白样品，加入 20 μLMSU 多抗生素标准品。

按 3.3.2.1 或 3.3.2.2 进行前处理，再按 3.3.3 进行测试。取 6 个加标样品平行测试的 cpm 读数平均值，乘以系数 1.2 作为筛选测定的控制点。

4. 结果判定

当样品测定 cpm 值比控制点大，可判定为样品的“阴性”，即样品中大环内酯类抗生素残留小于筛选水平；若测定 cpm 值小于或等于控制点，应判定为初筛阳性，若有必要可进行重复实验。

附录 9：水产品中土霉素、四环素、金霉素残留量的测定（SC/T 3015—2002）

1. 范围

本标准规定了水产品中土霉素、四环素、金霉素残留量的测定方法，规定了最低检出浓度。

本标准适用于水产品可食部分中土霉素、四环素、金霉素残留量的测定。

2. 规范性引用文件

下列文件中的条款通过本标准的引用而成为本标准的条款。凡是注日期的引用文件，其随后所有的修改单（不包括勘误的内容）或修订版均不适用于本标准，然而，鼓励根据本标准达成协议的各方研究是否可使用这些文件的最新版本。凡是不注日期的引用文件，其最新版本适用于本标准。

GB/T 6682　分析实验室用水规格和实验方法

3. 原理

样品经高氯酸提取，固相萃取，纯化、浓缩，微孔滤膜过滤后，直接进样，用反相色谱分离，紫外检测器检测，外标法定量。出峰顺序为土霉素、四环素、金霉素。

4. 试剂

4.1 乙腈：色谱级。

4.2 0.01 mol/L 磷酸二氢钠溶液：称取 1.56 g（称准至 0.01 g）分析纯磷酸二氢钠溶于蒸馏水中，定容至 1 000 mL，以磷酸调 pH 至 2.5，经微孔滤膜（0.45 μm）过滤后备用。

4.3 土霉素、四环素、金霉素混合标准溶液：称取土霉素 0.01 g（称准至 0.000 1 g）、四环素 0.01 g（称准至 0.000 1 g），金霉素 0.02 g（称准至 0.000 1 g），溶于 0.01 mol/L 磷酸二氢钠溶液中，定容至 100.0 mL，此溶液每毫升含土霉素 100 μg、四环素 100 μg、金霉素 200 μg。

以上标准品均按 1 000 IU/mg 计算，本溶液于 0～4℃时保存，可使用一周。

4.4 土霉素、四环素、金霉素混合标准使用溶液：移取 4.3 中的混合标准溶液 10.0 mL，定容至 100 mL，得土霉素、四环素浓度为 10 μg/mL，金霉素浓度为 20 μg/mL 的混合标准溶液。

以上述混合标准溶液配制土霉素、四环素标准使用浓度系列：0.05 μg/mL、0.10 μg/mL、0.20 μg/mL、0.25 μg/mL、0.50 μg/mL、1.0 μg/mL；以上述混合标准溶液配制金霉素标准使用浓度系列：0.10 μg/mL、0.20 μg/mL、0.40 μg/mL、0.50 μg/mL、1.0 μg/mL、2.0 μg/mL。此标准使用液使用时现配。

4.5 0.5%或 1%高氯酸溶液。

4.6 甲醇：分析纯。

4.7 5%乙二胺四乙酸二钠溶液：取 5 g 分析纯乙二胺四乙酸二钠（EDTA-2Na）溶解定容至 100 mL。

4.8 水：实验用水应符合 GB/T 6682 中一级水标准。

4.9 正己烷：分析纯。

4.10 氮气：纯度大于 99%。

5. 仪器

5.1 高效液相色谱仪：具紫外检测器。

5.2 分析天平：感量为 0.000 1 g。

5.3 均质器。

5.4 预处理柱：ODS-C18。

5.5 离心机：4 000 r/min。

5.6 负压抽滤器。

6. 色谱条件

6.1 色谱柱：ODS-C18。

6.2 检测器：紫外检测器，检测波长为 355 nm。

6.3 灵敏度：0.002AUFS。

6.4 柱温：37℃。

6.5 流速：1.0 mL/min。

6.6 进样量：30 μL。

6.7 流动相：乙腈和 0.01 mol/L 磷酸二氢钠溶液的体积比为 26∶74。

7. 操作方法

7.1 工作曲线

在上述工作条件下，分别取标准使用溶液各 30 μL 进样，以峰面积为纵坐标，以标准样品含量为横坐标，绘制工作曲线。

7.2 样品测定

7.2.1 样品处理

鱼去鳞、去皮沿背脊取肌肉；虾去头、去壳取可食肌肉部分；蟹、甲鱼等取可食部分；样品切为不大于 0.5 cm×0.5 cm×0.5 cm 的小块后混匀。

7.2.2 样品提取

称取（5.000±0.001）g 样品，置于 50 mL 离心管中，加入 0.5%高氯酸溶液 10 mL（水溶性蛋白含量高的样品，用 1%高氯酸溶液），用均质器均质 30 s，于振荡器上振荡提取 3 min，以 4 000 r/min 离心 10 min，取上清液于 50 mL 试管中，向离心管中的残渣再加入 0.5%高氯酸溶液 5 mL，重复操作一次，合并上清液。加入 1 mL 正己烷，振荡 1 min 后，离心，除去正己烷相；再加入 1 mL 正己烷，振荡 1 min 后，离心，除去正己烷相。水相用 ODS-C18 柱（预先用 5 mL 甲醇、2 mL 5%乙二胺四乙酸二钠溶液、5 mL 实验用水洗过）

预处理，用 10 mL 蒸馏水洗去杂质，以 5 mL 甲醇洗脱，收集洗脱液，40℃水浴中氮气吹干，以甲醇定容至 1.0 mL，以 0.45 μm 滤膜过滤。滤液备用。

7.2.3 样品测定

取样品滤液 30 μL 进样，记录峰面积，从工作曲线查得样品滤液中土霉素、四环素、金霉素的含量。

7.3 计算

样品中土霉素、四环素、金霉素的含量按下式计算。

$$X=c \cdot V/m$$

式中：X——样品中抗生素含量，mg/kg；

c——样品溶液中抗生素含量，μg/mL；

m——样品质量，g；

V——样品溶液体积，mL。

8. 方法回收率

本方法的回收率≥70%。

9. 方法检测限

本方法检测限：土霉素≤0.05 mg/kg，四环素≤0.05 mg/kg，金霉素≤0.1 mg/kg。

10. 方法批间变异系数

本方法批间变异系数≤15%。

附录 10：水质生物评价方法

水质（water quality）是水体质量的简称。它标志着水体的物理（如色度、浊度、臭味等）、化学（无机物和有机物的含量）和生物（细菌、微生物、浮游生物、底栖生物）的特性及其组成的状况。为评价水体质量的状况，规定了一系列水质参数和水质标准。如生活饮用水、工业用水和渔业用水等水质标准。

水质生物评价是通过对浮游植物、浮游动物、底栖生物、鱼类种类和数量变化的测定和分析，判定水体的污染和富营养化状况。结合环境水体的水化学参数如 TN、TP 和 COD 等指标，从水生生物学的角度对环境水体的污染程度进行监测和评价，可以较客观地、综合地反映出水体的环境质量。

水生生物的采样点布设和采样时间可结合流域水生生物的生活阶段、分布状况、特征以及具体的栖息环境确定。采样点应综合考虑栖息生境的多样性；采样时间通常是鱼类每季度调查一次为宜，也可选择在雨季和旱季各调查一次，大型底栖生物以平水期为宜；藻类枯丰平各调查一次；调查频次为鱼类每年 1～4 次，底栖动物每年 1～2 次，藻类每年 2～3 次。

1. 鱼类调查

包括鱼类的样品采集、样品鉴定与处理、体长和体重测量。

1.1 样品采集

（1）实地捕捞法。分可涉水河流和不可涉水河流鱼类样品采集。

①可涉水河流鱼类样品采集。可涉水河流适用电鱼法、地笼法进行样品采集。

电鱼法：调查者双肩背超声电鱼器，一手持电极电鱼，一手持抄网收集样品装入随身携带的桶中。电鱼前应在采样区域上下游设置围网以保证鱼类不会逃逸。采样时间维持 30～60 min，期间在采样区域反复进行。

地笼法：根据不同研究目的和捕捞对象，在调查河段选择不同类型生境，投放地笼并固定好，12～36 h 后提起地笼并收集鱼类样品。

②不可涉水河流鱼类样品采集。不可涉水河流适用拖网法、挂网法、地笼法、电鱼法进行样品采集。

拖网法：在中央深水区雇船使用拖网捕鱼，每个采样点行进距离不超过 100 m，以避免对鱼类资源的破坏性影响。

挂网法：在深水区、浅水区分别设置 3～5 片挂网，网目的选择应满足采集鱼类的种类全面，挂网时间维持 30～60 min，提网收集鱼类样品。

地笼法：操作方法同可涉水河流鱼类采集的地笼法。

电鱼法：对于不可涉水河流，电鱼法只适合浅水区使用。

（2）渔获物调查法。渔获物调查，即从当地渔民渔获物中获取相应样品。此法对可涉水河流和不可涉水河流均适用，同时也适用于某些受自然因素或人为因素影响而难开展鱼类样品采集的调查河段。

渔获物调查仅为更全面地了解调查河流鱼类种类配合使用，不作为河流鱼类样品采集必须方法。

1.2 样品鉴定与处理

鱼类样品采集后立即进行鉴定工作，难以鉴定的种类制作为标本，其余样品全部放归自然。

需要制作标本的，每种取 10～20 尾用纱布裹好，加入福尔马林溶液固定，个体较大的种类还需进行腹腔注射福尔马林。进行组织分析的，需要冷藏保存运回实验室。

1.3 生物学特性测量

（1）体长。鱼类长度以 cm 或 mm 为单位，使用量鱼板进行体长的测量。常用指标包括：

体长：鱼的吻端至尾鳍中央鳍条基部的直线长度；

全长：鱼的吻端至尾鳍末端的直线长度。

对于尾鳍分叉的鱼类，测量全长时，将其摆放成自然的状态，选择其中较长的一叶进行测量。

（2）体重。鱼类重量以 g 或 mg 为单位。称量过程中，应使鱼保持湿润状态，避免由于身体失水造成的测量误差。经过低温保存的鱼类样品在质量测量时，应按照样品保存期间的失量率予以校正。

2. 大型底栖动物调查

包括大型底栖动物的样品采集、样品处理、种类鉴定、密度和生物量计算。

2.1 样品采集

包括可涉水河流和不可涉水河流大型底栖动物样品采集。

（1）可涉水河流底栖动物样品采集。定性样品选用 D-型网采集，方法如下：

（a）将 D-型网紧贴河底，用脚搅动网前的底质，使其随水流进入网内；

（b）缓慢向前移动，确保 D-型网紧贴河底；

（c）搅动一定面积或一定时间后，选择不同类型生境继续采集；

（d）将网内所有底质转入桶中，搅动桶内所有底质，用 60 目筛网过滤；

（e）重复数次，直至目测大型无底栖动物随搅动漂浮于桶中为止，收集筛内所有大型底栖动物。

定量样品选用索伯网或 Hess 网进行采集，以索伯网为例，方法如下：

（a）将索伯网采样框紧贴河道底质，网口应顺水流方向，将采样框内较大的石块上的大型底栖动物全部洗入网衣内；

（b）用小铁铲搅动采样框内 15～30 cm 的所有底质，装入网衣内；

（c）将网衣内所有底质和大型底栖动物转入水桶内，加水搅动；

（d）将桶中掉落物洗净挑出，确保无大型底栖动物附着其上；

（e）搅动桶内所有底质，用 60 目筛网过滤；

（f）如此重复数次，直至目测无大型底栖动物随搅动漂浮于桶中为止，收集筛内所有大型底栖动物。

（2）不可涉水河流底栖动物样品采集。不可涉水河流生境相对均一，大型底栖动物定性样品和定量样品均可使用被动采集或主动采集方法获得。

被动采集：将自然基质或人工基质投入不同生境（缓流和急流）的河底。经过 4～6 周后，缓慢提起基质，同时在顺水流方向上放置一网和基质一并提起，以收集被水流带走的大型底栖动物。将基质和网中的大型底栖动物转入桶中，用刷子把基质清洗干净后挑出，经 60 目筛网过滤收集所得大型底栖动物。

主动采集：利用带网夹泥器、埃克曼采泥器或彼得逊采泥器，在不同生境中采集底泥，将所采得底泥转入桶中，经 60 目筛网过滤收集所得底栖动物。其中，带网夹泥器主要用于采集软体动物；埃克曼采泥器主要用于采集寡毛类和昆虫幼虫；彼得逊采泥器主要用于采集寡毛类、昆虫幼虫和小型软体动物。

2.2 样品处理

底栖动物样品采集后转入样品瓶，尽量将水沥出，加入 70%酒精固定。为防止由环境突变而引起动物标本身体的变形或弯曲，先加入少量 70%酒精，几分钟后加 70%酒精至瓶口，加盖密封。

样品瓶加贴标签，注明采样样点与时间，并用透明胶带封好，防止标签打湿。

运输过程中避免挤压、高温，运回实验室后立即进行分析。

2.3 种类鉴定

底栖动物种类鉴定之前应进行样品挑拣工作。

（1）将同一个样品挑选出来，核对无样品遗漏，在记录本上进行分样记录，标明挑拣人；

（2）将所有样品经 60 目筛网过滤，用水缓慢冲洗 5 min，拣出体积稍大的杂质；

（3）将筛网内样品转入白瓷盘中，挑拣所有底栖动物样品，放入样品贮存瓶中，挑拣完毕加 70%酒精封闭保存，加贴与样品瓶同样信息的标签；

（4）未挑拣的样品放回原样品瓶中重新加入酒精保存，添加标签注明“挑拣剩余”，记录挑拣所使用的方法和比例；

（5）样品贮存瓶应定期更换酒精，以备长期保存。

底栖动物种类鉴定应保持一致的鉴定标准。鉴定的分类阶元越低，数据的可使用性越高，但准确性会下降，绝大多数的物种鉴定可参照下表进行。

表 1　底栖动物分类鉴定基本要求

纲目	基本分类要求	推荐分类要求
蜻蜓目	科	属或种
襀翅目	科	属或种
毛翅目	科	属或种
蜉蝣目	科	属或种
鞘翅目	科	属
半翅目	属	属
广翅目	属	属
脉翅目	科	属
鳞翅目	科	属
膜翅目	科	属
双翅目（未包括摇蚊科）	属或者科	属或种
摇蚊科	亚科	属或种
寡毛类	纲	属或种
软体动物	属	属或种
虾、蟹	科	属

2.4 密度与生物量计算

（1）密度。每个采样点所采到的底栖动物按不同种类准确地统计个体数，再根据采样器的开口面积推算出不同种类底栖动物的密度。

（2）生物量。底栖动物用吸水纸吸干附着的水分，用天平称量其湿重，根据采样器的开口面积推算出不同种类底栖动物的生物量。

3. 藻类调查

包括藻类的样品采集、样品处理、种类鉴定、生物密度和多样性指数计算。

3.1 样品采集

包括着生藻类和浮游藻类的采集：

（1）着生藻类样品采集。着生藻类定性样品采用天然基质法进行采集：选择断面内几种典型栖息地，采集栖息地内各种植物根茎、大型水草、附有藻类的石头及枯枝落叶等，其中大型水草及枯枝落叶将全株直接装入 250 mL 塑料瓶中，加入 100～200 mL 蒸馏水，并用力摇晃瓶子；将附着在石头上的藻类用软毛刷刷入瓶中，并用蒸馏水冲洗石头表面和毛刷。用 4%甲醛固定。

定量样品采样天然基质法进行采集：选择附有藻类的形状规整、易于测量表面积的石块，量定一定表面积，用毛刷将基质上所着生的藻类全部刮到 250 mL 塑料瓶中，并用蒸馏水将基质冲洗多次，定容到 150 mL。若天然基质为泥沙等沉积物，则用培养皿扣取表面底泥，用蒸馏水将底泥冲刷至 250 mL 塑料瓶中，定容到 150 mL。用 15‰鲁戈氏液固定。

（2）浮游藻类样品采集。浮游藻类定性样品选用 25 号浮游生物网，关闭阀门，在距离水面 0.5 m 处做“∞”形运动 1～3 min，流速较快时可逆流拖行，拖滤体积在 5 m^3 以上，快速提起浮游生物网，打开阀门，装入 50 mL 塑料瓶中。用 4%甲醛固定。

定量样品采集采用有机玻璃采水器，在 0.5 m 深处采集 1 L。用 15‰鲁戈氏液固定。

3.2 样品处理

（1）着生藻类定性样品如果含泥沙较多，可将样品放置在表面皿中，搅动样品，沉淀去除泥沙。

（2）浮游藻类定量样品浓缩。将 1 L 样品放入沉淀器或分液漏斗中，24 h 后搅动沉淀器，将挂壁的藻类搅动下来，48 h 后用虹吸法吸取 770 mL 上清液，将剩余的 30 mL 样品倒入 50 mL 塑料瓶中。

（3）硅藻观察前预处理。取 1 mL 样品于大试管中，加入 1 mL 浓硝酸和 1 mL 浓盐酸，在沙浴锅中消解，至样品出现白色悬浮物，取一滴样品在低倍镜下观察，如硅藻壳内仍有细胞质，则加 1 mL 硝酸继续消解。待样品冷却后加入 1 mL 饱和重铬酸钾溶液，静置 24 h，用蒸馏水冲洗至样品 pH=7。将沉淀放入 75%乙醇中保存，用加拿大树胶封存。

3.3 种类鉴定

用 10 倍和 40 倍目镜观察普通样品，用 40 倍和 100 倍目镜观察硅藻样品。参考《中国淡水藻类》和《中国淡水藻志》，优势种鉴定至种或亚种，其他种类鉴定至属或种，绿藻门结合纲种类在非繁殖季节鉴定至属。

3.4 生物密度与多样性指数计算

定量计数：把样品充分摇匀后，吸取 0.1 mL 置 0.1 mL 的计数框里，在显微镜下横行移动计数框，逐行计算平行线内出现的各种藻类数。视藻类密度大小，一般计算 10 行、20 行、40 行以至全片。必须使优势种类计数的个体数在 100 个以上。

将定量计数中所记录的各种类的个体数，利用下面的计算公式，换算为每平方厘米上着生藻类的个体数：

$$N_i = \frac{C_1 \cdot L \cdot n_i}{C_2 \cdot R \cdot h \cdot S} \tag{1}$$

式中：N_i —— 单位面积第 i 种藻类的个体数，个/cm^2；

C_1 —— 标本定容水量数，mL；

C_2 —— 实际计数的标本水量数，mL；

L —— 藻类计数框每边的长度，mm；

R —— 计算的行数；

h —— 视野中平行线间的距离，mm；

n_i —— 实际计数所得第 i 种藻类个体数；

S —— 刮取基质的总面积，cm^2。

着生藻类评价方法采用 Shannon-Weaver 多样性指数，评价分级见表 2。

$$H=-\sum_{i=1}^{S}\left(\frac{n_i}{N}\right)\mathrm{lb}\left(\frac{n_i}{N}\right) \tag{2}$$

式中：S——生物的种类数；

N——群落的个体总数；

n_i——i 种的个体数。

表 2　着生藻类多样性指数评价分级

指数	清洁	轻污染	中污染	重污染	严重污染
Shannon-Weaver 多样性指数	$H\geqslant3$	$2\leqslant H<3$	$1\leqslant H<2$	$0\leqslant H<1$	无生物

附录 11：实验动物的选择、标记、分组、染毒及采血

实验动物是指供相关实验而科学育种、繁殖和饲养的动物。在环境生态毒理效应研究中，实验动物是其重要的研究对象，熟练掌握实验动物的选择、标记、分组、染毒途径、实验动物的处死方法、生物材料的采集和制备等基本实验技能，才能为较好地完成相应的动物生态毒理效应实验，获得真实可信的实验数据和结果奠定基础和条件。

1. 实验动物的选择

高质量的实验动物应具备较好的遗传均一性，对外来刺激的敏感性和实验的再现性。

实验动物选择得当与否，直接关系到研究效果。因为，在不适当的动物上进行实验，就无法获得正确的结论。选择什么实验动物，是进行毒理学实验中面临的第一个问题。

原则：

（1）健康动物的选择。动物的健康状况或动物的特殊生理状态，如怀孕、哺乳、月经、更年期等可以改变其对毒理的感受性，直接影响毒效应。因此，在毒理实验中通常不选用不健康的动物或处在怀孕、哺乳、月经、更年期等的动物。但有些特殊实验，比如研究毒物对胎儿的影响，则必须选用怀孕动物。

健康动物通常具备的体征表现为：发育正常、体型丰满、良好的胸腺、宽阔的背部、匀称而浑圆的臀部、被毛浓密而富有光泽、并紧贴体表、眼睛明亮而有神、运动迅速有力、敏捷而准确、食欲良好、眼、鼻、耳无分泌物等。

可根据动物外观，初步判断是否健康。但不健康的动物也不一定能从外观上鉴定出来，在正式实验前应对动物进行一周的观察，以淘汰不健康或处于不适宜生理状态的动物。

（2）种属选择。应尽可能选择在解剖结构上与人相近，其对毒物的代谢特点也与人相似、近似的动物，所以常选用哺乳动物、温血动物。对新化学物质进行毒理实验研究时，最好选用两种以上不同种属的动物同时进行实验。

（3）个体选择。因为存在着个体差异，同一种动物对同一种毒物反应也不一样。为减少实验误差，还应注意个体选择。个体选择包括年龄、体重、性别、生理状态及健康状态。

①年龄：不同年龄的动物对毒物的反应不同，一般年幼动物对毒物的反应敏感。至于选择多大年龄的动物，这要根据各实验的目的而定。

实验动物的年龄与体重的关系

动物	大鼠	小鼠	豚鼠	兔	犬	猫
成年年龄/周	3	2	2	3～4	3～4	3～4
体重/g	150	15	250	1.5 kg	7～15 kg	1 kg
寿命/a	2～3	2～3	6～8	4～9	15～20	10～12

②性别：不同性别的动物对毒物感受性不同。在毒理学实验中有些实验专用雌性动物或雄性动物，但一般没有特殊要求时应选雌雄各半。

实验动物的性别鉴定。因动物种属不同，性别鉴定法各有不同，学生需掌握常用实验动物大鼠、小鼠、豚鼠、家兔、犬、猫以及大动物的性别鉴定方法。

（4）易于饲养管理，方便实验操作。

（5）易于获得，品系纯化，价格低廉。

2. 实验动物的标记

为了便于观察和记录，需对实验动物进行标记或编号。标记要求：清楚、耐久、简便、适用。常用标记法有：染色法、号牌法、烙印法以及耳缘孔口法。

（1）染色法。指用不同颜色的染料涂擦于动物不同部位来表示不同号码。该方法优点是：简单方便，不痛苦，无损伤。缺点是：时间较长时，染色剂易褪色；标记容易模糊不清。适用于大鼠、小鼠和豚鼠。

标号时用细毛笔蘸取染色液，在动物身上不同部位染色，用一种颜色可标记 1—10 号。若用两种色，可用白色做个位，黑色做十位，则可标记 100 号，1—9 号按图示部位标号，10 号可不染色，或用红色在正中 1 号处染色，10 号以上的编号法以此类推。

方法一。以小鼠为例，其标记可按右前肢、右肋、右后肢、颈部、背中、尾根、左前肢、左肋、左后肢，顺序编号为 1—9 号，不染色为 10 号，见图 1（a）。在动物相同部位涂染另一种颜色染料表示十位，两种颜色可编 1—99 号，见图 1（b）。

方法二。以头部为 1 号，顺时针方向依次从右耳、右前肢、右后肢、颈部、背中、尾根、左耳、左前肢、左后肢染色，分别为 2—10 号，见图 2。

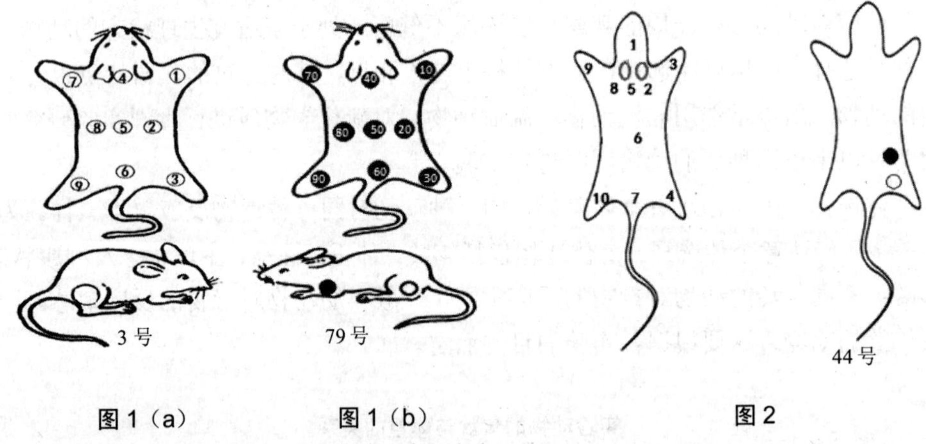

图 1（a）　　图 1（b）　　图 2

常用染料：

3%～5%苦味酸酒精饱和液，呈黄色；

甲基紫酒精饱和液，呈紫色；

0.5%中性红或品红溶液，呈红色等。

（2）号牌法。用金属或塑料制成号牌，固定在动物的耳部或系于其颈部。适用于较大动物。

（3）烙印法。将铸铁号码加热后，在动物体表部位烧烙，以破坏毛囊，留下印记。适用于大动物。

（4）耳缘孔口法。在耳缘先用针穿孔和用剪刀剪口，再用酒精墨汁涂抹，使黑色渗入孔口，伤口愈合后不易脱落，这种标号亦可标号1—99。适用于大、小鼠。

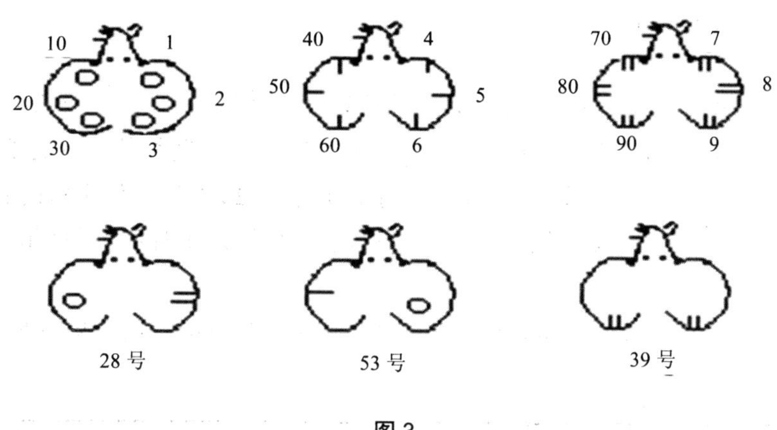

图3

选用哪种方法对动物标记，要根据动物品种、数量、观察时间的长短来确定。实验用大动物猫、狗、猴等数目不多时，只要记录它们外表和毛性特征即可，不必再特殊标记。而用小动物数量又多时，由于个体与个体之间不易区别，一定要做标记。

3. 实验动物的分组与编号

生态毒理实验常常要把实验动物分成若干个实验组和对照组。实验组是接受同一种受试动物的不同剂量或接受不同受试物质的不同剂量或接受不同受试物，以观察各种动物出现的反应差异，而对照组则不接受染毒处理，仅做实验对照比较的基础，以便排除实验条件诸因素的影响，从而得以更充分地显示受试物质的真实作用。

因为动物的性别、体重、健康状况都各不相同，为使分配到各组去的动物条件基本一致，减少动物个体差异对实验结果的影响，必须合理地将实验动物分配到各组中。

（1）原则。按统计学原理将动物随机分组。随机分组的目的是每个实验动物都有同等的机会分配到各组中，从而避免实验人员主观性（有意或无意）造成的选择性分配，使实验减少偏性，从而更加准确可靠。使非处理因素最大限度地保持一致，提高每组实验动物间的均衡性。

（2）常用方法。随机分组的方法很多，常用的有“抽签法”，但当实验动物较多时，这个办法不合适，就要采用随机数字表法的完全随机设计方法，或采用随机化的随机区组设计方法。

1）完全随机设计方法。

完全随机设计方法是一种最简单的设计方法。

①完全随机设计的主要优点。

a. 设计容易　处理数与重复数都不受限制，适用于实验条件、环境、实验动物差异较小的实验。

b. 统计分析简单　无论所获得的实验资料各处理重复数相同与否，都可采用 t 检验或方差分析法进行统计分析。

②完全随机设计案例。

例：设对某化学物质进行毒性实验，实验计划分 3 个剂量组，1 个对照组，供选用动物 20 只，雌雄各半，称重后开始标号 1、2、3……20 号。从随机数字表上任选一横行或纵行的任意数字开始，一次开始取出 20 个数字，并把这 20 个数字依次标记于 20 个动物的号数之下，然后用组数（4）去除每一个随机数字，余数为 0 则分至第四组。（不够除者也分到第四组）。

用上面方法把 20 只动物完全随机分配到四组中去。见下面随机分配整理表：

动物编号	1	2	3	4	5	6	7	8	9	10	11	12	13	14	15	16	17	18	19	20
随机数字	26	08	73	37	32	04	05	69	30	16	09	05	88	69	58	28	99	93	22	53
用4除的余数	2	0	1	1	0	0	1	1	2	0	1	1	0	1	2	0	3	1	2	1
分配组别	二	四	一	一	四	四	一	一	二	四	一	一	四	一	二	四	三	一	二	一

20 只动物完全随机分配到四组中，分配结果第一组 9 只，第二组 4 只、第三组 1 只、第 4 组 6 只，各组动物不相等，为了使各组动物数相等，把第四组中多余的 1 只调到第二组，这样各组动物数才相等，那么究竟挑出那几只动物呢？这也应随机调出。

下表是完全随机分配后各组动物号

组别	动物号数								
第一组	3	4	7	8	11	12	14	18	20
第二组	1	9	9	19					
第三组	17								
第四组	2	5	6	10	13	16			

要在第一组中取出 4 只，就在随机表上按上述方法取 4 个数字，如 59、29、81、16

先用第一组共有动物 9 除以第一个数，然后用 8 除第二个数，7 除第三个数，6 除第四个数，所得余数分别为 5、5、3、4，把第一组种动物按顺序排第五只动物，即 11 号动物，余下动物的第五只即第 12 号动物，第三只即第 7 号动物，第四只即第 8 号动物，将这四只动物调入第三组。

调整第四组动物，只调出一只动物因此在随机数字表上取一个数，如取 28，用 6 除，余数为 4，将第四只动物即 10 号动物调入第二组，经整理后各组动物数相等，见下表：

组别	动物编号				
第一组	3	4	14	18	20
第二组	1	9	15	19	10
第三组	17	11	12	7	8
第四组	2	15	6	13	16

分组后动物必须分笼（或分罐）饲养，如果慢性实验还应雌雄分开。

20 只动物的完全随机分配

动物编号	1	2	3	4	5	6	7	8	9	10	11	12	13	14	15	16	17	18	19	20
随机数字	12	56	85	99	26	96	96	68	27	31	05	03	72	93	15	57	12	10	14	21
用 4 除的余数	0	0	1	3	2	0	0	0	3	3	1	3	0	1	3	1	0	2	2	1
所属组别	四	四	一	三	二	四	四	四	三	三	一	三	四	一	三	一	四	二	二	一

完全随机分配后各组所属动物号

组别	动物编号						
1	3	11	14	16	20		
2	5	18	19				
3	4	9	10	12	15		
4	1	2	6	7	8	13	17

③完全随机设计的主要缺点。

a. 由于未应用实验设计三原则中的局部控制原则，非实验因素的影响被归入实验误差，实验误差较大，实验的精确性较低。

b. 在实验条件、环境、实验动物差异较大时，不宜采用此种设计方法。

2）随机区组设计。随机区组设计（randomized block design），亦称完全随机区组设计（random complete block design），这种设计的特点是根据“局部控制”的原则。

①随机区组设计的主要优点。

a. 设计与分析方法简单易行。

b. 由于随机单位组设计体现了实验设计三原则，在对实验结果进行分析时，能将单位组间的变异从实验误差中分离出来，有效地降低了实验误差，因而实验的精确性较高。

c. 把条件一致的供试动物分在同一单位组，再将同一单位组的供试动物随机分配到不同处理组内，加大了处理组之间的可比性。

d. 各组的动物数目相等，动物平均体重相近，可以减少实验误差。

e. 动物数目较多时比完全随机法快。

②随机区组设计案例。实验条件与完全随机设计案例相同，即：设对某化学物质进行毒性实验，实验计划分 3 个剂量组，1 个对照组，供选用动物 20 只，雌雄各半。

将动物称重，按体重顺序依次排列编号，分成若干个区组，每一区组的动物体重相近，每一区组的动物数即为组数。再从随机数字表上任意抄下随机数字，依次标在每个动物的编号下，如欲将动物分为 4 组，则将每一区组动物编号下的随机数字，按顺序分别用 4、3、2、1 除之，根据余数大小将动物分入各组。

原则是余数即为所属组别，余数 0 属最后一组。当同一区组中有相同余数时，非 0 余数按顺序分配至未分配动物的首位组，而 0 余数则按顺序分配至未分配动物的末尾组。如下表第一区组中，第一个余数是 0，将 1 号大鼠分到第 4 组；第 2 个余数为 1，2 号大鼠分到第 1 组；第 3 个余数仍为 1，未分配动物的第 2 组居首位，故将 3 号大鼠分到第 2 组；余下 4 号大鼠则分到第 3 组。

20 只小鼠按随机区组设计分组表

动物编号	1	2	3	4	5	6	7	8	9	10	11	12	13	14	15	16	17	18	19	20
随机数字	16	22	77	94	39	49	54	43	54	82	17	37	93	23	78	87	35	20	96	43
除数	4	3	2	1	4	3	2	1	4	3	2	1	4	3	2	1	4	3	2	1
余数	0	1	1	0	3	1	0	0	2	1	1	0	1	2	0	0	3	2	0	0
分配组别	四	一	二	三	三	一	四	二	二	一	三	四	一	二	四	三	三	二	四	一

随机分配到各组的动物

组别	动物编号				
1	2	6	10	13	20
2	3	8	9	14	18
3	4	5	11	16	17
4	1	7	12	15	19

③随机区组设计的主要缺点。当处理数目过多时，各单位组内的供试动物数也过多，要使各单位组内供试动物的初始条件一致将有一定难度，因而在随机单位组设计中，处理

数以不超过 20 为宜。

4. 实验动物的被毛去除法

动物的被毛常能影响实验操作和结果的观察，实验中常需去除或剪短动物的被毛。根据实验动物及实验需要的不同，去毛的部位视不同动物及实验要求而定。常选用的是背部正中线两侧，大鼠、小鼠有时也选用腹部。去毛的面积取决于实验的要求和动物的大小，常用面积为：小鼠 1.5 cm×2 cm，大鼠和豚鼠 4 cm×4.5 cm，兔约为 10 cm×15 cm。学生需掌握多种被毛去除方法，如剪毛、拔毛、剃毛、脱毛等。

（1）拔毛法。实验动物被固定后，用食指和拇指将暴露部位的毛拔去。进行采血或动、静脉穿刺时，常用此方法暴露血管穿刺的部位。拔毛不但暴露了血管，而且刺激了局部组织产生扩张血管的作用。如作兔耳缘静脉和鼠静脉采血，就要拔去上述静脉表面的被毛。

此法简单实用，在各种动物作后肢皮下静脉注射或取血，特别是家兔耳缘静脉注射或采血时常用。将动物固定后，用拇指和食指将所需部位的被毛拔去即可。若涂上一层凡士林，可更清楚地显示血管。

（2）剪毛法。急性实验中最常用的方法。将动物固定后，先将剪毛部位用水湿润，将局部皮肤绷紧，用弯头手术剪紧贴动物皮肤依次将所需部位的被毛剪去。可先粗略剪去较长的被毛，然后再仔细剪去毛桩。千万注意不能用手提着皮毛剪；否则易剪破皮肤，影响下一步的实验，为避免剪下的被毛到处乱飞，应将剪下的被毛放入盛水的烧杯内。

（3）剃毛法。实验动物固定后，用刷子蘸温肥皂水将需要暴露部位的被毛湿透，用剪刀剪去被毛，然后用剃毛刀逆被毛生长方向剃去残留被毛。剃毛时必须绷紧局部皮肤，尽量不要剃破皮肤。剃毛法常用于大动物手术区域皮肤的术前准备。剃毛刀除专用刀具外，尚可用止血钳夹持半片新剃须刀片代替，但要小心不要割破皮肤或血管。

（4）脱毛法。是采用化学脱毛剂进行脱毛的方法。此法常用于大动物无菌手术，局部皮肤刺激性实验，观察实验动物局部血液循环等实验。

1）常用脱毛剂配方。

①配方 1：硫化钠 8 g 溶于 100 mL 水中。

②配方 2：硫化钠∶肥皂粉∶淀粉的比例为 3∶1∶7，再加水调至糊状。

③配方 3：硫化钠 10 g 和生石灰 15 g 溶于 100 mL 水中。

④硫化钠 8 g，淀粉 7 g，糖 4 g，甘油 5 g，硼砂 1 g，加水 75 mL。

⑤生石灰 6 份、雄黄 1 份，加水调成黄色糊状。

配方①和②适用于家兔和啮齿类动物的脱毛，配方③适合给犬脱毛。

2）脱毛方法。使用脱毛剂前应剪去局部被毛，但剪毛前不能用水湿润被毛，以免脱毛剂流入毛根造成损伤。脱毛时用镊子夹棉球或纱布团蘸脱毛剂涂抹一层在已剪去被毛的部位，3～5 min 后，用温水洗去脱下的毛和脱毛剂。再用干纱布将水擦干，涂上一层油脂。注意操作时动作应轻巧，以免脱毛剂沾在实验人员的皮肤、黏膜上，造成不必要的损伤。

5. 剂量选择与受试物的配制

（1）剂量选择。广泛查阅文献资料，估计毒性中值；预试，求出待测化学物 0～100% 或 10%～90%的大致致死剂量范围；设计正式实验的剂量和分组。

（2）剂量分组。

$i=（\lg LD_{100}-\lg LD_{10}）/（n-1）$

或 $i=（\lg LD_{90}-\lg LD_{10}）/（n-1）$

式中：n —— 设计的剂量组数；

i —— 组距，相邻两个剂量组对数剂量之差。

（3）受试物的配制

1）溶剂的选择。

2）配制方法。

①等容量稀释。要求不同剂量组实验动物单位体重所给受试物的体积相同时，就将受试物配成不同浓度。等比稀释法（1∶k）。

②等浓度稀释。将受试化学物配成一种浓度，不同剂量组实验动物单位体重所给受试化学物的体积不同。

6. 染毒方法

为了研究毒物对实验动物的毒作用，首先要是毒物与动物接触，并进入动物体内这一过程称为“染毒”，采用什么方法染毒则要根据毒物形态，实验目的，毒物性质及其作用特点和该物质用途等因素而定。

在毒理学实验中常用以下几种染毒方法：

（1）灌胃法：多用于急性或亚急性实验，灌胃应在动物空腹时进行，因胃内容物太多则改变了消化道吸收毒物的条件，增加注入毒物的困难影响实验结果。

灌胃工具：小动物如小鼠、大鼠、豚鼠等多用各种型号针头，为防止把食管刺破，要把针尖磨去；要磨光，针提微微弯曲。

大动物如兔、猫、狗和猴等多用各种型号的橡胶塑料导管。

小鼠灌胃操作法：用手把小白鼠固定，尽量使其呈垂直体位，右手持连接好的注射器，将针头对准正中线插入口腔沿咽后壁中线徐徐向后插入，不要偏斜，如遇阻碍则后退，再徐徐进针，一般插入 2～2.5 cm 即可到达食管下端。此时可将注射器向外抽气，如没有气体抽出则确证针头已插入食道中，如有气泡抽出则证明插入气管。应立即拔出针头，按上述操作重插。确定已插入食管后可将毒液慢慢注入。

注意事项：灌入毒液速度不可过快，速度过快可引起呕吐。个别小动物对灌胃的耐受性很低。一次灌入量稍多，即能引起反射性呼吸停止，此时要中止立即做人工呼吸，一般都能迅速恢复正常。

一次灌胃剂量不应超过体重的 2%～3%，参考下表：

常用实验动物一次灌胃最大耐受量

实验动物	体重/g	最大耐受量/mL
小白鼠	20～25	0.4
	25～30	0.6
	30 以上	0.8
大白鼠	200～250	4～5
	250～300	6.0
	300 以上	8.0
豚鼠	100～200	3.0
	200～300	4～5
	300 以上	6.0
家兔	2 000～2 500	80～100
	2 500～3 500	120
	3 500 以上	180
猫	3 000 以上	100～120
狗	2 500～3 000	50～90
	3 000 以上	90～500

（2）腹腔注射染毒法：腹腔注射染毒吸收快，操作简便，大动物猫、狗、兔等腹腔注射，可由助手抓住动物，后肢同抬，头部向下，在动物腹部下侧 1/3 处消毒，术者左手提起皮肤，右手持针先水平刺入皮肤，然后再将针头竖起垂直向深部刺入腹腔，这时把注射器针蕊回抽，观察是否有血液抽出，如有血液抽出应立刻将针抽出重插，如无回血确定已刺入腹腔，可把毒液徐徐注入。

小动物大白鼠、小白鼠等腹腔注射时术者左手拇指及食指执鼠耳及头后皮肤，以无名指及小指扣住尾巴。使鼠头部向下右手持注射器，将针头自动物腹部下外侧向头部方向水平刺入少许，再改为垂直向深部刺入腹腔，抽动注射器。如无回血，即可徐徐注入。

注意事项：注射部位不可靠近上腹部也不要刺入太深，注射用针头一般多用 5 号，不可太粗。一次注射剂量不可太多，一般家兔不超过 10 mL，豚鼠不超过 5 mL，大白鼠不超过 2 mL，小白鼠不超过 1 mL。

（3）皮下注射染毒法：小白鼠皮下注射用得较多。一般注射部位选于颈后，注射时先把动物固定好，左手拿镊子或拇指二指拉起皮肤，右手持注射器水平刺入皮下，抽针蕊无回血即可注入，注射部位局部隆起，证明注入皮下，切勿注入皮内！大鼠可选在尾根背部，兔可选在背部或耳根部注射。

（4）肌肉注射染毒法：注射部位一般选动物臀部，局部去毛消毒（小动物不必剪毛），注射器与皮表面垂直刺入肌肉，回抽无血便可注入。

（5）静脉注射染毒法：大白鼠、小白鼠尾静脉注射时，常选用左右两侧的尾静脉，先将鼠固定好，露出尾部，将尾部浸在40～45℃温水中1～2 min，使尾静脉充血，选好明显的一条静脉在尾下部1/3处，用左手捏住尾巴，右手持注射器，针头与尾成30°刺入尾静脉，针头推进少许，推药注意是否通畅，如皮下发白且药液阻力大，表示未刺入静脉应取出重刺。

注意：要选用四号针头，不可有气泡推进血管。注毕针头取出应立即用棉球轻轻擦压注射部位，以防药物及血液流出。

（6）兔耳静脉注射染毒法：将家兔固定好，剪掉耳缘部的毛，即可清楚地观察到耳缘静脉。用手指弹动或轻轻揉擦兔耳，然后以左手中指和食指压住耳根部，促进静脉充盈，左手拇指及无名指夹持并固定兔耳，右手取注射器用5号或6号针头，由耳尖部向下耳根方向刺入耳缘静脉，再由血管内向前进1cm，放松压迫耳根的手指，并用左手拇指和食指将针头固定，抽动注射器针蕊，如有回血即可注射。推注完毕，拔出针头，用棉花压住针头止血。

（7）狗静脉注射染毒法：狗的静脉注射多用后腿外侧小隐静脉及前腿内侧头静脉。

后腿外侧小隐静脉注射：此静脉位于后腿部下1/3外侧皮下，由前上向后下方绕行。注射由助手固定动物于侧卧位，在注射部位剪毛消毒，用橡皮带紧扎注射部上方，使静脉充血，即可清楚显示出这条静脉。术者左手固定注射部位皮肤，右手持针。用7号针头，先将血管附近刺入皮肤，然后沿血管平行刺入血管，回抽针蕊，如有回血，即可注药，注毕拔针，用棉球压迫止血。

前腿内侧头静脉注射：皮静脉位于前腿内侧前缘皮下，比后腿小隐静脉稍大而且比较容易固定，操作步骤同前。

7. 实验期限及观察指标

（1）观察期限。观察期限一般为7～14 d。

1）求LD_{50}时，目前国内外一般要求计算实验动物接触外源化学物后14 d内的总死亡数；

2）对于速发性死亡的化学物也可只计算24 h的死亡数，如久效磷24 h与14 d的LD_{50}没有差别。

（2）观察指标。

1）中毒症状：确定靶器官。

①行动：不安定、多动、发声；

②神经系统反应：举尾、震颤、痉挛、运动失调、姿态异常；

③自主神经系统反应：眼球突出、流涎、流泪、排尿、下泻、竖毛、皮肤变色、呼吸。

2）体重：隔日测量。

3）死亡和死亡时间。

4）病理学检查及其他指标。

8. **实验动物生物材料的采集和制备**

各种动物材料的采血、血清与血细胞的分离、尿液收集、组织匀浆的制备都是毒理学实验中极为重要的基本操作技术，需熟练掌握。实验动物采血法：

实验动物的血量占其体重的 5%～8%，常用动物的采血致死量如下：小白鼠 0.5 mL 以上，大白鼠 2.0 mL 以上，豚鼠 10 mL 以上，家兔 40 mL 以上。

（1）常用实验动物的采血方法：

①家兔耳静脉采血：

小心剪去耳缘的毛，用 75%乙醇消毒局部皮肤，在预定采血部位涂一薄层凡士林，便于形成血滴。左手中指和食指压住耳根部，拇指和四五指夹持耳尖，将耳拉平，右手持三棱针刺破耳缘静脉，血即点滴流出，供常规检查之用。

②家兔心脏采血法：助手两脚踩住兔后腿，两手拉住兔两上肢，使其固定，在左胸 2～4 肋剪毛、消毒。术者左手捏住胸骨上下端，右手持干燥注射器，以胸骨为界偏左在 3～4 肋间垂直进针见回血即可抽动针蕊，可采血 5～10 mL。2 kg 左右的家兔，每 2～3 周可采血 5～10 mL。

③豚鼠采血法：

耳缘剪口采血：将采血部位消毒，用剪刀剪破耳缘，并在剪口边缘上涂少量 20%枸橼酸钠溶液，则血液可自剪口中顺利地自行流出，以试管收集。

心脏采血：方法基本与家兔相同，助手捏住前后腿，固定后即可采血，体重 500 g 的豚鼠，通常可每 2～3 周采血一次，每次 1～3 mL。

④大、小鼠剪尾采血法：

如需血量较少，此法简单易行，将动物尾巴置 40～50℃温水中浸 3～5 min，促使尾静脉充血，拭干后随即用剪刀由尾末端开始剪 1 cm 左右，以后可剪 0.3～0.5 cm。尾尖即流出血液，每次采血用棉球压迫止血，剪尾采血一次可采 0.3～0.5 mL。足够一般血常规查用。

⑤狗静脉采血：可选用后腿外侧小隐静脉和前肢内侧头静脉，在采血部位剪毛消毒，在采血部位上方用橡皮带扎紧使静脉充血，左手固定进针部位皮肤，右手持针刺入血管，回抽针蕊有血即可抽动注射器抽出所需血量。

⑥鱼类采血（鱼体血液占体重 2%）：

用少量血，可斩断尾柄取血，一次性大量出血，可用心脏采血法。

操作方法：用小手术剪剪至口裂后缘，再从肛门垂直脊椎剪开，再沿脊椎剪至头，揭开腹壁暴露内脏，移除肠管，在薄壁的围心腔中可看见心脏。用 2 mL 注射器采血即可。

（2）采血注意事项：

采血用具必须消毒、洗净、干燥，含水可能造成溶血，并影响采血量的准确。

采血部位必须常规消毒。

如检验需要抗凝血，则应在盛血的试管内加入抗凝剂，常用凝血剂有：

3%～5%枸橼酸钠溶液，每毫升血加 5 mg。

10%种草酸钾溶液，每毫升血加 1～8 mL。

0.05%肝素，每毫升血用 0.2 mL。

（3）血清制备法：在盛血试管中不加抗凝剂，取血之后将盛血试管针放于试管架上，置 37℃温箱中 1 h，再置冰箱中过夜既有血清析出。

小量血清制取：可将血注入直径 4～5 mm 的玻璃管中，离心沉淀 5～10 min 即可分离出血清。

9. 实验动物的处死方法

根据实验动物以及实验需要的不同，采用的处死手段或方法也可能不同。下面是针对不同的实验动物常用的处死方法。

（1）狗、猫、兔、豚鼠。

1）空气栓塞法。向动物静脉内注入一定量的空气，使之发生栓塞而死。当空气注入静脉后，可在右心随着心脏的跳动使空气与血液成泡沫状，随血液循环到全身。如进到肺动脉，可阻塞其分支，进入心脏冠状动脉，造成冠状动脉阻塞，发生严重的血液循环障碍，动物很快致死。一般兔、猫等静脉内注入 20～40 mL 空气即可致死。每条狗由前肢或后肢皮下静脉注入 80～150 mL 空气，可很快致死。

2）急性失血法。先使动物轻度麻醉，如狗可按每公斤体重静脉注射硫喷妥钠 20～30 mg，动物即很快入睡。暴露股三角区，用锋利的杀狗刀在股三角区作一个约 10 cm 的横切口，把股动、静脉全切断，立即喷出血液。用一块湿纱布不断擦去股动脉切口周围处的血液和血凝块，同时不断地用自来水冲洗流血，使股动脉切口保持畅通，动物在 3～5 min 内即可致死。采用此种方法，动物十分安静，对脏器无损伤，对活杀采集病理切片标本是一种较好的方法。

如果处死狗的同时要采集其血液时，则在用硫喷妥钠轻度麻醉后，将狗固定在狗手术台上。分离颈动脉，插一根较粗的塑料管，放低狗头，打开动脉夹，使动脉血流入装有抗凝血的容器内，并不断摇晃，以防血液凝固。

3）破坏延脑法。用器具破坏延脑或用木槌用力击其后脑部。

4）开放性气胸法。将动物开胸，造成开放性气胸。这时胸膜腔与大气压相等，肺脏因受大气压缩发生肺萎缩，纵隔摆动，动物窒息死亡。

5）化学药物致死法。静脉内注入一定量的氯化钾溶液，使动物心肌失去收缩能力，心脏急性扩张，致心脏迟缓性停跳而死亡。每条成年兔由兔耳缘静脉注入 10%氯化钾溶液 5～10 mL；每条成年狗由狗前肢或后肢下静脉注入 20～30 mL，即可致死。

静脉内注入一定量的福尔马林溶液，使血液内蛋白凝固，动物由于全身血液循环严重障碍和缺氧而死。每条成年狗静脉注入 10%福尔马林溶液 20 mL 即可致死。也可将福尔马林与酒精按一定比例配成动物致死液应用。

皮下注射士的宁致死：豚鼠剂量为 3.0～4.4 mg/kg 体重，兔 0.5～1.0 mg/kg 体重，狗 0.3～0.42 mg/kg 体重，猫 1.0～2.0 mg/kg 体重。

经口或注入 DDT 致死；（LD_{50}）：

豚鼠：经口 0.4 g/kg 体重，皮下 0.9 g/kg 体重。

兔：经口 0.3 g/kg 体重，皮下 0.25 g/kg 体重；静脉 0.043 g/kg 体重。

狗：静脉 0.067 g/kg 体重。

（2）蛙类

常用金属探针插入枕骨大孔，破坏脑脊髓的方法处死。

将蛙用湿布包住，露出头部，左手执蛙，并用食指按压其头部前端，拇指按压背部，使头前俯；右手持探针由凹陷处垂直刺入，刺破皮肤即入枕骨大孔。这时将探针尖端转向头方，向前深入颅腔，然后向各方搅动，以捣毁脑组织。再把探针由枕骨大孔刺入并转向尾方，刺入椎管，以破坏脊髓。脑和脊髓是否完全破坏，可检查动物四肢肌肉的紧张性是否完全消失。拔出探针后，用一小干棉球将针孔堵住，以防止出血。操作过程中要防止毒腺分泌物射入实验者眼内。如被射入时，则需立即用生理盐水冲洗眼睛。

（3）大鼠、小鼠。

1）脊椎脱臼法。右手抓住鼠尾用力向后拉，同时左手拇指与食指用力向下按住鼠头。将脊髓与脑髓拉断，鼠便立即死亡。

2）断头法。用剪刀在鼠颈部将鼠头剪掉。鼠由于剪断了脑脊髓，同时大量失血，很快死亡。

3）击打法。右手抓住鼠尾，提起，用力摔击其头部，鼠痉挛后立即死去。

4）急性大失血法。可采用鼠眼眶动脉和静脉急性大量失血方法使鼠立即死亡。

5）药物致死法。吸入一定量的一氧化碳、乙醚、氯仿等均可使动物致死。皮下注射士的宁，吸入乙醚、氨仿，均可致死。士的宁注射量，小鼠 0.76～2.0 mg/kg 体重，大鼠 3.0～3.5 mg/kg 体重。氯化钾处死大鼠剂量：25%溶液 0.6 mL/只静脉注入。

10. LD_{50}的计算

LD_{50}测定是以动物死活为指标的质反应。

（1）特点

当死亡呈正态分配时，一般具有以下特点：

1）剂量对数值与动物死亡频数之间为正态分布曲线关系；

2）剂量对数值与死亡率之间为正“S”形曲线；

3）从实验数据可计算 LD_{50} 以外的其他信息。

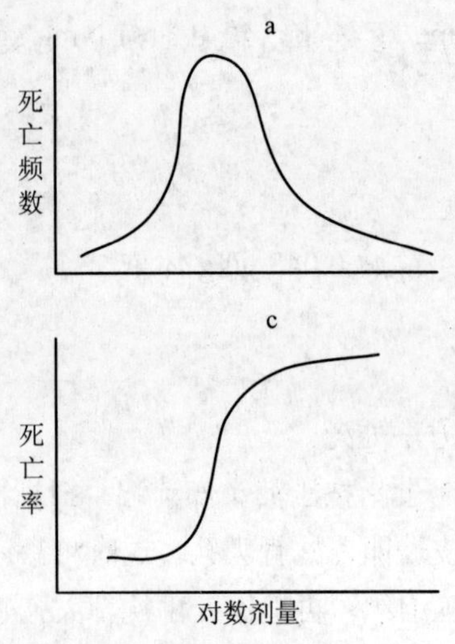

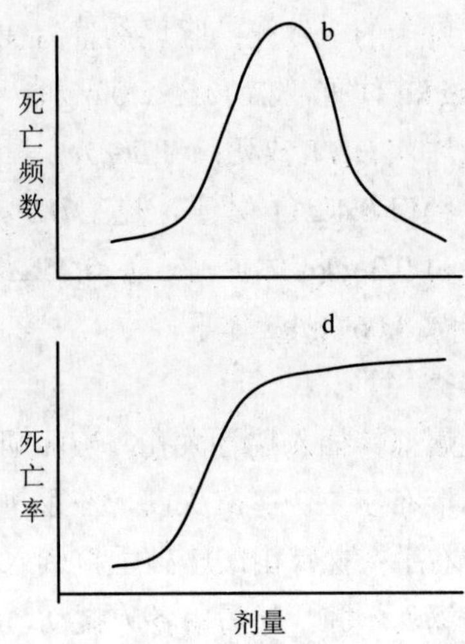

（2）计算 LD_{50} 的常用方法：

1）概率单位法；

2）Bliss 法；

3）改良寇氏（Kärber）法等。

寇氏原法：要求最小剂量的反应率（P）为 0，最大剂量反应率（P）为 100%，结果才精确。

改良寇氏法只要求在最小剂量时 $P\leqslant0.2$，最大剂量 $p\geqslant0.8$ 即可。还要求每个剂量组的组间距呈等比或剂量对数等差，每个剂量组动物数相等，中间剂量接近于 LD_{50}。

（3）LD_{50} 的计算公式。

$$\mathrm{LD}_{50}=\lg^{-1}[X_m-i(\sum P-0.5)]$$

校正公式

$$\mathrm{LD}_{50}=\lg^{-1}\left[X_m-i\left(\sum p-\frac{3-P_m-P_n}{4}\right)\right]$$

LD_{50} 的标准误差

$$S_{x50}=i\sqrt{\sum\frac{pq}{n}}$$

LD_{50} 的 95%可信限=$\lg^{-1}$（$\lg LD_{50}\pm1.96\times S_{x50}$）

式中：i —— 组距，即相邻两组剂量对数剂量之差；

X_m —— 最大剂量对数；

P —— 各剂量组死亡率（死亡率均用小数表示）；

P_m —— 最高死亡率；

q —— 各剂量组存活率，$q=1-p$；

P_n —— 最低死亡率；

$\sum p$ —— 各剂量组死亡率之和；

n —— 各组动物数；

S_{x50} —— lg LD_{50}的标准误。

（4）LD_{50}的局限性。

1）消耗动物量大。

2）获得的信息有限。

3）动物死亡和观察的症状不足以反映生理学、血液学和其他化验检查所提供的毒性信息。

4）有许多因素影响 LD_{50}值的测定，实际上测得的 LD_{50}是近似值。

LD_{50}所表达的是 50%动物存活与 50%动物死亡的点剂量，是一个质的现象，而在实际工作中，往往发现有些外源化学物用同一物种、同一品系的实验动物、用相同染毒条件所得到的 LD_{50} 值相同或相似，但其毒作用带或致死剂量范围却有明显的不同，表明化学物的实际毒性存在差异。

5）急性毒性实验不等于 LD_{50}测定。

6）可用少量动物测定 ALD，并进行临床观察、化验检查和病理学检查。

7）当口服剂量大于 5 g/kg 或注射剂量大于 2 g/kg 时，不产生急性毒性或死亡，则不必准确的测定 LD_{50}。

FDA 认为评价外源化学物的急性毒性时，应在 LD_{50}值之外加上急性毒作用带或其斜率进行综合评价，LD_{50}及其斜率在化学物的急性毒性评价中是必不可少的。

11. 急性毒性评价

（1）化学物急性毒性的报告应详细描述。

1）中毒症状及程度；

2）出现症状的时间；

3）死亡前的症状及死亡时间；

4）存活动物的体重变化；

5）死亡动物的病理变化。

（2）外源化学物相对毒性分级标准。

外源化学物相对毒性分级标准

级　　别	大鼠经口 LD_{50}/（mg/kg）	相当于人均致死量/（g/人）
极　　毒	＜1	0.05
剧　　毒	1～50	0.5
中 等 毒	50～100	5
低　　毒	500～5 000	50
实际无毒	5 000～15 000	500
无　　毒	＞15 000	2 500

（3）急性毒性分级（WHO）。

外源化学物急性毒性分级（WHO）

级　别	大鼠经口 LD_{50}/（mg/kg）	大鼠吸入 LD_{50}/（mg/kg）	兔经皮 LD_{50}/（mg/kg）	对人可能致死的估计值	
				g/kg	总量/（g/60 kg）
剧　毒	＜1	＜10	＜5	＜0.05	0.1
高　毒	1～50	10～100	5～44	0.05～0.5	3
中等毒	50～500	100～1 000	44～350	0.5～5	30
低　毒	500～5 000	1 000～10 000	350～2 180	5～15	250
实际无毒	＞5 000	＞10 000	＞2 180	＞15	＞1 000

（4）鱼类急性毒性分级。

鱼类急性毒性分级标准

毒性分级	TLm/（mg/L）	
	48 h	96 h（白鲢）
剧毒	＜0.5	＜0.1
高毒		0.1～1
中等毒	0.5～10	1～10
低毒	＞10	＞10

附录 12：关于善待实验动物的指导性意见
（国科发财字〔2006〕398 号）

实验动物为科学的发展和人类的健康做出了重大的贡献，保障实验动物福利不仅是人道主义精神的具体体现，也是文明科研应有的做法。实验动物福利的核心内容是“3R”原则，即在动物实验中遵守减少（Reduction）、替代（Replacement）和优化（Refinement）的原则。

关于发布《关于善待实验动物的指导性意见》的通知

国科发财字〔2006〕398 号

各有关单位：

为了适应科技发展的需要，贯彻落实《实验动物管理条例》（中华人民共和国国家科学技术委员会令第 2 号，1988），进一步加强实验动物管理工作，我们在深入研究和广泛征求意见的基础上，制定了《关于善待实验动物的指导性意见》，现予印发，请认真贯彻落实。

附件：关于善待实验动物的指导性意见

科学技术部

二〇〇六年九月三十日

附件：

关于善待实验动物的指导性意见

第一章 总 则

第一条 为了提高实验动物管理工作质量和水平，维护动物福利，促进人与自然和谐发展，适应科学研究、经济建设和对外开放的需要，根据《实验动物管理条例》，提出本意见。

第二条 本意见所称善待实验动物，是指在饲养管理和使用实验动物过程中，要采取有效措施，使实验动物免遭不必要的伤害、饥渴、不适、惊恐、折磨、疾病和疼痛，保证动物能够实现自然行为，受到良好的管理与照料，为其提供清洁、舒适的生活环境，提供充足的、保证健康的食物、饮水，避免或减轻疼痛和痛苦等。

第三条 本意见适用于以实验动物为工作对象的各类组织与个人。

第四条 各级实验动物管理部门负责对本意见的贯彻落实情况进行管理和监督。

第五条 实验动物生产单位及使用单位应设立实验动物管理委员会（或实验动物道德委员会、实验动物伦理委员会等）。其主要任务是保证本单位实验动物设施、环境符合善待实验动物的要求，实验动物从业人员得到必要的培训和学习，动物实验实施方案设计合理，规章制度齐全并能有效实施，并协调本单位实验动物的应用者之间尽可能合理地使用动物以减少实验动物的使用数量。

第六条 善待实验动物包括倡导“减少、替代、优化”的“3R”原则，科学、合理、人道地使用实验动物。

第二章 饲养管理过程中善待实验动物的指导性意见

第七条 实验动物生产、经营单位应为实验动物提供清洁、舒适、安全的生活环境。饲养室的内环境指标不得低于国家标准。

第八条 实验动物笼具、垫料质量应符合国家标准。笼具应定期清洗、消毒；垫料应灭菌、除尘，定期更换，保持清洁、干爽。

第九条 各类动物所占笼具最小面积应符合国家标准，保证笼具内每只动物都能实现自然行为，包括：转身、站立、伸腿、躺卧、舔梳等。笼具内应放置供实验动物活动和嬉戏的物品。

孕、产期实验动物所占用笼具面积，至少应达到该种动物所占笼具最小面积的 110%以上。

第十条 对于非人灵长类实验动物及犬、猪等天性喜爱运动的实验动物，种用动物应设有运动场地并定时遛放。运动场地内应放置适于该种动物玩耍的物品。

第十一条　饲养人员不得戏弄或虐待实验动物。在抓取动物时，应方法得当，态度温和，动作轻柔，避免引起动物的不安、惊恐、疼痛和损伤。在日常管理中，应定期对动物进行观察，若发现动物行为异常，应及时查找原因，采取有针对性的必要措施予以改善。

第十二条　饲养人员应根据动物食性和营养需要，给予动物足够的饲料和清洁的饮水。其营养成分、微生物控制等指标必须符合国家标准。

应充分满足实验动物妊娠期、哺乳期、术后恢复期对营养的需要。

对实验动物饮食、饮水进行限制时，必须有充分的实验和工作理由，并报实验动物管理委员会（或实验动物道德委员会、实验动物伦理委员会等）批准。

第十三条　实验犬、猪分娩时，宜有兽医或经过培训的饲养人员进行监护，防止发生意外。对出生后不能自理的幼仔，应采取人工喂乳、护理等必要的措施。

第三章　应用过程中善待实验动物的指导性意见

第十四条　实验动物应用过程中，应将动物的惊恐和疼痛减少到最低程度。实验现场避免无关人员进入。

在符合科学原则的条件下，应积极开展实验动物替代方法的研究与应用。

第十五条　在对实验动物进行手术、解剖或器官移植时，必须进行有效麻醉。术后恢复期应根据实际情况，进行镇痛和有针对性的护理及饮食调理。

第十六条　保定实验动物时，应遵循“温和保定，善良抚慰，减少痛苦和应激反应”的原则。保定器具应结构合理、规格适宜、坚固耐用、环保卫生、便于操作。在不影响实验的前提下，对动物身体的强制性限制宜减少到最低程度。

第十七条　处死实验动物时，须按照人道主义原则实施安死术。处死现场，不宜有其他动物在场。确认动物死亡后，方可妥善处置尸体。

第十八条　在不影响实验结果判定的情况下，应选择“仁慈终点”，避免延长动物承受痛苦的时间。

第十九条　灵长类实验动物的使用仅限于非用灵长类动物不可的实验。除非因伤病不能治愈而备受煎熬者，猿类灵长类动物原则上不予处死，实验结束后单独饲养，直至自然死亡。

第四章　运输过程中善待实验动物的指导性意见

第二十条　实验动物的国内运输应遵循国家有关活体动物运输的相关规定；国际运输应遵循相关规定，运输包装应符合 IATA 的要求。

第二十一条　实验动物运输应遵循的规则

1. 通过最直接的途径本着安全、舒适、卫生的原则尽快完成。

2. 运输实验动物，应把动物放在合适的笼具里，笼具应能防止动物逃逸或其他动物进入，并能有效防止外部微生物侵袭和污染。

3. 运输过程中，能保证动物自由呼吸，必要时应提供通风设备。

4. 实验动物不应与感染性微生物、害虫及可能伤害动物的物品混装在一起运输。

5. 患有伤病或临产的怀孕动物，不宜长途运输，必须运输的，应有监护和照料。

6. 运输时间较长的，途中应为实验动物提供必要的饮食和饮用水，避免实验动物过度饥渴。

第二十二条　实验动物的运输应注意的事项

1. 在装、卸过程中，实验动物应最后装上运输工具。到达目的地时，应最先离开运输工具。

2. 地面或水陆运送实验动物，应有人负责照料；空运实验动物，发运方应将飞机航班号、到港时间等相关信息及时通知接收方，接收方接收后应尽快运送到最终目的地。

3. 高温、高热、雨雪和寒冷等恶劣天气运输实验动物时，应对实验动物采取有效的防护措施。

4. 地面运送实验动物应使用专用运输工具，专用运输车应配置维持实验动物正常呼吸和生活的装置及防震设备。

5. 运输人员应经过专门培训，了解和掌握有关实验动物方面的知识。

第五章　善待实验动物的相关措施

第二十三条　生产、经营和使用实验动物的组织和个人必须取得相应的行政许可。

第二十四条　使用实验动物进行研究的科研项目，应制定科学、合理、可行的实施方案。该方案经实验动物管理委员会（或实验动物道德委员会、实验动物伦理委员会等）批准后方可组织实施。

第二十五条　使用实验动物进行动物实验应有益于科学技术的创新与发展；有益于教学及人才培养；有益于保护或改善人类及动物的健康及福利或有其他科学价值。

第二十六条　各级实验动物管理部门应根据实际情况制定实验动物从业人员培训计划并组织实施，保证相关人员了解善待实验动物的知识和要求，正确掌握相关技术。

第二十七条　有下列行为之一者，视为虐待实验动物。情节较轻者，由所在单位进行批评教育，限期改正；情节较重或屡教不改者，应离开实验动物工作岗位；因管理不妥屡次发生虐待实验动物事件的单位，将吊销单位实验动物生产许可证或实验动物使用许可证。

1. 非实验需要，挑逗、激怒、殴打、电击或用有刺激性食品、化学药品、毒品伤害实验动物的；

2. 非实验需要，故意损害实验动物器官的；

3. 玩忽职守，致使实验动物设施内环境恶化，给实验动物造成严重伤害、痛苦或死亡的；

4. 进行解剖、手术或器官移植时，不按规定对实验动物采取麻醉或其他镇痛措施的；

5. 处死实验动物不使用安死术的；

6. 在动物运输过程中，违反本意见规定，给实验动物造成严重伤害或大量死亡的；

7. 其他有违善待实验动物基本原则或违反本意见规定的。

第六章 附 则

第二十八条 相关术语

1. 实验动物：是指经人工饲育，对其携带的微生物实行控制，遗传背景明确或者来源清楚的用于科学研究、教学、生产、检定以及其他科学实验的动物。

2. “3R”（减少、替代、优化）原则：

减少（Reduction）：是指如果某一研究方案中必须使用实验动物，同时又没有可行的替代方法，则应把使用动物的数量降低到实现科研目的所需的最小量。

替代（Replacement）：是指使用低等级动物代替高等级动物，或不使用活着的脊椎动物进行实验，而采用其他方法达到与动物实验相同的目的。

优化（Refinement）：是指通过改善动物设施、饲养管理和实验条件，精选实验动物、技术路线和实验手段，优化实验操作技术，尽量减少实验过程对动物机体的损伤，减轻动物遭受的痛苦和应激反应，使动物实验得出科学的结果。

3. 保定：为使动物实验或其他操作顺利进行而采取适当的方法或设备限制动物的行动，实施这种方法的过程叫保定。

4. 安死术：是指用公众认可的、以人道的方法处死动物的技术。其含义是使动物在没有惊恐和痛苦的状态下安静地、无痛苦地死亡。

5. 仁慈终点：是指动物实验过程中，选择动物表现疼痛和压抑的较早阶段为实验的终点。

第二十九条 本意见由科学技术部负责解释。

第三十条 本意见自发布之日起执行。